Consultation and Assistance on
Psychological Development of Preschool Children

李桂英 编著

学前儿童

心理发展与咨询辅导

正确地进行导引，以促进儿童心灵的健康成长。

理性对待儿童在成长过程中出现的各种心理问题并及时地、

经济管理出版社

ECONOMY & MANAGEMENT PUBLISHING HOUSE

图书在版编目(CIP)数据

学前儿童心理发展与咨询辅导 / 李桂英编著. -- 北京:经济管理出版社,2012.1

ISBN 978-7-5096-1702-1

Ⅰ. ①学… Ⅱ. ①李… Ⅲ. ①学前儿童－儿童心理学－高等职业教育－教材 Ⅳ. ①B844.12

中国版本图书馆 CIP 数据核字(2011)第 248821 号

出版发行:经济管理出版社

地　　址:北京市海淀区北蜂窝 8 号中雅大厦 11 层

邮　　编:100038

电　　话:(010)51915602

印　　刷:北京广益印刷有限公司

经　　销:新华书店

编稿编辑:王光艳

责任编辑:许　兵

责任印制:黄　铄

责任校对:李玉敏

720mm×1000mm/16　　15 印张　　302 千字

2012 年 3 月第 1 版　　2012 年 3 月第 1 次印刷

定价:29.80 元

书号:ISBN 978-7-5096-1702-1

前　言

　　科学研究证明：儿童从生命的开始，就具有朝气蓬勃、昂扬向上、无与伦比的自然生长力，具备了毕生发展必需的本源力量。学前时期是人生品质和智力发展的关键时期，是人的一生中最富有潜力、最富可塑性的时期，在此时期施以有效的教育必定会取得事半功倍的效果。

　　怎样的教育才是有效的教育？如何施以有效的教育？我认为，合乎本源，积极导引，以促进孩子身心健康和谐发展为目标的教育才是理想的教育。

　　基于这样的出发点，我结合二十多年来从事儿童心理学教学研究及在各地幼儿园对大量幼儿进行实际观察、跟踪、调研所积累的各类经验，与学前儿童心理学学科理论融合，密切结合学前儿童心理发展特点，关注读者的兴趣和经验，力求本书体例新颖，结构清晰，形式活泼，内容贴近实际，给予读者充分的创造性思维空间和实践空间，以满足广大读者的需要。

　　本书比较系统地讲述了学前儿童心理发展的一般规律，包括学前儿童各种心理过程发展的一般趋势、各年龄阶段心理发展的基本特征等，同时介绍了一些学前儿童心理咨询及辅导的方法。为了帮助读者更好地理解本书的内容，本书除提供必要的学前心理学基础知识外，还介绍了国内外有关学前儿童心理发展及咨询辅导的一些最新研究成果。期待读者能通过阅读本书更全面地了解学前儿童心理发展的特点，理性地对待儿童在成长过程中出现的各种心理问题并及时、正确地进行引导，以促进儿童心灵的健康成长，使每一个儿童在无法复制的童年期真正体验到幸福和快乐。

本书由大连职业技术学院李桂英编著，大连职业技术学院初萍、薛英、刘晓倩、孙颖心，中国蒙台梭利教育东北运营中心邵丽敏等参与了本书的编写。在编写过程中，得到大连职业技术学院以及杨卫东先生给予的大力支持，并查阅、参考了大量资料，特向各位同仁一并致谢。

本书虽经多次修改，但其中缺点和错误在所难免，望读者多提宝贵意见。我们将本着虚心学习、合理吸收的原则，不断改进，使它在使用中日臻完善。

编者

2011 年 12 月

目 录

学前儿童心理学的研究对象和任务

草地上的小动物

在一次幼儿园大班美术课上,老师请孩子们围绕"草地上的小动物"这一主题,自由发挥创作一幅画,孩子们都很感兴趣。没多久,一张张作业纸上赫然跳跃着一个个可爱的小动物:捉虫的小鸡,采蘑菇的小白兔,悠然散步的小鸭子……看着他们的画老师不禁一阵欣喜,同时也由衷地赞叹孩子们丰富的想象力。正在这时,老师发现一向爱画画的小杰的作业纸上除了一团黝黑,再没别的了,不由得有些生气:"小杰,你画的是什么东西?老师是怎么说的?"他抬起头,摆出一副很得意的样子说:"我画的是天快要下雨了,是乌云。"老师继续问道:"那你画的小动物呢?"他说:"不是说了嘛,天快要下雨了,小动物们都跑回家躲雨了。"

提问:面对这种情况,身为教师或家长的你该如何处理?

回答:幼儿园大班孩子虽然相比幼儿园中小班孩子在表达能力上有很大提高,但是在思维方式上仍然不同于成人。所以在与孩子交流的过程中教师或家长要时刻提醒自己:不要用自己的逻辑或惯用的思维来推理孩子的想法,而要把自己放在一个学习者的位置上去倾听孩子的想法,充分地了解孩子的心理。

第一节 学前儿童心理学的研究对象

人们常说:"人为万物之灵长",这是因为与万物相比,人有着复杂的心理现象。为了解释这些心理现象的产生和发展过程,我们就需要借助心理学。心理学是研究人的心理活动的科学。心理学有许多分支学科,学前儿童心理学是其中之一。学前儿童心理学是研究从初生到入学前儿童心理发生发展规律的科学。通常意义上的学前儿童的年龄一般为 0～6 岁,本书的研究对象就是这一时期儿童的心理发生发展规律。

学习学前儿童心理学,必须了解人的心理现象及其实质,了解人的心理的产生与发展,了解儿童心理发展的规律。

一、什么是心理

一提到心理，很多人都会觉得它是神秘莫测、难以把握的。其实不然，心理现象是人类最普遍、最熟悉的现象，同时也是宇宙间最复杂、最深奥的现象。

人的心理现象是多种多样的，它同其他一切现象一样是可以被我们认识的。辩证唯物主义认为：人的心理是人脑对客观现实的能动的、积极的反映。具体来说有以下几点：

1.脑是心理的器官，心理是脑的机能

在远古时代，由于社会生产力极度低下，人们无法理解自己身体的结构和功能，对各种心理现象无法做出正确的解释。在很长一段时期，人们用"灵魂说"和"心脏说"来解释人的心理的产生和存在。随着现代科学技术的发展，人们开始认识到，心理的产生和发展与大脑密切相关。人类在长期进化过程中，在从事生产劳动过程中，逐渐形成了高度发达的大脑。大脑的主要机能是接收、分析、综合、储存和提取各种信息。机体的所有感觉器官都把接收的来自外部世界和有机体内部的刺激信息由神经传入大脑，经过大脑皮层的加工、整理，然后发出信息，控制各器官和各系统的活动。各器官和系统的活动状况又会随时报告给大脑皮层，以便进一步调整、修改信息，进而调节各器官和各系统的活动。人的心理活动是脑的产物，人脑是心理的器官。

2.心理是人脑对客观现实的反映

心理是人脑的机能，但人脑并不会自发地产生心理。只有当客观现实作用于人脑时才产生人的心理。各种心理现象就是人脑对客观现实反映的不同形式。换言之，即使有了高度发达的大脑，如果离开人类的生活环境，也一样无法产生人类的心理。印度狼孩以及中国的猪孩，都证明了这一点。

客观现实，无论是物质环境还是社会环境，都是人类心理的源泉；相比较而言，社会环境对人的心理具有特别重要的作用。人的各种心理活动，乃至个性的形成和发展，都受社会环境的决定性影响。

3.心理的反映具有能动性

心理是在人脑与客观现实相互作用过程中发生的。这种相互作用过程是在人类的实践活动中完成的。心理是客观世界的主观映象。它不是消极地、被动地、像镜子一样地反映现实，而是在实践活动中积极地、主动地、有选择性地反映现实和反作用于现实。人们通常所说的"萝卜青菜，各有所爱"，实际上也说明了面对同样的物体，每个人的反映是不一样的，心理的反映具有能动性。

二、心理现象

心理学通常把心理现象划分为心理过程和个性心理两大类。

1. 心理过程

人生活在世界上,总要与周围环境相互作用。周围环境的各种事物作用于我们的感觉器官,我们便看到它们的颜色、形状,听到各种声音,嗅到各种气味。我们还能把自己感知过的事物记在脑子里,对种种问题进行思考。如同学们进入教室,"看到"老师,"听到"老师讲课,"思考"老师提出的问题,"想想"今后工作的情景,听完老师的课后对老师有一定的评价,产生相应的情感,在学习过程中可能会遇到这样那样的问题,同学们努力克服各种困难,出色地完成学习任务等。人在自己的生活中表现出形形色色的活动,如感觉、知觉、记忆、想象、思维以及情感、意志等,它们构成了人的心理过程。

为了研究方便,通常把心理过程划分为三个具体过程,即认识过程、情感过程、意志过程。认识过程包括感觉、知觉、记忆、想象和思维。认识过程的核心是思维。思维是人类心理发展高于动物的本质标志。情感过程是人在认识事物时产生的各种内心体验,如喜、怒、哀、惧等。意志过程是人在认识活动中为了实现某一目的对自己行为的自觉组织和自我调节。

心理过程是一个统一的过程。认识过程、情感过程和意志过程之间既有区别又相互联系。认识过程是最基本的心理过程,它是情感过程和意志过程的基础。情感过程是认识过程和意志过程的动力。意志过程对人的认识过程和情感过程具有调控作用。

2. 个性心理(简称个性)

心理过程人皆有之,但体现在每个人身上又各有不同。一个人的心理过程的发展与他的遗传特性、社会关系、生活经验和个人经验相结合,最终会整合成一个人总的精神面貌。这种总的精神面貌,心理学上称之为个性。个性包括个性倾向性和个性心理特征。个性倾向性主要包括兴趣、理想、信念、人生观、世界观等,个性心理特征主要包括能力、气质和性格。

心理过程和个性心理是不可分割的,它们共同构成心理学的研究对象。概括地讲,心理学是研究心理现象及其发展规律的科学,是研究人自身的科学。

三、心理发展

心理发展指的是随着年龄增长,个体心理所发生的积极有次序的变化。

国内外研究资料表明,心理发展具有以下几个特点:

1. 发展具有方向性和顺序性

心理发展是一个过程,是按照从低级向高级的方向、按照固定的顺序进行的。

2. 发展具有连续性和阶段性

发展虽然是循序渐进的,离不开量的积累,但发展又不是简单的量的相加,当积累了一定的量变之后就会引起质的变化。同时,发展过程中的质变,特别是大的质变,也就意味着心理发展到了一个新的阶段,从而形成心理发展的阶段性。心理

3

发展的每个阶段都有自己特殊的质,阶段与阶段之间有比较明显的差别。儿童心理发展分为哪些阶段?从大阶段看,可以分为学前期和学龄期。这两大阶段又可以分为若干个小阶段,如图 1-1 所示。发展虽有阶段性,但阶段与阶段之间又不是截然分开的。每一阶段都是前一阶段发展的继续,同时又是下一阶段发展的准备;前一阶段中总包含有后一阶段某些特征的萌芽,而后一阶段又总带有前一阶段某些特征的痕迹。

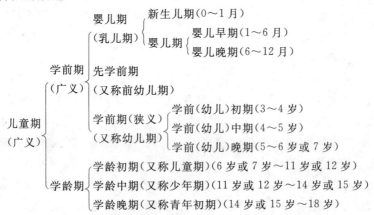

图 1-1 儿童心理发展阶段

[注:对儿童心理发展各阶段的命名,很不一致,学习时应注意各资料所指的年龄段。]

3.发展具有不平衡性

发展的不平衡性主要是对同一个体而言的。首先表现在心理的各个组成成分的发展速度是不完全相同的。各种心理现象都有自己的发展规律。但是,我们还必须看到,各个心理成分的发展是相互联系、相互影响的。

发展的不平衡性还表现在个体整个心理面貌变化的非等速性上。一般来说,年龄越小,发展的速度越快。有的研究资料指出:在人的一生的发展中,有两个加速期。6 岁之前,整个身心发展非常迅速,称为第一加速期。6 岁到青年期以前,发展速度比较均衡。青春期,发展又迅速起来,进入所谓第二加速期。成人期,心理发展又处在相对稳定阶段。

发展的不平衡性,必然涉及儿童心理学中两个常见的概念:关键期和危险期。

(1)关键期。关键期也称敏感期、临界期。在动物早期的发展中,某一反应或某种行为在某个特定的时期或阶段中最容易形成或习得,如果错过这个"大好时

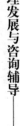

机",这种反应或行为的学习就会变得困难。这种形成某种反应或学习某种行为的大好时机就是关键期。关键期的概念是由奥地利动物学家劳伦兹从动物的心理研究中提出来的。小鸭子在破壳后不久,鸭妈妈会带着它们四下走动一圈,从此以后小鸭子把这只母鸭当做它们的妈妈。科学家把这一现象称为"印刻学习"。劳伦兹在小鸭子出生后的 10～16 个小时,不让它们先看到母鸭,而首先让它们看到劳伦兹自己,于是,有趣的事情发生了。小鸭子将劳伦兹当成了自己的妈妈。小鸭子的"印刻学习"的关键期在出生后的 10～16 个小时。小狗的"印刻学习"关键期在出生后的 20～50 天。人们把关键期的概念引进儿童心理学,意思是说,儿童各种心理机能的发展也存在着一个大好时机或最佳年龄,如果在这个最佳年龄期间为儿童提供适当的条件,那么就会有效地促进这方面心理的发展。一些研究认为,2～3岁是口语发展的关键期;4 岁是图形知觉发展的关键期;学外语最好不要超过 12岁,否则就很难学到纯正的发音。

关键期的提出,可使我们更深刻地认识到早期教育的重要性。在这一时期,儿童对外界的刺激特别敏感,容易接受外界信息,从而容易获得某种能力。

1)口头语言发展关键期为 2～3 岁,这个阶段儿童学习口头语言非常快。

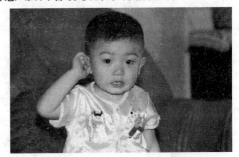

2)视觉发展关键期为 0～4 岁,这一时期儿童的形象视觉发展最迅速,斜视儿童在 4 岁之前容易得到矫正。

3)3 岁左右是识字的最佳时期。在这一时期教孩子识字是很简单的事儿,不能用灌输方式,而要让孩子在游戏中学。可用卡片、图片、实物等提高孩子识字的兴趣。

4)4 岁左右是数字概念形成的最佳时期。此时可引导孩子认识数字,由简到繁,做些加减乘除的演算,背唱"九九"歌。可以用启发诱导的方法,以实物、玩具等引起孩子的兴趣。

5)想象力发展的最佳时期是 3～6 岁,此时期可以多带孩子游览参观,开阔他们的视野,也可以给他们多讲一些童话故事,并为他们增加各种智能玩具等。

(2)危险期。危险期是指在发展的某些年龄时期,儿童心理常常发生紊乱,表现出各种否定和抗拒的行为。如 2 岁、3 岁的孩子正处在建构自我概念的时期,常会拒绝或违抗他人的意愿,常与人发生冲突,甚至表现出较多的攻击行为等。有人认为,3 岁、7 岁、11～12 岁都是发展的"危机年龄"。危机期一般处于两个发展阶段之间的过渡时期,心理变化急剧,特别是儿童的需要发生了很大的变化,而成人往往还用老眼光看待孩子,要求孩子,因而引起了儿童的否定行为。不良倾向、否定性行为并不是这些年龄儿童的必然缺点,只要教育得当,"危险期"也就没有危机了。

4.发展具有个别差异性

尽管儿童心理发展都要按照基本的方向、顺序进行，都会经历共同的路线，但事实上，每个儿童发展的速度、发展的优势领域、最终达到的发展水平等都可能是不同的。唐朝诗人王勃 6 岁写文章，9 岁读《汉书》，13 岁写《滕王阁序》，留下"落霞与孤鹜齐飞，秋水共长天一色"的名句，表现出在语言方面的天赋。

总体而言，学前儿童心理的发展是一个从出生到成熟的心理发展变化过程，具体表现为：心理活动从简单、具体向复杂、概括方向发展，从无意向有意方向发展，从笼统向分化方向发展，从零乱向形成体系发展。

四、学前儿童心理学的内容

学前儿童心理学主要研究以下三个方面的内容：

1.个体心理的发生

学前阶段是人生的早期阶段，各种心理活动都在这个阶段开始发生。人类特有的心理活动，包括人类的感知觉、注意、记忆、想象、思维和语言、情感、意志以及个性心理特征，都是在出生后这个早期阶段发生的。因此，研究个体心理的发生，是学前儿童心理学的重要内容。

2.心理发展的一般规律

每个学前儿童心理发展的具体表现是不同的，但都从简单、具体、被动、零乱朝着较复杂、抽象、主动和成体系的方向发展，其发展的趋势和顺序大致相同。同时，儿童心理发展的过程总是受到遗传、环境以及其他各种因素的影响。研究学前儿童心理发展过程本身的规律和影响学前儿童心理发展各种因素的作用的规律，是学前儿童心理学的又一重要内容。

3.学前时期心理过程和个性的发展

学前儿童心理过程和个性特征的发展都服从儿童心理发展的一般规律，同时又有各自的特点和具体规律，这是学前儿童心理学的主要内容。

五、影响学前儿童心理发展的因素

影响儿童心理发展的因素是复杂多样的，可以分为客观因素和主观因素。客观因素主要指儿童心理发展必不可少的外在条件，主观因素则指儿童心理本身的特点。主、客观因素又总是处于相互作用之中。

1.客观因素

影响学前儿童心理发展的客观因素主要有生物因素、社会因素。

（1）生物因素。遗传因素和生理成熟，是影响儿童心理发展的生物因素。遗传对儿童心理发展的具体作用表现在以下两个方面：①提供发展人类心理的最基本的自然物质前提；②奠定儿童心理发展个别差异的最初基础。生理成熟是指机体生长发育的程度或水平，也称生理发展。生理成熟为儿童心理发展提供自然物质

学前儿童心理发展与咨询辅导

前提。生理成熟对儿童心理发展的具体作用是使心理活动的出现或发展处于准备状态。

（2）社会因素。环境和教育是影响儿童心理发展的社会因素。社会环境使遗传所提供的心理发展的可能性变为现实。社会生活条件和教育是制约儿童心理发展的水平和方向的最重要因素。

（3）影响儿童心理发展的生物因素和社会因素的相互制约。在儿童心理发展过程中，作为自然物质前提的遗传和成熟因素及作为心理反映源泉的社会因素相互作用，相互制约。

关于影响儿童心理发展因素的问题，历史上争论已久，长期以来，儿童心理学家往往从这些因素对儿童心理发展的作用，来探求心理发展过程的实质和规律。主要有以下观点：

遗传决定论——这种理论认为，儿童心理发展是由先天不变的遗传所决定的。认为儿童的智力和品质在生殖细胞的基因中就已经决定了，心理发展只不过是这些先天基因的自然展开，环境和教育仅起一个引发的作用，而不能改变它。优生学的创始人高尔顿是这种理论最早的著名代表。美国儿童心理学家霍尔提出的"复演说"也属于遗传决定论。霍尔说过"一两遗传胜过一吨教育"，认为个体心理发展是人类进化过程的简单重复。

环境决定论——这种理论认为，儿童心理的发展主要受环境教育的影响。行为主义者是环境决定论的代表。行为主义心理学派的创始人华生有一句名言："给我一打健全的儿童，我可以用特殊的方法任意加以改变，或者使他们成为医生、律师、艺术家、富商，或者使他们成为乞丐和盗贼。"目前，环境决定论仍有一定影响。

相互作用论——这是目前影响较大的一种观点。持这种观点者不仅承认遗传和环境在儿童心理发展中的作用，而且指出了两者之间的相互作用。认为遗传对心理发展作用的大小依赖于环境的变化，而环境作用的发挥，也受到遗传的制约。相互作用论比较深入地揭示了儿童心理发展影响因素的作用及相互作用，有利于理解和解释发展的多样性和复杂性。

我们认为，不应该陷入历史上长期以来的遗传作用和环境作用孰大孰小的公式化争论。遗传、成熟、环境、教育都是儿童心理发展的必要的客观条件，它们之间的关系是复杂的，是相互影响相互制约的。应该强调的是，环境影响遗传物质因素的变化和生理成熟，遗传素质及其后的生理发展制约着环境对儿童心理的影响，对影响儿童心理发展的客观因素应作具体的和综合的分析。

2.主观因素

所谓影响儿童心理发展的主观因素，是指儿童心理内部的因素。儿童心理发展的过程，不是被动地接受客观因素影响的过程，儿童心理本身也积极地参与并影响着这个发展的过程。幼儿期，儿童心理主观因素对其心理发展的作用已经相当明显。

环境和教育绝不能机械地决定儿童心理的发展,虽说它们是客观因素中起决定作用的因素,但是它们的决定作用也只能是通过儿童心理发展的内部因素来实现。

影响儿童心理发展的主观因素,笼统地说,包含儿童的全部心理活动。具体地说,包括儿童的需要、兴趣爱好、能力、性格、自我意识以及心理状态等。其中,最活跃的因素是需要。

3.影响学前儿童心理发展主、客观因素的相互作用

影响儿童心理发展的客观因素和主观因素是相互联系、相互影响的,只有正确认识它们的相互作用,才能弄清儿童心理发展的原因。

(1)充分肯定客观因素对儿童心理发展的作用。客观因素在儿童心理发展中起着非常重要的作用,不论儿童心理内部矛盾如何转化,矛盾的双方都是在生理成熟的基础上所形成的对环境和教育的反映。

(2)不可忽视儿童心理的主观因素对客观因素的反作用。我们在充分肯定客观因素对儿童心理发展的作用的同时也必须清楚地看到,儿童心理并不是消极地接受外界的影响,它会反作用于客观因素。具体表现为以下两个方面:

1)儿童心理对生理成熟的反作用。儿童心理在一定范围内对其生理活动及成熟发生影响。如活动积极性较高的儿童身体发育较好,过分任性的儿童由于饮食起居不规律而使健康受损,影响正常发育。

2)儿童心理对环境的影响。儿童心理活动自觉或不自觉地影响周围事物。如儿童在游戏过程中,通过身体活动尤其是手的操作而不断地改变玩具和游戏材料的状态。

儿童心理对周围环境的影响,更重要地表现在对周围成人心理的影响。儿童心理与成人心理常常在双方不自觉的情况下互相影响。如一个开朗、活泼、情绪状态积极的儿童常常会给周围的成人带来快乐,从而使成人产生积极情绪;反之亦然。

4.儿童心理发展主、客观因素的相互作用是在活动中实现的

儿童心理发展主、客观因素的相互作用是在儿童的活动中完成的。只有通过活动,才能促使儿童产生需要,并形成新的需要与旧的水平之间的矛盾运动;只有通过活动,才能使外界环境和教育的要求转化为儿童心理的主观成分;只有通过活动,儿童才有可能反作用于客观世界。

学前儿童的活动,主要包括对物的活动和与人交往的活动,其中交往活动占重要地位。

影响学前儿童心理发展的主、客观因素起作用的情况,随儿童年龄的增长而有差异。生理因素和环境因素在整个学前期都起较大作用,而心理的内部因素所起作用相对小些。发展趋势是生理因素的作用相对地逐渐减弱,主观能动性则越来越大,但环境和教育因素的影响始终是很大的。各种因素在不同情况下对不同婴

幼儿起作用的情况各有不同,它们之间相互作用的情况也不尽相同。

第二节　学习学前儿童心理学的意义

用科学的儿童心理学来正确引导、教育孩子,不仅关乎孩子的未来,甚至影响着这个社会的未来。作为家长和幼教工作者,要想把教育做好做精,仅有满腔热情是不够的,更重要的是要了解学前儿童心理特点和发展规律,并结合日常的生活、教学活动进行实践,不断积累经验,提升能力。这不但有益于自身的提高,更有益于孩子的成长,有益于社会的发展。

一、学前儿童心理学的任务

学前期是人的一生中生长发育最旺盛、变化最快、可塑性最大的时期之一。儿童在环境和教育的影响下,在以游戏为主导的各种活动中,心理发展异常迅速。无论在心理过程的发展还是个性心理的形成中,都呈现了这一年龄阶段所特有的特点和规律。学前儿童心理学就是研究这一时期儿童心理发展特点和规律的科学。学前儿童心理学研究从初生到入学前儿童心理发生发展的规律,需完成两个主要任务。

1.揭示学前儿童心理变化的基本规律

包括各种心理现象发生的时间、出现的顺序、发展趋势、各年龄阶段心理发展的主要特征。

2.解释学前儿童心理的变化

解释儿童心理发生发展受哪些因素的影响,这些因素是如何制约儿童心理的发生与发展的。

二、研究学前儿童心理学的意义

学前儿童心理学的研究,既有重大的理论价值,也有重要的实践意义。

1.理论意义

学前儿童心理学的理论价值主要体现在以下两个方面:

(1)学前儿童心理学可以为辩证唯物主义的基本原理提供科学依据。学习学前儿童心理学,可以帮助我们理解辩证唯物主义的基本原理,形成辩证唯物主义的世界观,提高同一切迷信思想和唯心主义偏见作斗争的能力。

(2)学前儿童心理学有助于丰富和充实心理学的一般理论。学前儿童正处于心理发生发展期,如语言发生发展期、动作发生发展期,关于学前儿童语言、动作发展的研究,对充实、丰富心理学的一般理论具有重要意义。正因为这一点,许多著名的心理学家,如行为主义创始人华生、精神分析学派创始人弗洛伊德等,在他们的研究中,都涉及学前儿童心理发展的问题。

2.实践意义

学前儿童心理学是一门实践性很强的学科,它来源于实践,又必须为社会实践服务。

(1)社会实践的需要是儿童心理学产生的根源。1879年,德国哲学家、生理学家、心理学家冯特在莱比锡大学建立了第一个心理实验室,应用实验手段研究人的心理现象,使得心理学作为一门独立的科学从哲学中分离出来。所以我们说,心理学是一门有着悠久的历史,既古老又年轻的科学。心理学作为一门研究人类自身的科学、研究人的心理现象的科学,具有巨大的发展前景和无限的生命力。

科学的儿童心理学产生于19世纪后半期。1882年,德国生理和心理学家蒲莱尔的《儿童心理》一书的出版,标志着科学的儿童心理学的诞生。儿童心理学是心理学的一个分支,学前儿童心理学又是儿童心理学的分支,它以发展心理学和教育学为基本理论来研究学前期儿童这个特定年龄阶段的心理学问题。

许多研究证明,原始社会最早期,人类无所谓童年。由于当时生产力发展水平低,儿童在很小的年龄就和成人一起参加社会生产劳动和社会生活。随着生产力的发展,生产工具和劳动组织逐渐复杂化,儿童跨入成人社会所需要的准备时间延长了,从此,有必要划出所谓的儿童期。

(2)学前儿童心理学必须为实践服务。我国的学前儿童心理学必须为加速实现社会主义现代化建设服务,首先是为培养人才的早期教育服务。俄国教育家乌申斯基说过,"只研究几本教育学的教科书,以及在其教育活动中只是遵循着这些教育学中的各种规则和指导,而不去研究这些规则和教科书所能根据的人类本性及种种心灵现象的人,我们就不能称之为教育家。"学前儿童心理学是学前教育专业学生必修的一门重要的专业基础理论课,它是实施学前儿童早期教育的理论基础,学前教育如果离开了学前儿童心理学的理论基础,就只能成为经验之谈,因此学前教育专业的学生必须学好学前儿童心理学,要在教育工作中既知其然,还知其所以然。

学生们通过学习,可以获得以下几个方面的收获:掌握有关学前儿童心理发展规律和特点的基本知识,培养对学前儿童的兴趣和感情,培养为学前教育事业献身的专业思想,初步掌握研究学前儿童心理的方法,促进辩证唯物主义世界观的形成和巩固。

学前儿童心理发展与咨询辅导

第三节 学前儿童心理学的研究原则及方法

学前儿童心理学作为研究从初生到入学前儿童心理发生发展规律的一门科学,在其研究过程中必须遵循客观性、发展性、教育性原则,并采用科学的研究方法。

一、研究原则

任何研究方法都是研究工作的工具,任何方法都必然服从于和服务于一定的思想。我们不能脱离研究儿童心理的指导思想和理论观点去学习具体的方法。有了明确的指导思想,才有可能汲取各种有效的方法及其中有益的部分,为自己的研究服务。辩证唯物主义是我们研究学前儿童心理发展的最高指导原则,同时也是学前儿童心理学的方法论原理。

针对学前儿童的特点,研究其心理时,除遵循普通心理学指出的实践性原则、理论与实际相结合的原则、一般与个别相结合的原则外,还要特别注意贯彻以下几个原则:

1.客观性原则

在研究学前儿童心理时,贯彻客观性原则应包括两个方面的含义:第一,学前儿童心理是由客观存在的事物引起的,并表现在儿童的动作和活动中。因此,研究学前儿童心理发展特点,必须在儿童的活动中进行,同时充分考虑影响儿童心理发展的各种因素的影响。第二,任何研究结论都要以充足的客观事实为依据,不能主观臆测。

2.发展性原则

学前儿童正处于生理、心理不断发展的阶段,研究学前儿童心理必须用发展的眼光,不仅看到儿童已经表现出来的心理特征和品质,更应注意那些刚刚萌芽的新的特征和品质以及心理发展的趋势。

3.教育性原则

研究学前儿童心理应贯彻教育性原则。这是学前儿童心理研究人员必须遵循的职业道德要求。只要研究的对象是学前儿童,这种研究工作必然会对儿童起或多或少、或好或坏的作用。因此,从设计研究方案、时间安排到研究者的举止言谈,都必须考虑到对学前儿童可能产生的影响。例如,曾有心理学家为研究遗传、环境在儿童心理发展中所起的作用,从孤儿院找了一些儿童,使其处于与人隔离、相对封闭的环境中,该研究严重影响了这些儿童的发展。虽然他的研究课题很重要,研究材料也是独一无二的,但由于严重损害了儿童的身心健康,而遭到了强烈的谴责。

二、研究方法

普通心理学的一些基本研究方法，如观察法、实验法等，也适用于研究学前儿童心理的发展。但是在学前儿童心理研究中，运用这些方法时要结合儿童的年龄特点。

1.观察法

历史上，早期的儿童心理研究大都利用观察法。如达尔文的《一个婴儿的传略》、陈鹤琴的《一个儿童发展的顺序》、梅钦斯卡娅的《母亲日记》等。日记法或传记法是一种长期的、全面的观察。

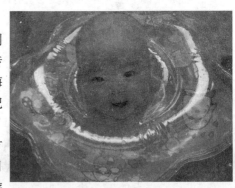

(1)观察法是研究学前儿童的基本方法。运用观察法了解学前儿童，就是有目的、有计划地观察学前儿童在日常生活、游戏、学习和劳动中的表现，包括其言语、表情和行为，并根据观察结果分析儿童心理发展的规律和特征。

学前儿童的心理活动有突出的外显性，通过观察其外部行为，可以了解他们的心理活动；同时，观察对象处于正常的生活条件下，其心理活动及表现比较自然，观察所得材料也比较真实。因此，观察法是学前儿童心理研究的最基本的方法。

(2)观察对象和范围的确定。根据不同的观察目的，观察的对象和范围有所不同，可以有以下各种抽样方式。

1)开放式抽样。开放式抽样基本上不限定具体范围，可以做全面的观察，有规律地每日记录学前儿童心理及行为的一切变化。

2)封闭式抽样。封闭式抽样即控制一定的观察范围，可以按时间抽样，也可以按事件抽样。这是较常用的抽样法。这种抽样法使观察目标比较集中，也便于对观察结果做数量处理。

3)时间抽样。时间抽样是定期在规定的时间单位内进行观察。如每天一次或数次，每次在规定的时间内进行，以若干分钟为一个时间单位，每次观察一个或若干个时间单位。观察过程中对观察内容进行分类或记分。

(3)运用观察法研究学前儿童时应注意的问题。观察法在很多领域都被广泛运用，运用于学前儿童心理研究时应注意以下问题：

1)制订观察计划时必须充分考虑观察者对被观察儿童的影响。尽量使儿童保持自然状态。根据观察目的和任务之不同，可以采用局外观察或参与性观察。

局外观察是使儿童不知道自己正在被观察。有条件的话最好通过专门的观察窗或有关仪器设备进行观察和记录。

参与性观察是观察者以某种身份参与到儿童的活动中，在和儿童共同活动中

学前儿童心理发展与咨询辅导

观察儿童。这种观察能使儿童表现自然,但仍应避免儿童意识到自己正在被注意。

2)观察记录要求详细、准确、客观,不仅要记录行为本身,还应记录行为的前因后果。由于学前儿童的心理活动主要表现于行动中,其自我意识水平和言语表达能力又不强,因而必须详细记录,以便依靠客观材料进行分析。由于学前儿童的言语表达方式和成人不同,因而更要避免用成人的语言记录,以防改变了儿童言语的本来面目。为了使记录准确迅速,可以采用适当的辅助手段,如录音、录像等,也可以依靠事先设计好的表格记录,但这种表格的设计往往要经过若干次试用和修改;否则,难以搜集到所需资料。

3)由于学前儿童心理活动的不稳定性,其行为往往表现出偶然性,因而对学前儿童的观察一般应反复进行。对学前儿童行为的评定容易带有主观性,因此常常需要两个观察者同时分别评定。

如果过分强调儿童处于日常的自然状态,不去控制刺激变量,观察者处于被动地位,那么,观察可能得不到所要求的资料。因此,观察法往往与实验法相结合,并辅之以调查法、谈话法、作品分析法等间接观察法。

2.实验法

对学前儿童进行实验,就是通过控制和改变儿童的活动条件,以发现由此引起的心理现象的恒定变化,从而揭示特定条件与心理现象之间的联系。

研究学前儿童心理常用的实验法有两种,即实验室实验法和自然实验法。

(1)实验室实验法。实验室实验法是在特殊装备的实验室内,利用专门的仪器设备进行心理研究的一种方法。

实验室实验法在研究初生头几个月的婴儿时得到广泛运用。心理学家们为了研究婴儿的某种心理现象,设计了特殊的装置,如为研究婴儿的深度知觉设计的"视崖"等。

实验室实验法最主要的优点是能够严格控制条件,可以重复进行,可以通过特定的仪器设备探测一些不易观察到的情况,取得有价值的科学资料。如利用微电极技术研究新生儿对语音和其他声音刺激的辨别能力。用实验室实验法研究幼儿心理的不足之处在于,幼儿在实验室环境内往往产生不自然的心理状态,由此导致所得实验结果有一定的局限性。特别是研究一些复杂的心理现象,如在研究幼儿活动的特点等问题时,比较困难。因此,运用实验室实验法研究幼儿心理时,应该考虑到下列几点:

1)幼儿心理实验室内的布置,应尽量接近幼儿的日常生活环境;同时,要避免无关刺激引起被试幼儿的分心。例如,把不必需的物品放在离幼儿较远的地方,防止幼儿随手拿起来玩。在一般情况下,无关人员不得进入实验室,可以通过观察窗观察。

2)对幼儿的实验室实验可通过游戏等幼儿熟悉的活动进行。对于年龄较小的幼儿,要用直接兴趣去激发其努力完成实验任务的动机,因为他们的竞争意识尚未发展,也还没有形成力争获得优良成绩的愿望和习惯。

3)实验开始前要有较多的准备时间,使幼儿被试时能够熟悉环境和熟悉主试,从怕生、不愿意参加实验或过度兴奋等不正常心理状态转入自然状态。对于不易进入实验的幼儿,实验者必须掌握一些技巧,诱导其接受实验。

4)对幼儿的实验指导语,要用简明的语言和肯定的语气。幼儿对语言的理解能力发展不足,指导语过于冗长,或者一次布置的任务过多,会使幼儿抓不住要领。幼儿易受暗示,指导语最好不用商量的语气,如问幼儿是否愿意等,而应从正面引导被试幼儿接受任务。布置任务后要准确查明幼儿是否明了实验要求,可以让他做一些预备性练习。有时需要用具体示范帮助幼儿理解任务。

5)实验进行过程应考虑到幼儿的生理状态和情绪背景。幼儿处于疲劳、困倦、饥饿及身体其他方面不适状态时,不要勉强让他参加实验。实验过程中尽可能使被试幼儿集中精力,保持注意。为此,实验时间应比较短,一般应在幼儿的兴趣消失前完成。主试对实验应有充分准备,不但要做好各种物质准备,而且要在操作技术上做好准备,使实验过程中动作迅速利落。因此,在实验中主试操作不熟练是不允许的,因为这样不能得出科学的实验结果。

6)实验记录应考虑到幼儿表达能力的特点。要准确地记录幼儿的原话,不要用成人语言代替儿童的语言。幼儿常用动作和各种表情手段来补充或辅助其语言表述,对幼儿的这些非语言表达方式也应做好记录。

(2)自然实验法。自然实验法的特点在于实验的整体情境是自然的,但某种或某些条件是有目的的、有计划地加以控制的。即在儿童的日常生活、游戏、学习和劳动等正常活动中,创设或改变某种条件,来引起并研究儿童心理的变化。例如,研究不同年龄幼儿观察力的发展,可以采取正常的教学形式,向不同年龄班的幼儿提供相同的实物或图片,请他们讲述。然后根据记录分析整理,从中找出各年龄阶段幼儿观察力的基本特点,发现幼儿观察力发展的趋势。

自然实验法的优点是使儿童在实验过程中心理状态比较自然,而研究者又可以控制儿童心理产生的条件,这种方法既与观察法接近,又是实验方法,兼有二者的优点。

自然实验法的缺点是:由于强调在自然的活动条件下进行实验,难免出现各种不易控制的因素。此外,一般来说,自然活动环境不如实验室那样有各种仪器设备,因而对实验自变量和因变量的控制和记录条件不及实验室实验。

(3)教育心理实验法。教育心理实验法是自然实验法的一种重要形式。由于它在学前儿童心理研究中占有重要地位,因而在这里把它单列出来。这是把学前儿童心理的研究和教育过程结合起来的一种方法。其重点在于比较不同的教育条件对儿童心理发展的影响,揭示学前儿童心理发展的潜能,从而为教育改革服务。

用实验法,特别是教育心理实验法研究学前儿童时,常采用的做法是,对实验组和控制组(或称对照组)做对比。即把条件基本相同的儿童随机分为两组,但对实验组采取某种特殊的教育措施,对控制组则不给予任何特殊措施。通过两组比较,测查这种特殊措施(自变量)对因变量的影响。但是,在实际生活中,这种对比只能在一定程度上反映假设的自变量的作用。因为事实上在实验过程中影响儿童心理的因素是复杂的,并不像理论上设想的那样,只有一个自变量在起作用。

另外,在儿童心理实验中,客观上不能回避主试和被试的关系。这种关系就是人际关系。而人际关系对学前儿童心理活动的影响是不可忽视的。实验设计过程中应充分估计到这种关系的作用,如被试儿童与主试的熟悉程度,他(她)对主试可能产生的情感,以及主试对被试的期望或其他态度对被试的影响,等等。即使这样,有时,仍然可能产生一些不被觉察的或意料之外的人际关系的效应。

3.测验法

测验法是根据一定的测验项目和量表来了解儿童心理发展水平的方法。测验主要用于查明儿童心理发展的个别差异,也可用于了解不同年龄心理发展的差异。

测验的愿望是以同样的刺激看反应的不同。运用测验量表就是为了确定测验时所提供刺激的严格的一致性。编制测验量表需要经过"标准化"过程,制定固定的测验题目、测验程度、具体的计分方法,从大量数据中取得年龄常模。对儿童进行测验时,以被测儿童得分和常模相比,得出表示其发展水平的分数。

国际上已有一些较好的婴幼儿发展测验量表,如格塞尔成熟量表(1938)、贝利婴儿发展量表(1969)、韦克斯勒学前和小学智力量表(1967),等等。由于编制智力测验的工作量很大,因而大多数研究者都是根据本国情况对较好的量表进行修订。我国早在1924年已有陆志韦修订的《中国比纳西蒙智力测验》,1936年作者进行了第二次修订,1982年吴天敏作了第三次修订,该修订本名为《中国比内测验》。近年来,各地还有一些对其他量表的修订。测验也可以是有关个性方面的,称为"人格测验"。人格测验实际上是一种问卷,我们将在本书的问卷部分再做详述。

对学前儿童的测验应注意以下几点:

(1)由于学前儿童的独立工作能力差,模仿性强,因而对学前儿童的测验都是用个别测验,不宜用团体测验。

(2)测验人员必须经过专门训练,不仅要掌握测验技术,还应掌握对学前儿童工作的技巧,以取得幼小儿童的合作,使其在测验中表现出真实的水平。

(3)学前儿童的心理尚不成熟,其心理活动的稳定性差。因此,切不可仅以任何一次测验的结果作为判断某个儿童发展水平的依据。一般来说,几次测验中成绩好的便能说明被测儿童的发展水平较高,成绩差的则可能是被测儿童的发展水平较差或者是他(她)受到测验当时其他因素的干扰。因此,判断某个儿童的发展水平和状况,还应用多种方法从多方面进行考察。

测验法的优点是比较简便,在较短时间内能够粗略了解儿童的发展状况,但是,测验法也有严重的缺点。比如,测验所得往往只是被试完成任务的结果,不能说明达到结果的过程;测验只是做量的分析,缺乏质的研究;测验题目很难同时适用于不同生活背景的各种儿童,等等。因此,对测验法的争议较大。随着科学技术的发展,心理测验成为专门的学科,测验法将会不断改进。然而,测验法和儿童心理研究的其他方法一样,只能作为了解儿童心理的方法之一,还应注意与其他方法配合使用。

4.间接观察法

所谓间接观察法,是指研究者并不是直接观察研究对象的心理表现和行为,而是通过其他途径来进行相应的了解。其中包括调查访问法、问卷法等。

(1)调查访问法。调查访问法是研究者通过学前儿童的家长、教师或其他熟悉儿童生活的成人去了解儿童的心理表现。

调查访问法在学前儿童心理研究中有特殊作用,因为:

1)幼小儿童的心理活动常常在日常生活中偶然地自然表露,而不能在研究者规定的时间和场合被诱发出来。一些有研究价值的儿童心理表现,往往不能在研究者的观察和实验中得到,却可以被同儿童生活在一起的成人所捕捉。

2)学前儿童的心理活动变化大,研究人员和学前儿童接触的时间毕竟有限,他们所观察到的往往只是一时一事。家长或老师等与儿童朝夕相处,较容易从许多事件中概括出儿童的心理活动倾向和特点。梅赛尔(1979)等人曾对比三种研究结果的准确性,即单一测量、成套测验和教师的印象。结论是教师的印象最准确。

调查访问法可以采取当面访问的方式,也可以采取书面调查的方式。

当面调查可以是个别访问,也可以是开调查会。前者有利于研究者与被访问的儿童家长、教师或其他人的个别交谈,较深入地了解情况。后者则有利于集体讨论研究,互相补充情况。对学前儿童的家长,一般采用个别访问法,对托儿所和幼儿教师则可用调查访问或座谈法。

调查访问必须有充分准备,要拟定调查提纲。调查访问人员还应善于向被访问者提出问题。

当面调查访问的缺点是比较费时间。书面调查则往往因被调查者不十分了解调查意图而不能提供所需资料。此外,调查访问法的缺点还在于被调查者的报告往往不够精确。可能是因为被调查者的记忆不确切,也可能是因为这一报告受到了个人偏见及态度的影响。

(2)问卷法。问卷法可以说是把调查问题标准化了。运用问卷法研究学前儿童的心理,所问对象主要是与学前儿童有关的成人,即请被调查者按拟定的问卷表做出书面回答。

问卷法也可以直接用于年龄较大的幼儿。幼儿不识字,对幼儿的问卷采取口头问答方式。卡塔尔(Cattell,R. B.,1974)等人编制了学前儿童人格问卷。问题用 AB 选择式,如"你喜欢(A)听好的音乐还是(B)看两只狗打架"等。问卷的内容更多是属于个性方面的,用同样的问题要求被问人回答,报告其在某种情况下的感受或看法,也可以说是一种公式化的谈话。

学前儿童心理发展与咨询辅导

问卷法的优点是可以在较短时间内获得大量资料,所得资料便于统计,较易作出结论。但是编制问卷表并非容易的事情,题目的信度、效度要经过考验。即使是较好的问卷表,也容易流于简单化,其题目也可能被回答者误解。研究学前儿童心理的问卷对象往往是儿童家长或一般教师。其中许多人缺乏有关知识和训练,不善于掌握回答的标准,往往影响回答的质量。答题还往往可能受回答者的偏见影响。总之,儿童心理的复杂情况,有时难以从一些问卷题目上充分地反映出来。因此,也不能过高估计由此而得出的统计结论。

5.谈话法和作品分析法

谈话法也是研究儿童心理的常用方法。通过和幼儿交谈,可以研究他们的各种心理活动。谈话的形式可以是自由的,但内容要围绕研究者的目的展开。谈话者应有充足的理论准备,有非常明确的目的,以及熟练的谈话技巧。

作品分析法是通过分析儿童的作品(如手工、图画等)去了解儿童的心理。由于幼儿在创造活动过程中往往用语言和表情去辅助或补充作品所不能表达的思想,因而脱离幼儿的创造过程来分析其作品,是难以充分了解其心理活动的。对幼儿作品的分析最好是结合观察和实验进行。

也有一些比较成功的幼儿作品分析法,如"绘人测验"。它既是测验法,又是作品分析法。要求幼儿尽量细致地画出一个正面人,根据所画的细节按已有的标准计分,以得分作为幼儿智力发展的一种指标。

综上所述,研究学前儿童心理的方法是多种多样的。运用各种方法时都必须以正确的思想为指导。应根据研究目的和课题的不同,采用不同的方法。由于各种方法都有优、缺点,因而研究时也可以综合运用;一项研究用两种或更多的方法,能够使所得结果互相补充和印证。

咨询辅导

1.如何判断孩子心理是否健康

心理健康是指个体在适应环境的过程中,生理、心理及社会性方面达到协调一致,保持一种良好的心理功能状态。儿童的心理健康有其特殊性,他们无论是在生理上、心理上,还是在社会性方面,都处于一个从不成熟向成熟迅速发展变化的转折时期。在这一时期,判断孩子心理是否健康,有以下标准:

(1)早期经验、经历是否正常。儿童在3岁前经历的事对个体一生发展影响极大。正常的早期经验可以使儿童积极向上,健康成长,成为发展动力;反之,会产生心理障碍。

(2)是否能适应环境。儿童要经历许多变化,从幼儿期到小学阶段,要适应环境、人际关系、自我角色的转变。一般来说,儿童对新环境都要有一段适应期。一旦孩子在某方面出现不适现象,将会导致心理障碍,如焦虑、恐惧等。

(3)是否能跟上认知的发展。认知发展是以已有的认知结构获得新知识的过程,如果儿童到达一定的年龄,但认知能力仍然跟不上,则会导致不健康心态。

(4)情绪是否较稳定、乐观。儿童情绪变化十分剧烈,由于他们对自我的控制能力差,因而不良情绪时有发生。能够保持较稳定、积极向上情绪的孩子往往记忆迅速,思维开阔;否则,孩子思路阻塞,智力得不到发展。

(5)是否有积极的个性。儿童个性虽未形成,但乐观向上的个性有助于孩子的身心发展;否则,可能导致消极、不良的心理现象,如自卑、自弃、郁郁寡欢、懦弱等。

2.如何对幼儿进行心理健康教育

对幼儿实施心理健康教育,必须符合幼儿心理发展的一般特征。父母在施教过程中要遵循以下几个原则:

(1)发展性原则。即遵循儿童各个年龄阶段的特征实施心理健康教育。有些心理问题只是暂时的、阶段性的,随着儿童年龄的增加,辅以适当的教育是可以减轻甚至消失的。

(2)慎重评价的原则。对幼儿实施一些心理测试、诊断是必要的,但要慎重,不要妄下结论;否则,会影响幼儿心理的健康。

(3)主体性原则。教育中不要有轻视幼儿人格的言行,应尊重幼儿的心理,切忌用成人标准来衡量幼儿。

(4)游戏性原则。将心理健康教育内容贯穿到幼儿游戏中,在完成游戏的过程中培养幼儿的健全人格。

(5)成功性原则。由于幼儿的注意稳定性差,因而活动中应让幼儿有成功快乐的体验,让他们增强信心,使他们能较长时间专注于活动。

(6)全面性原则。在实施心理健康教育过程中注意与游戏、体育、音乐、美术等活动相结合。

3.幼儿会出现心理障碍吗

家长在教育孩子时,往往只关注其衣、食、住、行及智力发展,却忽视了孩子的心理素质培养。他们认为3～6岁的幼儿还小,不会出现心理上的异常问题。其实不然,心理学家曾对5～6岁的幼儿进行抽样调查。结果表明,脾气坏的占15.9%,性格古怪的占48.4%,神经质的占28.3%,另外,社会交往不良的、有情绪障碍的、有行为问题的各占一定比例。而1～3岁的幼儿会出现偏食、言语发育迟滞、分离性焦虑、强迫症等。可见幼儿不仅会出现心理障碍,而且到了不容忽视的程度。引起幼儿心理障碍的原因主要是孕期母亲的疾病、营养不良以及孩子出生时难产或产伤,或孩子缺少幼儿园正规教育,或是家庭不良因素,如不和睦家庭或父母离异、教育方法不当、教育方式不一致等。所以,家长要注意对孩子从小就抓紧心理素质的培养,若发现孩子心理上出现某些偏差,应及时纠正;若孩子患有严重心理疾病要及时带孩子去医院治疗。

4.为何保持童心有利于儿童的心理健康

在孩子的眼中,世界上的一切都是奇妙的、美好的,他们对一切事物都充满好奇。他们目光纯净,不会戴有色眼镜看人……正是这种天真幼稚、单纯善良的天性使得孩子面前的世界变得生动而有朝气。然而,有些家长不了解童心的可贵,厌烦孩子没完没了的提问,呵斥孩子好奇心驱动下的破坏行为,嘲讽孩子叫老乞丐"爷爷"、拾到钱包交给警察叔叔的行为……家长的错误观点及行为使孩子的好奇心受挫,天真单纯的心灵逐渐变得复杂而势利,逐渐地,孩子与他眼中美好、奇妙的世界拉开了距离,变得麻木迟钝起来。作为家长的您,是否了解童心的可贵,是否为这种童心的缺失感到痛心? 我们应该认识到,保持童心可以培养孩子的创造能力,有利于孩子智力的发展;同时,也有利于孩子健康良好的人格品质的形成和发展。由此可见,父母应该用心呵护孩子的可贵的童心,为培养孩子健康的人格打下良好的基础。

操作训练

1.测测宝宝的交往类型

(1)宝宝愿意同邻居的孩子一起玩儿吗?

A.愿意

B.有时愿意,有时不愿意

C.不愿意

(2)宝宝在与别的孩子一起玩儿时:

A.情绪愉快

B.有时高兴,有时生气

C.会咬小朋友、打人家或是抢别人的玩具

(3)宝宝在外表长相上是不是很招人喜欢?

A.是的

B.难以判断

C.不是

(4)宝宝在受到别人攻击时的态度是:

A.哭

B.躲避

C.还击

(5)宝宝对待陌生小朋友的态度是:

A.主动接近

B.不理不睬

C.拒绝

(6)宝宝对新的陌生环境的态度是:

A.愉快接受

B.有父母陪伴就可进入

C.拒绝进入新环境

(7)宝宝平时的个人清洁卫生情况：

A. 非常好

B. 有时好,有时不好

C. 不大好

(8)宝宝看到别的小朋友跌倒时的表现：

A. 走上去帮忙

B. 好像没有看见一样

C. 走上去看着别人笑

(9)宝宝在看到别的小朋友哭时：

A. 走上前去安慰别人

B. 好像看不见似的

C. 别人哭他也哭

(10)宝宝同别的小朋友在一起时面部表情：

A. 经常微笑

B. 面无表情

C. 经常发怒

(11)当同伴也要玩同一玩具时,宝宝的表现是：

A. 同小朋友一起分享玩具

B. 把玩具让给别人,去玩别的

C. 拒绝别人,自己独自把玩

(12)对于自己的糖果：

A. 大方地与人分享

B. 在成人的提示下与他人分享

C. 拒绝分享

(13)宝宝在一帮小朋友当中：

A. 经常当头儿

B. 跟着别人走来走去

C. 自己独来独往

(14)宝宝对待小朋友告状的态度是：

A. 接受别人的意见

B. 无所谓

C. 对小朋友进行报复

(15)宝宝在托儿所排队时经常站在第一位吗?

A. 是

B. 不是

C. 不一定

学前儿童
心理发展与咨询辅导

(16)总的来讲,宝宝:

A.行为积极,性格外向

B.情绪时好时坏,看场合

C.脾气急,易冲动

评分标准:

凡是选 A 的,均得 1 分;选 B,得 2 分;选 C,得 3 分。

请您根据上述标准计算出每题得分以及总分,然后参考下面文字自行判断孩子大致的同伴交往类型。需要指出的是,这种划分只是相对的,您的孩子也有可能介于某两种同伴交往类型的中间,属于交叉型或混合型。另外,随着儿童年龄的增长和教育及环境的改变,同伴交往能力也会有所改变。

交往类型分析及教育建议:

(1)受欢迎型:总分在 16 分至 26 分之间的幼儿属于这种同伴交往类型。由于广受欢迎,他们通常被称为"明星儿童"。他们一般长相好,卫生清洁,行为积极、友好,性格外向,善于交往。在交往中主动性强,也容易对没有同伴共玩感到难过。这类幼儿很少孤独,即便有也只是暂时的现象,不用父母费心。他们的活动有规律,节奏明显,容易适应新环境,也容易接受新事物和不熟悉的人。他们情绪一般积极愉快,对同伴的交往行为反应适度。由于他们生活规律、情绪愉快,且对同伴的行为提供大量的积极反馈,因而容易受到同伴及成人的喜爱。对此,父母要保持头脑清醒,千万不要因此而宠坏孩子,更不能让他从小滋生骄傲自满情绪。否则,现实生活中经常会出现"小时了了,大时平平"的情况。

(2)中间型:总分在 27 分至 37 分之间的幼儿大致属于这种同伴交往类型。大多数幼儿都属于这种类型。他们在各个方面表现中等,情况一般,长相不漂亮但也不丑,个人卫生不太差,行为说不上积极,但也不太消极,友好也是分人和看情况的,性格有外向也有内向的,在交往上属于"推着肯走、不推就不走"的情况。因为他们基本的生活形态就是这样,所以也就容易习惯,情绪反应不太激烈。这一类孩子会随着年龄的增长,随着成人抚爱、教育以及社交能力发展的不同而发生分化,进一步演变出"一般型"和"被忽视型"两种不同的社交类型。对此,父母要经常有意地带孩子出去参加有吸引力的集体活动,有意地安排孩子与同伴成对或分组活动,以增加交往机会,促进社交能力的发展。

(3)困难型:总分在 38 分至 48 分之间的幼儿大致属于这种同伴交往类型。他们大都体质强、力气大,行为消极、不友好,脾气急、易冲动,喜欢交往但却不善于交往,结果弄成孤家寡人。例如,有的小朋友喜欢咬人,见到同伴本该打招呼,可他上去就咬人一口,吓得同伴以后再也不敢同他玩了。另外,由于他们时常大声哭闹、烦躁易怒、爱发脾气,对同伴及成人的交流产生消极反应,父母常常不敢带他们到公众场合,这样久而久之其社交能力就得不到很好的锻炼,只会使其越来越不受同伴欢迎。对这类幼儿需要进行行为矫正,要让他们改掉消极、不友好的行为习惯,逐渐削弱性子急、爱冲动的毛病,另外,还要教会他们必要的社交技巧,使他们学会交往。

2.和宝宝一起玩的手指游戏

幼儿天生好玩好动,手指游戏是幼儿最喜爱的游戏之一,在家里、幼儿园里可以让幼儿边说儿歌边活动手指,既有利于幼儿智力开发,又能活跃气氛,对提高教育教学效果大有帮助,家长和老师们可以好好利用哦!

（1）手指兄弟。

一个手指点点点(伸出一个手指点宝宝)

两个手指敲敲敲(伸出两个手指在宝宝身上轻敲)

三个手指捏捏捏(伸出三个手指在宝宝身上轻捏)

四个手指挠挠挠(伸出四个手指在宝宝身上轻挠)

五个手指拍拍拍(两个手对拍)

五个兄弟爬上山(从宝宝的下身做爬山状)

叽里咕噜滚下来(在宝宝身上从上往下挠)

（2）包饺子。

小手摊开,咱们来包饺子吧(伸出左手手掌)

擀擀皮(右手在左手上做擀皮状)

和了和了(右手手指立起在左手手掌上做和馅的动作,就像手指在抓挠)

包个小饺子(说一个字,用右手食指依次点着左手的手指)

香喷喷的饺子给谁吃(用右手把左手指包起来,盖住,问孩子)(然后孩子说给谁吃,就把饺子递到嘴边)

（3）造房子。

小兔子(两手伸出食指和中指,做小兔的耳朵状)

拿锤子(两手握拳头,左右摇晃)

叮叮叮(右手放在左手上做敲击的动作)

造房子(两手做房子的造型放于头上)

（4）宝宝的小手。

爸爸瞧(左手从背后伸出,张开手指挥动)

妈妈看(右手从背后伸出,张开手指挥动)

宝宝的小手真好看(双手一起摇动)

爸爸瞧(闭合左手,往背后收),妈妈看(闭合右手,往背后收)

宝宝的小手看不见(双手都放在背后)

爸爸妈妈快来看,宝宝的小手又出现(双手从背后再拿出来)

（选自学前谷——中国婴幼儿教育网）

学前儿童心理发展与咨询辅导

第二章
各年龄学前儿童心理发展的主要特征

案例 ▶

爱"说谎"的小明

　　小明四岁了,聪明,好动,人际关系好。但他就是喜欢炫耀自己,跟别人攀比,说自己有什么好的玩具,多好玩。其实,他根本就没有。一次妈妈去幼儿园接他时,发现他正在跟小朋友说爸爸刚出差回来,给他买了好多好多玩具,特别是一个会飞的飞机,旁边的小朋友都羡慕得不得了。可是,他爸爸从来就没出差呀,妈妈当时气坏了。有一次家里的杯子被打碎了,妈妈鉴于他以前的说谎行为就一口认定是他干的,小明当时怕妈妈生气就承认了,后来妈妈发现是被奶奶打碎了,才知道冤枉了小明。

　　提问:孩子以后会不会养成说谎的坏习惯?

　　回答:第一件事,小明在幼儿园里说谎,是由于孩子的认知发展水平比较低,他要靠想象来达到别人羡慕自己,以提高自己的地位的期望,这种情况会随着年龄的增大逐步改变,家长不必为此而过分担心。第二件事,孩子本来没有做,但却承认了。这是因为他怕受到妈妈的责骂和惩罚,心里有一种本能的愿望:承认了就是好孩子。所以在矫正孩子的说谎行为时,要根据幼儿不同的说谎原因耐心进行教育。如小明向小朋友夸耀本没有的玩具,家长要搞明白,这究竟是为什么,然后再进行说服教育。小孩子都怕做了错事被爸爸妈妈责骂和惩罚,也许在他们小的时候,这种观念就形成了。这就要归咎于家庭的教育方法不当,孩子做错了事,动不动就给孩子严厉的惩罚,这种教育方法是错误的。所以,家长要尽量避免训斥孩子,要给予孩子关心和帮助,要给予他们改正错误的机会。

　　学前儿童心理发展是一个连续的过程,在每个年龄阶段会表现出不同年龄阶段典型的、本质的特征。

第一节　人生的第一年心理发展的主要特征

人出生后的第一年称为婴儿期。这一年是儿童心理开始发生和一些心理活动开始萌芽的阶段。在这一年里,儿童心理发展最为迅速,心理特征变化最大。

婴儿期心理发展分为三个小阶段。初生到满月,这一时期儿童围绕着适应新生活而展开活动。半岁前,儿童基本上处于躺卧状态,活动范围非常有限,心理活动也很原始。半岁到周岁,儿童明显地活跃起来,和外界的交往大为增加。

一、初生到满月

从初生到满月,称为新生儿期。满月前儿童的一切活动都是围绕适应新生活而展开的。主要表现如下:

1.适应新生活

胎儿的生活环境是非常安全和舒适的。出生以后,环境骤然发生了质的变化,新生儿必须独立地进行维持生命的活动,要适应新生活,为维持生命而斗争。那么,新生儿怎样在新环境中生活呢?首先依靠各种各样的无条件反射(先天形成的,不需要强化学习就能完成的反射),随后,在无条件反射基础上形成条件反射,用以应答外界环境的刺激。

2.依靠无条件反射

儿童先天带来了应付外界刺激的本能——各种各样的无条件反射。下面简述其中的一些内容。

吸吮反射。奶头、手指或其他物体碰到嘴唇,新生儿立即做出吃奶的动作(见图 2-1)。这是一种食物性无条件反射,即吃奶的本能。

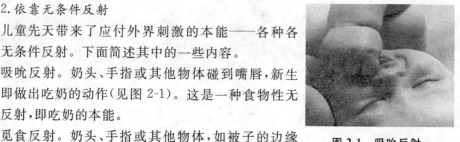

图 2-1　吸吮反射

觅食反射。奶头、手指或其他物体,如被子的边缘并未直接碰到新生儿的嘴唇,只是碰到了新生儿的脸颊,他也会立即把头转向物体,张嘴做吃奶的动作,这种反射使新生儿能够找到食物。

眨眼反射。物体或气流刺激眼毛、眼皮或眼角时,新生儿会做出眨眼动作。这是一种防御性的本能,可以保护自己的眼睛。

怀抱反射。当新生儿被抱起时,他会本能地紧紧靠贴成人。

抓握反射。又称达尔文反射。物体触及掌心,新生儿立即把它紧紧握住。

巴宾斯基反射。物体轻轻地触及新生儿的脚掌时,他本能地竖起大脚趾,伸开小趾。这样,五个脚趾就变成扇形。

惊跳反射。又称莫罗反射,突如其来的高噪声刺激,或者被人猛烈放到小床上,新生儿立即双臂伸直,张开手指,弓起背,头向后仰,双腿挺直。

学前儿童

心理发展与咨询辅导

击剑反射。又称强直性颈部反射,简称 TNR 反射。当新生儿仰卧时,把他的头转向一侧,他立即伸出该侧的手臂和腿,屈起对侧的手臂和腿,做出击剑的姿势。

迈步反射。又称行走反射。大人扶着新生儿的两腋,把他的脚放在桌面、地板或其他平面上,他会做出迈步动作,好像两腿协调交替走路。

游泳反射。让婴儿俯伏在小床上,托住他的肚子,他会抬头,伸腿,做出游泳动作(见图 2-2)。

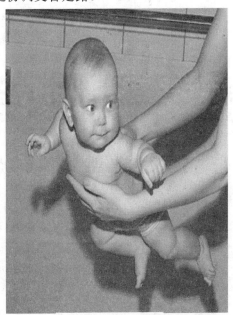

图 2-2　游泳反射

巴布金反射。如果新生儿的一只手或双手的手掌被压住,他会转头张嘴。当手掌上压力放松时,他会打呵欠。

蜷缩反射。当新生儿的脚背碰到平面边缘(类似楼梯的边缘)时,他本能地做出像小猫那样的动作。

新生儿的无条件反射,在婴儿长大到几个月时会相继消失。不论无条件反射对维持生命是否有实际意义,儿童最初的本能活动都可以成为最初学习的基础。

3. 条件反射出现和心理发生

本能的无条件反射保证了新生儿最基本的生命活动,但因其种类有限,局限性大,适应性低,无法适应日益复杂的环境变化。为了生存,为了适应环境,新生儿的无条件反射逐渐信号化,形成条件反射。

(1)条件反射对儿童最初生活的意义。无条件反射的种类或数量毕竟是有限的,无条件反射只能是对固定的刺激做出固定的反应,不足以应付儿童生活环境的变化多端的刺激。条件反射的出现,对新生儿的生活有极其重大的意义。人学会的一切本领,都是条件反射。

(2)形成条件反射的基本条件。条件反射的形成必须具备下列条件:大脑皮质处于成熟健全而正常的状态,具备基础反射,条件刺激物适当的强度和出现的时间,条件刺激物和无条件刺激物多次结合。

(3)条件反射出现的时间。儿童最早条件反射出现的时间,或者说第一个条件反射出现的时间,决定于开始训练儿童建立条件反射的时间。应在儿童出生后开始训练。儿童建立条件反射的时间越早,儿童条件反射出现的时间也越早。此观点为我们实施儿童早期教育提供了理论依据。

(4)心理的发生。儿童出生后第一个月,心理已经发生。其根据是:

1)条件反射的出现就是心理的发生。出生后第一个月,儿童已经能够建立条件反射。

2)感知觉是低级的心理现象。儿童出生后,就有感知活动。

3)视觉和听觉的集中,是注意发生的标志。

4.认识世界和人际交往的开始

心理学家越来越认识到,新生儿已经具有不可低估的心理能力。有的研究发现,出生几天或十几天的儿童已能注视眼前的物体,喜欢看人的笑脸,爱听温和的说话声和优美的音乐,用不同的哭声表达不同的需要。

(1)认识世界的开始。感觉既是一种生理现象,又是一种心理现象。儿童出生后就有感觉。视觉和听觉集中出现在出生后的2～3周左右;这时,如果人脸或手出现在孩子面前,孩子会注视片刻。儿童能够集中看和听,表明了注意的出现,说明他对外界刺激的反应开始有了选择性,这种最初的选择性反应,正是人的心理的原始表现。

(2)人际交往的开端。儿童作为人的后代,生活在人类社会,从一开始就表现出和别人交往的需要。换句话说,他不仅有生理性的需要,而且有社会性的需要。

综上所述,我们可以看到,初生的孩子虽然非常嫩弱,但是在适应新生活、维持生命的斗争中,发展非常迅速。他的发展不仅表现在身体发育上,更重要的是表现在心理的发生、发展上。新生儿具有很大的潜力,这是他作为未来社会成员而发展的基础。儿童最初对外界的认知活动,突出表现在感觉的发生和视觉、听觉的集中上。

二、满月到半岁

从满月到半岁称为婴儿早期。此时期儿童心理的发展,突出表现在视觉和听觉的发展上。在视、听发展的基础上,他主要依靠定向活动来认识世界,眼手动作逐渐协调,开始分辨熟悉的人和陌生的人。

1.视觉和听觉迅速发展

满月以后,婴儿的小眼睛更灵活了。3个月的婴儿就会积极地用眼睛寻找成人。2～3个月以后,婴儿对声音的反应也比以前积极。半岁以前,儿童的动作刚刚开始发展,这时期儿童认识周围事物,主要依靠视觉和听觉。

2.定向反射的作用增加

出生后第一个月,婴儿所建立的条件反射,往往是以无条件反射作为基础的。随着孩子的长大,无条件食物反射和防御反射对建立条件反射的作用逐渐减少,而定向反射的作用逐渐增加。婴儿越来越多地依靠定向反射认识世界,在定向反射的基础上建立条件反射。

3.手眼协调动作开始发生

手眼协调动作,是指眼和手的动作能够配合,手的运动能够和眼球运动——视线一致,按照视线去抓住所看见的东西。

手眼协调动作的发生,大致经历了动作混乱、无意抚摸、无意抓握、手眼不协调的抓握、手眼协调抓握等阶段。

婴儿手眼协调动作有以下几个特点：眼手配合，能按照视线去抓取物体；既能无意地摇动物体，又能做出一些简单而有效果的动作；动作有目标，但还伴随一些不相干的动作；不会用两手分别抓取物体等。

手眼协调动作的发生对儿童心理发展有重要意义，它是用手的动作去有目的地认识世界和摆弄物体的萌芽，是儿童的手成为认识器官和劳动器官的开端。

4. 开始认生

5~6个月的孩子开始认生。

认生是儿童认识能力发展过程中的重要变化，表现了感知辨别和记忆能力的发展；另一方面，也表现了儿童情绪和人际关系发展上的重大变化，此时期的婴儿出现了对亲人的依恋和对熟悉程度不同的人的不同态度。

三、半岁到周岁

从半岁到周岁称为婴儿晚期。半岁以后，儿童的明显变化是动作比以前灵活了，表现在身体活动的范围比以前扩大了，双手可以模仿多种动作，还逐渐出现语言的萌芽，亲子依恋关系也日益巩固。

1. 身体动作迅速发展

身体动作的发展包括躯体和四肢动作的发展。动作本身并不是心理，但和心理发展有着密切的关系。因此，我们常把动作发展作为测定幼小儿童心理发展水平的一项指标。

（1）儿童动作发展的规律。婴儿的动作发展受身体发育，特别是骨骼肌肉的发育及神经系统的支配作用所制约，遵循一定的规律：

1）从整体动作到局部的、准确的、专门化的动作。

2）从上部动作到下部动作。

3）从中央部分的动作到边缘部分的动作。

4）从大肌肉动作到小肌肉动作。

5）从无意动作到有意动作。

（2）坐、爬、站、走的发展。遵从动作发展的上述规律，儿童全身动作发展的顺序是：在半岁前学会抬头和翻身，开始学习独自坐。但是6个月前孩子坐着的时候躯干向前倾，还坐不稳。6~7个月，孩子能够独坐自如。到10个月以后，孩子开始学习扶着站，也开始在成人帮助下迈步。

这个阶段是孩子从躺着的姿势解放出来的时期，也是他开始摆脱成人怀抱的时期。这一时期，孩子开始能够自己活动，能够直接接触更多的事物。这对他的情绪以及人际交往的发展都有所促进。

2. 手的动作开始形成

掌握坐和爬的动作，有利于手的动作的发展。从6个月到1岁，儿童的手日益灵活。表现在：

（1）五指分工动作的发展。

（2）双手配合。

（3）摆弄物体。

（4）重复连锁动作。

3.语言开始萌芽

满半岁以后，婴儿喜欢发出各种声音，他的声音和以前的不同在于音节比较清楚。

9～10个月以后，婴儿能够听懂一些词，并且按成人的话去做一些动作。7个月的孩子就会用不同的声音招呼别人。到9～10个月，婴儿开始主动发出一定的声音来表示一定的意思。

4.依恋关系日益发展

出生后第二个半年，孩子开始用没有真正形成的语言和亲人交往。这种前语言交往方式的出现，表明了儿童在社会化过程中发生了重要的变化，亲子之间的依恋关系日益得到发展。

学前儿童

心理发展与咨询辅导

第二节　1～3岁心理发展的主要特征

1～3岁称为先学前期。这一时期是真正形成人类心理特点的时期。儿童在这一时期学会走路，开始说话，出现表象思维和想象等人所特有的心理活动，出现独立性。

一、学会直立行走

正常婴儿1岁左右就学会直立行走了，并且将永远脱离动物四脚着地的状态，接着孩子很快就学会奔跑、做操、跳跃、上下楼梯等，3岁左右即运动自如。1～2岁孩子独立行走还不自如，原因在于，头大脚小，全身的骨骼肌肉比较嫩弱，脊柱的弯曲没有完全形成，两腿和身体动作不协调。

二、使用工具

猿人进化到现代人，靠的是制造工具、使用工具和运用语言，这种进化经过了千百万年,婴儿却很快学会用左右手抓、放、拧、按、敲、推、拉等动作。1 岁以后,孩子逐渐能够准确地拿各种东西。两岁半以后,孩子能够自己用小毛巾洗脸,拿起笔来画画。

先学前期儿童使用工具经历了完全不按用具的特点支配动作、进行同一动作的时间有所延长、主动去重复有效动作、能够按用具的特点来使用它,并且能够根据使用时的客观条件改变动作方式等阶段。

三、语言和表象思维的发展

人类特有的语言、表象、想象和思维活动在 2 岁左右形成。

1 岁以前是语言发生的准备阶段。1～1.5 岁的儿童处于理解语言阶段。到了 3 岁,儿童能够初步用语言表达自己的意思。与此同时,儿童的表象也发展起来,特别是 1.5～2 岁。表象的发生使儿童有可能产生想象。

人类典型的认识活动形式——思维,也是在这个时期发生的。这时孩子出现最初的概括和推理。至此,儿童的认识过程,从感觉到思维,都已形成。

四、出现独立性

孩子进入第二个年头,就不像以前那么顺从了。特别是 2～3 岁,他有了自己的主意,和家长的意旨不一致,出现独立性。从此,人际关系的发展进入了新的阶段。

独立性的出现是开始产生自我意识的明显表现,是儿童心理发展上非常重要的一步,也是人生头 2～3 年心理发展成就的集中表现。它表明,儿童心理具备了人类的一切特点:直立行走,使用工具,用语言交际,儿童出生时固然已不同于动物,但只有发展到这个阶段,才真正开始形成人类的全部心理机能。

第三节　3～6 岁心理发展的主要特征

3～6 岁,称为学前期、幼儿期,是心理活动系统的奠基时期,是个性形成的最初阶段。

一、3～4 岁心理发展的主要特征

3～4 岁是学前初期,也是幼儿园小班的年龄。

1. 生活范围扩大

3 岁以后幼儿生活范围的扩大是有一定的基础的。第一,生理的发展。一方面,3～4 岁儿童的身体比以前结实了;另一方面,3～4 岁儿童的精力比以前充沛了。第二,3 岁幼儿身体和手的基本动作已经比较自如。第三,语言的形成和发展

使幼儿已经基本上能够向别人表达自己的思想和要求。不需要成人过多地猜测他的意愿。以上几个方面的发展使3～4岁幼儿具备了离开亲人去参加幼儿园集体生活的可能性。

幼儿生活范围的扩大，引起了心理发展上的各种变化，使他的认识能力、生活能力、人际交往能力都迅速发展起来。

2. 认识依靠行动

3～4岁儿童的认识活动往往依靠动作和行动进行。思维是认识活动的核心。3～4岁幼儿思维的特点是先做再想，他不会想好了再做。

整个学前期，儿童认识活动都是具体的，而在学前初期尤为突出。在幼儿园，小班幼儿认识活动对行动的直接依赖性，说明他的认识活动非常具体。小班幼儿只能理解具体的事情，不会做复杂的分析综合，只能做直接推理，不会进行逻辑推理。

3. 情绪作用大

整个学前期，情绪在儿童心理活动中的作用都比较大。幼儿的心理活动和行为更多是无意性的。而在3～4岁，这种特点更为突出。

4. 爱模仿

模仿是3～4岁幼儿的主要学习方式。

二、4～5岁心理发展的主要特征

4～5岁是学前中期，也是幼儿园中班的年龄，4岁以后心理发展出现较大的飞跃。4～5岁儿童心理发展的质变，主要在于认识活动的概括性和行为的有意性明显地开始发展起来。具体表现如下：

1. 活泼好动

正常儿童都是好动的。幼儿不停地变换姿势和活动方式，并积极地运用他的各种感觉器官。活泼好动的特点在幼儿中期尤为突出。

2. 思维具体形象

具体形象性是学前儿童思维的特点，这种特点在学前中期最为典型。表现在幼儿园中班儿童主要依靠表象即头脑中的具体形象进行思维。

3. 开始接受任务

幼儿园中班幼儿开始能够接受严肃的任务。在实验室进行的一些比较单调的任务，都只能从4岁开始。在日常生活中，4岁以后的幼儿对于自己所担负的任务已经出现最初的责任感。

4. 开始自己组织游戏

游戏是最适合幼儿心理特点的活动。4岁左右是游戏蓬勃发展的时期。幼儿园中班幼儿不但爱玩，而且会玩。他们能够自己组织游戏，自己规定主题，并在游戏中逐渐结成同龄人的伙伴关系。

学前儿童心理发展与咨询辅导

三、5～6岁心理发展的主要特征

5～6岁是学前晚期,即幼儿园大班的年龄。此时期心理活动概括性和有意性的表现更为明显。

1. 好问、好学

5岁以后儿童的好奇心不再满足于了解表面现象,而要追根问底。5岁儿童的活跃主要不是停留在身体的活动上,而是表现在智力活动的积极性上。他们有强烈的求知欲和认识兴趣。

2. 抽象能力明显萌发

幼儿园大班幼儿的思维仍然是具体的,但是明显地出现抽象逻辑思维的萌芽。如能根据概念进行分类,初步掌握部分与整体的包含关系,掌握"左"、"右"等比较抽象的概念。

3. 开始掌握认知方法

5～6岁儿童出现了有意地自觉控制和调节自己心理活动的方法,在认知活动方面,无论是观察、注意、记忆过程,还是想象和思维过程,都有了方法。

4. 个性初具雏形

5～6岁幼儿的心理活动已经开始形成系统,也就是说,个性的形成过程已经开始。从此,幼儿的心理活动,不再是孤立的、零碎的,而总是在心理系统背景下的活动,各人有自己的特色。但幼儿期所形成的,只是个性最初的雏形,其可塑性还相当的大。

咨询辅导

1. 幼儿的心理特征是什么

3岁以后进入幼儿期,儿童心理发育是在婴儿期基础上发展起来的。主要有如下特点:

(1)幼儿的心理活动的特点是具体形象性和无目的性的,即幼儿的认知活动更多地依赖于感觉、知觉和表象的形象思维,抽象概括的能力还很差。

(2)幼儿的观察力逐步转变为一个相对独立的、有目的的过程,开始形成了初步的有方向的、自觉的观察力。

(3)幼儿的无意注意达到了高度的发展,而有意注意还在逐步形成中。

(4)幼儿的有意记忆逐步发展,识记的持久性和精确性有了进一步的发展。

(5)幼儿语言发展主要是口头语言的发展。表现为4岁是培养幼儿正确发音的关键期,词汇数量增加,词类范围扩大(即掌握名词、动词、形容词等),逐步掌握与日常生活联系较远的词,对词汇的理解不断地变得更深刻。

(6)幼儿独立意识发展,有强烈的参加社会活动的心理需要。

2.危机年龄会影响儿童心理健康发展吗

在儿童的心理发展过程中,2～5岁和12～15岁分别有两次特殊的发育时期,表现为性情急躁、不听话、不愿让别人去干涉他们的事。心理学家把这种逆反表现称为"反抗期",也就是我们常说的危机年龄。

(1)第一反抗期。反抗,是儿童心理迅速成长的表现,是发展儿童独立性和自信心的大好时机。这一时期的一个显著特点是自我意识萌芽。追踪研究表明,第一反抗期里有反抗精神的儿童,长大后大部分成为果断、有个性和意志坚强的人,而那些没有反抗精神的儿童大部分成为优柔寡断、没有主见、性格软弱的人。面对孩子的反抗,父母如果不问情由,粗暴对待,不仅会导致孩子更强烈的反抗,还可能影响其心理健康发展。

(2)第二反抗期。此时孩子已进入青春发育期,突出的表现是孩子的意识逐渐成熟。他们为能从父母的束缚中解放出来而"战斗",用反抗来探索自己的价值和力量,做起事来我行我素,不愿意与父母商量,富于冲动和冒险性。若这一阶段不能顺利过渡,常导致儿童的各种心理障碍。

由此可见,父母要正确对待儿童的危机年龄,积极引导,帮助孩子顺利度过危机年龄;这关系到儿童心理健康的发展。

操作训练

1.亲子跳跃游戏助宝宝健康成长

(1)摘果子。

方法:可将颜色鲜艳的彩球挂在位置稍高的地方,鼓励宝宝向上跳去抓彩球,并加以表扬。

点评:锻炼孩子手眼协调能力、大小肌肉群协调运动能力。

(2)篮球明星。

方法:家长可定时陪宝宝看篮球比赛,并且边看边让孩子模仿自己喜欢的篮球明星的跳跃动作(也可买一个小型篮球筐贴在墙上),让宝宝跳起来投篮。

点评:通过模仿运动员的跳跃,可以学着调整头部的位置,以维持身体平衡能力,促进神经、肌肉及骨骼的协调发展,发展孩子的运动机能。

(3)小袋鼠找妈妈。

方法:先给宝宝看一看、讲一讲袋鼠的样子、特点,然后设计故事,让孩子发挥想像力,跳着去找妈妈。

点评:通过游戏,让宝宝发挥想像力,袋鼠是怎么跳着去找妈妈,通过跳跃促进孩子的灵活性、机敏性。

(4)龟兔赛跑。

方法:妈妈当小乌龟,孩子当小兔子(先让宝宝了解这个故事),然后,妈妈慢慢地爬,孩子当小兔子使劲向前跳,可以让爸爸当裁判。

点评:通过游戏,让孩子想像各种动物的动作,并且学会根据故事的情节进行游戏、表演。一方面,孩子可以在跳跃方面得到训练;另一方面,加强宝宝的记忆能力。

(5)勇敢小兔子。

准备:画有胡萝卜的卡片数十张,散开置于场地一端,另一端画两条平行线为小沟。

玩法:妈妈当大野狼,蹲在胡萝卜地旁,孩子当小兔子自由自在地在胡萝卜地里拔胡萝卜,当"大野狼"出现时,"小兔子"要用双腿夹住胡萝卜跳回"家"。

点评:练习双脚向前跳,锻炼孩子的勇敢、机敏。

(6)跳圈圈。

方法:妈妈用彩色粉笔在地上画出各种颜色的圈子,让宝宝按妈妈的指令跳进红色或绿色圈子里。

点评:促进神经、肌肉及骨骼的协调发展,发展孩子的运动机能。

在此需要提醒家长的是,做跳跃运动一定要注意安全,两只小脚要分开,并且呈半蹲的状态,保护自己的小宝宝在玩的时候不受伤害!

(选自摇篮网)

2.和宝宝一起玩的手指游戏

幼儿天生好玩好动,手指游戏是幼儿最喜爱的游戏之一,在家里、幼儿园里可以让幼儿边说儿歌边活动手指,既有利于幼儿智力开发,又能活跃气氛,对提高教育教学效果大有帮助,家长和老师们可以好好利用哦!

(1)手指变变变。

一个手指(右手)一个手指(左手)变成大山(两食指靠一起)

两个手指(右手)两个手指变成剪刀(剪两下)

三个手指(左手)三个手指(右手)变成水母(两食指靠一起,中指、无名指并拢动一动)

四个手指(右手)四个手指(左手)变成胡须(合并放下巴位置)

五个手指(右手)五个手指(左手)变成海鸥(手心面向自己、大拇指交叉向上飞)

(2)小动物做游戏。

你拍一,我拍一,小鸡小鸡叽叽叽(双手食指伸出做小鸡嘴状,放在胸前)

你拍二,我拍二,小兔小兔跳跳跳(双手食指、中指伸直,其余手指握紧做小兔状放到头顶)

你拍三,我拍三,孔雀孔雀飞飞飞(双手大拇指、食指相碰,其余手指伸直,做孔雀状,一只手放头上,一只手放腰旁)

你拍四,我拍四,小狗小狗汪汪汪(双手大拇指放在太阳穴,其余四指并拢,做小狗状)

你拍五,我拍五,螃蟹螃蟹爬爬爬(双手五指伸开放在身体两侧)

我们一起爬上山(让双手五指活动起来,从宝宝脚面上爬到腿上,坐好)

(3)小手拍拍。

小手拍拍,小手拍拍,小手拍拍(拍拍你的双手)

手指伸出来(伸出你的食指),眼睛在哪里?(用一种夸张的语气问)

眼睛在这里(指你的眼睛),用手指出来。(一边指着你的眼睛一边用眼神鼓励你的孩子)

建议:可以把眼睛改成其他任何一个身体部位,比如鼻子、嘴巴,等等。这个游戏教会孩子认识五官和身体的部位,让他增强自己的身体意识。

(选自学前谷——中国婴幼儿教育网)

学前儿童
心理发展与咨询辅导

第三章
学前儿童注意的发展

集体活动与分组活动

老师利用操作线绳形成的不同图案,引发幼儿发挥想象能力并锻炼语言表达能力,孩子们思维活跃,讨论热烈。但真轮到分组操作、练习时孩子们的表达愿望似乎已没有那么强烈,有的甚至开始走神儿、打打闹闹。

提问:您如何看待这种现象? 您有什么建议吗?

回答:幼儿注意力集中时间较为短暂,幼儿园中班孩子一般在 15 分钟左右。所以授课时应注意简明扼要,重点突出。同时,这一时期孩子的注意力容易被分散,自己练习时,缺少了老师的引导,孩子的自发性更容易将话题引向别处。教师平时要注意孩子关注的话题、喜欢做的游戏都有哪些,从中找到和教学目标相契合的地方,由此开展教学,可以提高孩子的兴趣,稳定注意力。

案例二

一堂课的组织

某幼儿园来了一位实习教师,她的任务是教小班的音乐课和中班的绘画课。她初步计划第一堂音乐课以自己的示范表演为主,每隔 15 分钟休息一次;绘画课主要让孩子们画太阳,每隔 20 分钟休息一次。虽然她做了精心准备,但效果不理想。孩子们有的讲话,有的跑出去,不理会她的要求,这使这位实习教师非常沮丧。

提问:您认为出现这种状况的原因是什么? 您有什么建议吗?

回答:在幼儿园的教学中,只有了解孩子的兴趣,才能吸引孩子的注意力。所以在内容上要贴近孩子的生活,适合孩子的能力。如果能让孩子有自我展示的机会,效果会更好。另外,在时间的控制上也要注意,课程的每个部分持续时间不宜过长,每个环节的设计上要有起伏。

第一节　注意的概述

注意的发展是幼儿心理发展的一个重要方面,注意的发展水平直接影响着幼儿认知活动的效果。

一、注意及其外部表现

注意是我们日常生活中较熟悉、常见的一种现象。无论做什么事,我们的心理活动总会指向并集中在某一对象上。

1.注意的定义

心理活动对一定对象的指向和集中叫注意。指向性和集中性是注意的两个显著特点。指向是指人在清醒状态时,每一瞬间的心理活动只是有选择地倾注于某些事物,而同时离开其他的事物。如教室里有很多人,但学生在认真听讲时,会把心理活动指向于讲课教师,关注教师的面部表情、肢体动作表情、语言等,而对其他人或事物则并不留意。集中就是把心理活动贯注于某些事物。也就是说,注意不仅是心理活动有选择地指向于一定事物,而且是全神贯注地对待这一事物,从而使心理活动的对象得到鲜明而清晰的反映,对其他刺激则"视而不见,听而不闻"。

2.注意时的外部表现

人在集中注意于某个对象时总是会伴随一定的生理变化和外部表现。注意最显著的外部表现有以下几种:

(1)适应性运动。人在集中注意时,总会有一定的适应性运动,如集中注意倾听一个声音时,把耳朵转向声源,即所谓"侧耳倾听";集中注意看一个物体时,把视线集中在该物体上,即所谓"目不转睛"。

(2)无关运动的停止。当注意力集中时,人会自动停止与注意无关的活动或动作。如小朋友在集中注意听老师讲故事时,会停止做小动作或交头接耳,表现得异常安静。

(3)呼吸运动的变化。人在注意时,呼吸会有所变化。在注意力高度集中时,还会出现心跳加速、牙关紧闭、握紧拳头等,甚至出现呼吸暂停现象,即所谓"屏息"。

注意的外部表现为教师了解孩子们是否集中注意提供了理论依据,教师可以通过观察孩子们的外部表现来了解课程对幼儿的吸引度、幼儿对课程的兴趣度等,并可以随时调整课程内容,改变教学策略,改革教学方法。

学前儿童

心理发展与咨询辅导

3.注意与心理过程

相对于心理过程来说,注意只是一种心理现象,它本身不是独立的心理过程,它是各种心理过程所共有的特性,是心理过程的开端,并且总是伴随着各种心理过程展开,任何一种心理过程自始至终都离不开注意。

二、注意的种类

注意有多种类型,划分标准不同,注意种类也不同。

1.无意注意和有意注意

根据注意有无自觉目的性和一致努力,注意可以分为无意注意和有意注意。

（1）无意注意。无意注意也叫不随意注意。是指没有预定目的,也不需要做意志努力的注意。如同学们正集中注意听老师讲课,突然从窗外传来一声尖叫,大家就会不由自主地去注意这个声音。这种注意是被动的、不自觉的,它是对环境变化的应答性反应。

无意注意产生的条件有两个方面:

1）刺激物的新异性。不合乎寻常性是引起无意注意的最重要的原因。主要指周围事物中一些强烈的、新奇的、巨大的、活动的、反复出现的事物容易引起无意注意。比如,在我国改革开放初期,在大街上行走的金发碧眼的外国人很容易引起人们的注意甚至围观,如今这种现象很难见到。因为,当时人们刚开始接触外国人,他们的长相在当时具有较强的新异性,所以很容易引起人们的注意。当新奇的东西长期存在或重复出现,也往往失去吸引注意的作用。

刺激物的强度。刺激物的强度可以分为绝对强度和相对强度。如巨大的声响、浓烈的气味等都会不由自主地引起人们的注意,这是由刺激物的绝对强度引起的。而在一个非常寂静的教室里,很小的声响也可能引起人们的注意,这是由刺激物的相对强度引起的。

刺激物之间的对比关系。刺激物之间的显著差异,容易引起人们的注意。如"万绿丛中一点红"的红色、"鹤立鸡群"中的鹤更容易成为注意的焦点。

刺激物的运动变化。相对于静态刺激物,变化活动的刺激物更容易引起我们的注意。如夜空中的流星、闪烁的霓虹灯等都会轻易地引起人们的注意。

2）人们本身的状态,即主观条件。主要包括人对事物的需要、兴趣,人的情绪和精神状态,和人的知识经验。如饥饿的人对食物最容易注意,一个病入膏肓的人,任何事物都难引起他的注意。掌握无意注意的条件对于调控教学过程、提高教学质量有一定意义。

（2）有意注意。有意注意是指有预定目的,在必要时还需做一定意志努力的注意。

引起和保持有意注意有下列四个主要条件:

1）对目的任务的理解。因为有意注意是有预定目的的注意,所以对目的任务的理解程度对有意注意具有重大意义。对目的、任务理解得越清楚、越深刻,就越容易产生有意注意。

2)用坚强的意志排除干扰。对外在干扰的控制能力直接决定学龄前幼儿的有意注意的结果，所以培养幼儿具备坚定的意志力对于幼儿排除外在的干扰、提高有意注意至关重要。

3)把智力活动与实际操作结合起来。幼儿的智力是在不断实践和学习的过程中习得的，所以我们要运用大量的实际操作活动刺激幼儿的智力发育，有了智力发育的良好的结果，就会带动幼儿有意注意水平的提升。

4)培养间接兴趣。幼儿的年龄和心理发展特点决定了幼儿的有意注意时间的长短，并且，这还和幼儿的兴趣相关。幼儿的注意可以迁移，所以，通过给幼儿提供他感兴趣的事物，逐渐培养幼儿的专注能力，再通过迁移来增进幼儿的有意注意。

通常来说，学龄前幼儿较容易受外物干扰，所以如何增加他们的有意注意是幼儿教师和家长们特别需要关注的话题。

2. 外部注意和内部注意

根据注意对象存在于外部世界或存在于个体内部，可以把注意分为外部注意和内部注意。

(1)外部注意。外部注意的对象存在于外部世界。外部注意是心理活动指向、集中于外界刺激的注意。幼儿的注意常常是外部注意占优势。

(2)内部注意。内部注意的对象是存在于个体内部的感觉、思想和体验等。内部注意是指向自己的心理活动和内心世界的注意，内部注意对于幼儿自我意识的发展具有重要意义。

第二节　学前儿童的注意

一、1～3岁儿童的注意

总的来说，3岁前的儿童以无意注意为主，但同时也是由无意注意向有意注意发展的关键时期。

1. 客体永久性的认识与注意的发展

客体永久性是瑞士儿童心理学家皮亚杰研究儿童心理发展时使用的一个概念，是指儿童脱离了对物体的感知而仍然相信该物体持续存在的意识。

皮亚杰先测试了出生不久的婴儿，在他面前摆放了一只玩具象，婴儿对它很感兴趣(见图 3-1)。

在孩子玩得很高兴时，实验者用一张白纸挡住玩具，孩子并没有揭开白纸去找小象(见图 3-2)。

图 3-1　婴儿对玩具的兴趣试验(一)

图 3-2　婴儿对玩具的兴趣试验(二)

接下来,皮亚杰又对较大些的儿童进行测试,这时的孩子已经知道玩具在后面,并很快找到了玩具。

这说明:刚出生不久的婴儿认为只有看见的东西是存在的,看不见了就不存在了。一般来说这个时间要持续到 6 个月左右。当婴儿慢慢长大,他会知道不在眼前的东西也是存在的,只是眼睛没有看见而已,这也就是在认识上知道了客体永久性。[①]

2.表象的发生与注意的发展

通过对幼儿进行表象训练,提升幼儿的有意注意水平。对于幼儿来说,具体形象思维在其发展过程中占主导地位,所以幼儿的注意直接和这些表象相关联,加强这方面的训练,对提升幼儿注意力是有极大的帮助的。

3.语言的发生与注意的发展

语言发展的关键期就在学前阶段,这个阶段的语言的发展会促进幼儿的专注能力的提高,所以,语言对幼儿注意力的发展影响极大。

二、3～6 岁儿童的注意

3 岁左右,儿童开始对周围新鲜事物表现出更多的兴趣,能集中 15～20 分钟的时间来做一件事,有意注意进一步发展,但还是以无意注意为主。由于活动能力的增长、生活范围的扩大,儿童开始对周围更多的事物发生兴趣。这一时期的儿童有意注意有所发展,逐渐能按照成人提出的要求完成一些简单的任务。

1.幼儿的无意注意

引起无意注意的因素主要有以下两方面:

(1)刺激物的物理特性是引起无意注意的主要因素。

(2)与幼儿的兴趣和需要有密切关系的刺激物,逐渐成为引起无意注意的原因。

2.幼儿的有意注意

幼儿有意注意的发展与以下条件相关:

---

①边玉芳等编著:《心理学经典实验书系:儿童心理学》,浙江教育出版社,2009 年 4 月第 1 版。

(1)幼儿的有意注意受大脑发育水平的局限。

(2)幼儿的有意注意是在外界环境,特别是成人的要求下发展起来的。

(3)幼儿逐渐学习一些注意方法。

(4)幼儿的有意注意是在一定的活动中实现的。

三、学前儿童注意品质的发展

注意具有广度、稳定性、转移和分配四种品质。学前儿童注意品质在环境及良好教育的影响下不断发展。

1.注意的广度

注意广度也叫注意的范围。是指在同一瞬间注意所把握对象的数量,如我们通常所说的"一目十行"。幼儿注意广度比较狭窄,至多只能把握 2～3 个对象。随年龄增长及生活实践的锻炼,注意的广度会逐渐扩大。

2.注意的稳定性

注意稳定性指把握对象时间的长短。幼儿对于有趣、生动的对象可以较长时间地注意,但对乏味枯燥的对象则难以维持注意。总的来说,幼儿注意的稳定性还比较差,更难以持久地、稳定地进行有意注意。但在良好的教育影响下,幼儿注意的稳定性不断发展着。如前所述,幼儿园小班幼儿一般只能稳定地集中注意 3～5 分钟,中班幼儿可达 10 分钟,大班幼儿可延长到 10～15 分钟。

3.注意的转移

注意的转移指有意识地调动注意,从一个对象转移到另一个对象上。这反映了注意的灵活性。幼儿还不善于调动注意,幼儿园小班儿童更不善于灵活转移自己的注意,以致该注意另一对象时,却难以从原来的对象移开。幼儿园大班幼儿则能够随要求而比较灵活地转移自己的注意。

4.注意的分配

注意分配指在同一时间内把注意力集中到两种或几种不同的对象上。幼儿还不善于同时注意几种对象,往往顾此失彼。但在幼儿中期,注意分配能力逐渐提高。例如,幼儿园大班幼儿在做体操时,既能注意做好自己的动作,又能注意到体操队形的整齐。

四、注意规律在幼儿园活动中的表现

注意对于动物来说具有极重要的生存意义。对人类来说,由于人的心理活动中有了语言的参与,注意更具有了特殊意义。概括地说,注意有下列三种功用:

1.选择功用

注意使心理活动能够选择合乎需要的、与当前活动相一致的、有一定意义的信息,同时排除其他与当前活动矛盾的或起干扰作用的各种影响,使认识对象更加明确。如果没有注意,心理活动便很难正常进行。例如在学习时,注意使儿童专心听

教师讲课,不受其他刺激干扰。所以教室里整洁美观的环境有利于减少杂物对孩子的干扰,教师在课程的设计和教具准备上也要注意与教学目标相一致。

2.保持功用

注意使反映的对象一直维持在意识之中,直到目的达到为止。例如,幼儿画图,如果他把注意力集中在画画上,就能使他一直专心工作,直到画完为止。

3.调节和监督功用

当外界情境、本身状态或反映对象发生变化时,注意这种心理现象促使各方面进行调整,使心理活动处于一种积极状态之中,从而能始终有效地进行。例如,幼儿用积木搭一座大桥时,如果别的儿童在旁边玩其他游戏,使他分心,或者他遇到困难,发生动摇,这时,注意可以使他调节心理状态,从而集中心思,克服困难,监督他继续把大桥搭成。有些幼儿的心理活动所以不能继续坚持达到预定目的,往往是由于他们注意的调节监督机能没有完善发展或没有很好地发挥作用。

由上可知,注意对于人的生活有着极其重要的意义。它使人能随时觉察外界的变化,集中自己的心理活动,正确反映客观事物,更好地适应和改造客观世界。对于学前期的儿童来说,注意在儿童心理的发展中更有着特殊的意义和价值。注意能使幼儿从周围的环境中获得更清晰、丰富的信息。注意是幼儿活动成功的必要条件。

咨询辅导

1.幼儿注意分散的原因及对策

在整个学前期,尽管儿童的注意能力逐渐在提高,但由于幼儿的生理发展的限制以及知识经验的不足,他们的注意力发展水平总体上还很差,特别容易出现注意分散现象。幼儿还不能长时间地把注意集中在应该集中的对象上,有的甚至表现出多动症的行为。所以,客观分析学前儿童注意分散和多动的原因,根据儿童注意发展的年龄特征,正确应用注意的规律对儿童进行注意分散的预防,是幼儿教师和家长必须注意的首要问题。

(1)幼儿注意分散的原因。引起幼儿注意分散的原因很多,主要有下列几种:

1)无关刺激过多。幼儿的注意以无意注意占优势。他们容易被新异的、多变的或强烈的刺激物所吸引,加之他们注意的稳定性较低,容易受无关刺激的影响。例如,活动室的布置过于繁杂,环境过于喧闹,甚至教师的服饰过于奇异,都可能影响幼儿的注意,使他们不能把注意集中于应该注意的对象上。实验表明,让幼儿自己选择游戏时,一般以提供四五种不同的游戏为宜。若提供太多的游戏,幼儿既难选择,也难以集中注意玩好游戏。

2)疲劳。幼儿神经系统的机能还未充分发展,长时间处于紧张状态或从事单调活动,便会产生疲劳,出现"保护性抑制",起初表现为没精打采,随后注意力开始涣散。所以幼儿的教学活动要注意动静搭配,时间不能过长,内容与方法要力求生动多变,能引起儿童兴趣,从而防止儿童疲劳和注意涣散。

造成疲劳的另一重要原因是缺乏科学的生活规律。有的家长不重视幼儿的作息制度,晚上让幼儿花费很长时间看电视,或让孩子和成人一样晚睡,这导致幼儿睡眠不足。许多幼儿在双休日回家后,父母为他们安排过多的活动,如上公园、逛商店、访亲友等,破坏了他们原来的生活规律,幼儿得不到充分休息,而且过分兴奋。正像一些调查所表明的那样,幼儿在星期一情绪最难稳定,注意常常涣散,这时对学习和活动极为不利。

3)目的要求不明确。有时教师对幼儿提出的要求不具体,或者活动的目的不能为幼儿所理解,也是引起幼儿注意涣散的原因。幼儿在活动中常常因为不明确应该干什么而左顾右盼,注意力转移,影响其积极从事相应活动。

4)注意不善于转移。幼儿注意的转移品质还没有得到充分发展,因而不善于依照要求主动调动自己的注意。例如,幼儿听完一个有趣的故事,可能长久地受到某些生动的内容情节的影响,注意难以迅速地转移到新的活动上去,因而在从事新的活动时,往往还"惦记"着前一活动而出现注意分散现象。

5)无意注意和有意注意没有并用。教师只组织幼儿的一种注意形式,也能引起注意分散。例如,只用新异刺激来引起幼儿的无意注意,当新异刺激失去新异性时,幼儿便不再注意。如果只调动有意注意,让儿童长时间地主动集中注意,也容易引起儿童的疲劳,结果是儿童的注意更易分散。

(2)幼儿注意分散的防止。针对幼儿注意分散的原因,应采用适当措施防止注意分散。

1)防止无关刺激的干扰。游戏时不要一次呈现过多的刺激物,上课前应先把玩具、图画书等收起放好,上课时运用的挂图等教具不要过早呈现,用过即收起。对年幼的儿童更不要出示过多的教具。教师本身的装束要整洁大方,不要有过多的装饰,以免分散儿童的注意。

2)制定合理的作息制度。应制定合理的生活起居制度,使幼儿有充分的睡眠和休息时间。晚间不要让幼儿多看电视,或看得太晚;周末不要让幼儿外出玩得太久。要使幼儿的生活有规律,保证他们有充沛的精力从事学习等活动,防止注意分散。

3)培养良好的注意习惯。成人应培养幼儿集中注意学习、集中注意参加活动的良好习惯,使他们在学习或参加其他活动时不随便行动或漫不经心,成人这时也

学前儿童心理发展与咨询辅导

不要随便干扰他们,使幼儿在实践活动中养成集中注意的习惯。

4)适当控制儿童的玩具和图书的数量。这里不是指购买的数量,而是指在阶段时间内提供给幼儿的数量。玩具过多,孩子一会儿玩玩这个,一会儿玩玩那个,很容易什么活动也开展不起来,什么也玩不长。留下适当数量的活动材料,其余的收起来,不仅常玩常新,也有利于儿童注意力的培养。儿童玩具应该少而精。

5)不要反复向幼儿提要求。教师和家长向儿童提要求或嘱咐时,唯恐他们没听见或没记住,常爱反复说上许多遍。这种做法十分不利于培养儿童注意听的习惯,因为在他们看来,这次有没有注意没关系,反正家长还会再讲。如果家长没有这些唠叨的习惯,孩子反而可能会认真注意听。

6)灵活地交互运用无意注意和有意注意。教师可以运用新颖、多变、强烈的刺激,激发幼儿的无意注意。但无意注意不能持久,而且学习等活动也不是专靠无意注意所能完成的,因而还要培养和激发幼儿的有意注意。教师可向幼儿讲明学习本领和做其他活动的意义和重要性,说明必须集中注意的道理,使幼儿逐渐能主动地集中注意,即使对不十分感兴趣的事物也能努力注意,自觉地防止分心。教师应灵活运用两种注意形式,交替运用,使幼儿能持久地集中注意。

7)提高教学质量。教师要积极提高教学质量,这是防止幼儿注意分散的重要保证。教师要多方面改善教学内容,改进教学方法。所有的教具要色彩鲜明,能吸引幼儿的注意;所用挂图或图片要突出中心,所有的语词要形象生动,为幼儿所能理解。这样做容易引起幼儿注意。此外,教师要积极引起幼儿的兴趣,激发他们旺盛的求知欲和好奇心以及良好的情感态度,以促进幼儿持久集中注意,防止注意受到干扰而涣散。

2. 怎样处理幼儿多动现象

在学前期,我们经常感到有一些幼儿特别好动,注意力容易分散,结果是不仅影响他们自己的学习,甚至破坏全班的秩序。这些多动的幼儿,常常因为周围细小的动静而注意力不能集中。他们玩积木、画图、听故事时,即使感到有兴趣,也只能在短时间集中注意。他们参加规则游戏时,往往不注意听教师讲解游戏规则,所以一旦游戏开始,并不知道怎样玩,有时甚至妨碍游戏的进行。而在语言课、计算课等学习活动中,注意分散的现象就更加明显,他们往往不能按照要求专心参加各种活动,专心听讲的时间很短暂,难以维持自己的注意。他们有时两眼盯着教师,貌似注意,实际上在开小差,根本没有听;当大家回答问题时,他们也会举起手来,但让他们回答时,便茫然不知所措。这种儿童只有在教师严格要求和不断督促的时候,才能把注意力集中得稍久。

研究表明,这些幼儿智力水平往往并不低下,只是由于注意分散,集中困难,以致严重影响了学习成绩和以后的发展。

父母和教师对于这些多动的儿童十分担心,甚至轻率地断定他们是多动症患者,这是非常不恰当的。

多动症也称做轻微脑功能失调,这是一种行为障碍,主要特征是活动过多,注意力不集中,容易激动,行为冲动,情绪不稳定。

一个儿童是否患多动症,仅凭经验是难以正确断定的。对于一个多动的幼儿,必须根据生活史、临床观察、神经系统检查、心理测验等进行综合分析,才能确定。因此,我们不能轻易地把学前儿童的好动当做多动症来对待。

作为一名教师,首先要从自己的教育和教学工作方面来检查,以此来确定儿童注意分散的原因,切不可把注意力容易分散的儿童轻率地视做多动症患者而加以指斥和推卸责任。这样不仅不能使幼儿改正其行为的缺点,而且使儿童从小就被贴上多动症的标签而影响他们以后心理的健康发展。教师要审慎地对待多动的幼儿,更要重视幼儿注意分散现象,分析和确定其原因,积极改善自己的教育和教学工作。同时,要积极地培养幼儿良好的注意习惯,促进幼儿注意的发展。

3. 如何才能让儿童的注意力变得更好

培养孩子的注意力有多种方法,下面介绍的几种方法对提高孩子注意力很有帮助:

(1)拼图、下棋。让孩子学会拼图,并逐渐增加拼图的速度。学习简单棋类的玩法也可以增强他们的注意力。

(2)在听故事前先向孩子提出问题,让孩子带着问题去听,听完后回答。还可以要求他听完故事后把故事的内容复述给你听。

(3)经常让孩子帮助你拿各类小东西,从一件到几件不等,要求在一次中完成。如"请你帮我拿一个苹果、一把小刀、一些纸巾和几个牙签"。经常让孩子做传口信的人。"告诉爸爸,今天晚上电视上有他喜欢的节目。""告诉爸爸,今天晚上中央电视台有他喜欢的节目。""告诉爸爸,今天晚上中央电视台有他喜欢的足球节目。"从简短的到长一些的语句,可以视具体情况而定,让孩子在传话中提高能力。

(4)让孩子听和看那种录音磁带和图书画面内容相一致的配套图书。它和电视的不同之处在于,孩子对电视故事的理解取自画面,也就是用看来理解故事,并且长时间看电视对眼睛有损害。而这种图书却是以听磁带为主,用图片来加深理解,这种以听讲为主的学习方法对孩子将来的学习有非常大的帮助。在听、看的过程中不仅丰富了孩子的知识,提高了他对事物的理解能力,同时也培养了他安静、集中精力去听讲的好习惯。

操作训练

1.走线活动

蒙台梭利教育中的走线活动是培养孩子注意力的经典操作。具体操作是在整洁的环境中,让孩子伴随柔美的音乐走在与孩子足宽相仿的白线圈上。可以从踩在线上开始练习,渐渐提升难度到背着手走、脚跟挨着脚尖走、拿着东西走等。线圈可以是方形、椭圆形或者圆形,大小可以灵活掌握。

2.听音游戏

请孩子坐好,闭上眼睛,将准备好的声音依次播放或展示给孩子,每次播放4段左右不同的声音。然后请孩子说说都听到了什么声音,顺序是怎样的,根据孩子的能力还可以请他们模仿刚才的声音是什么样的。

3.“找茬”游戏

取两幅相似的图片,请孩子找出两幅图的不同。也可以看看《视觉大发现》系列书系中的内容。

4.避免干扰训练

平时学习生活中注意鼓励孩子完成要做的事情,尽量避免干扰。

第四章

学前儿童感知觉的发展

可笑的俾格米人

刚果的俾格米人居住在枝叶茂密的热带森林中,人类学家科林·特恩布尔曾描述过其生活方式。有些俾格米人从来没有离开过森林,没有开阔的视野,当特恩布尔带着一位名叫肯特的俾格米人第一次离开居住地大森林而来到一片高原时,他看见远处的一群水牛时惊奇地问:"那些是什么虫子?"当告诉他是水牛时,他哈哈大笑,并说不要说傻话。尽管他不相信,但还是仔细凝视着,说:"这是些什么水牛,为什么这样小?"当越来越近,这些"虫子"变得越来越大时,他感到不可理解,说这些不是真正的水牛。

提问:为什么俾格米人会出现这种认知倾向呢?

回答:人类的感知觉发展的敏感期是在婴幼儿时期,因为俾格米人一直在茂密的热带森林里生活,从出生时他们的感知觉发展就受到了限制,所以才会出现这种感知觉缺陷。

胎儿的听觉

据许多孕妇报告说,自己的胎儿(6个月以上)常常会对诸如汽车喇叭之类的大声响做出某种反应,如翻身、踢腿等。国外也有报道,把母亲心跳的声音录下来,经过扩大,当其新生儿烦躁不安或大哭时播放给他听,新生儿很快就会安静下来。

提问:出现这种现象的原因是什么呢?

回答:人类感知觉的发展可以追溯到胎儿时期,感知觉的发展对于人类的智力发育和良好情绪情感的发展起着不可估量的作用。近年来,经常有关于儿童多动症和抽动症的报道,追根究底还是儿童成长过程中由于感知觉的训练不够充分,造成儿童感觉统合失调,出现了一系列心理和行为问题。

要解决这些问题,首先要从根本上认识和了解人类感觉的特点。

学前儿童心理发展与咨询辅导

第一节　感知觉的概述

人类感知觉发展对于人类智力和心理发展都是至关重要的。首先我们要先来了解什么是感知觉。

一、什么是感觉和知觉

前面我们提到,心理是人脑对客观现实的能动、积极的反映。每个人都生活在一个丰富多彩的世界里,客观世界作用于我们时,总是会表现出各种属性。如苹果,它的属性有颜色、形状、味道等,这些属性会分别作用于人的眼睛、鼻子、嘴等感觉器官,于是人们认识到,苹果的颜色是红的,形状是圆的,闻着有一种水果的香味,吃着有甜甜的味道;这种人脑对直接作用于感觉器官的客观事物的个别属性的反映就是感觉。

任何客观事物,其个别属性都不是孤立存在的,而是由多种属性有机结合起来构成一个整体,当它作用于我们的感觉器官的时候,我们通过脑的分析与综合,产生对它的整体反映。如苹果呈现在我们面前,我们通过脑的分析与综合,对它的颜色、形状、味道等进行整体的反映,认识到这是一个苹果,这种人脑对直接作用于感觉器官的客观事物的整体属性的反映就是知觉。

感觉和知觉是紧密联系而又有区别的心理过程。感觉是知觉的基础,没有感觉也就没有知觉,感觉越精细,越丰富,知觉就越准确,越完整。同时,事物的个别属性总是离不开事物的整体而存在,当我们感觉到某种物体的各种个别属性时,实际上已经感觉到该物的整体。离开知觉的纯感觉是不存在的,人总是以知觉的形式直接反映事物,感觉只是作为知觉的组成部分存在于知觉之中,因此我们通常把感觉和知觉统称为感知觉。

二、感觉的特性

人们经常会提到感觉这个名词,前面我们从心理学的角度了解了什么是感觉,感觉就是人们对外在世界刺激的最初的最原始的反应。那么到底感觉有哪些特性呢?

1.感受性

对刺激强度及其变化的感觉能力叫感受性,它说明引起感觉需要一定的刺激强度。衡量感受性的强弱用"阈限"表示。所谓"阈限",就是门槛的意思。在日常生活中,并非所有来自外界的适宜刺激都能引起人的感觉,如落在皮肤上的灰尘、手腕上手表的滴答声,这些都是外界作用于感觉器官的适宜刺激,但人在通常情况下却无法感觉到,原因在于刺激量太小。要产生感觉,刺激物必须达到一定的强度并且要持续一定的时间。那种刚刚能引起感觉的最小刺激量,叫做绝对感觉阈限。

例如,人的眼睛在可见光谱(400～760纳米)范围内,有7～8个光量子,且持续时间在3秒以上,就可以产生光的感觉。声音的感受频率在20～200000赫兹,超过这一范围,无论响度如何变化人都听不到。这些情况说明,在一定适宜刺激强度和范围内,才能产生感觉;达不到一定的强度,或者强度超过感觉器官所能承受的强度,都不能产生感觉。

能识别两个刺激之间的最小差别量,称为差别感觉阈限。差别感觉阈限是人们辨别两种刺激强度不同时所需要的最小差异值,也叫做最小可觉差,其数值是一个常数。如在原来声音响度的基础上,响度要变化1/10人才能听到声音的变化;感受到亮度的变化需要变化1/100;而感受到音高的变化则需变化11/100。

2.感受性变化规律

人们对于事物的感受性是有一定的变化规律的,并不是一成不变的,随着外在刺激的变化而变化,与外在刺激紧密相关联。

(1)感觉的适应。刺激物对感觉器官持续作用,使感觉器官的敏感性发生变化的现象,叫做感觉的适应。这种变化可以是感受性的提高,也可以是感受性的降低,有时也可以是感觉的消失。古语道:"入芝兰之室,久而不闻其香;入鲍鱼之肆,久而不闻其臭",就是嗅觉的适应。到海里游泳,刚开始的时候觉得水很凉,过一会儿,会觉得水变温了,这是肤觉的适应。从亮处进入暗室,开始什么也看不清楚,过了一会儿,逐渐能分辨出暗室中物体的轮廓,这是视觉适应中的暗适应,而从暗室走到亮处时,最初一瞬间眼睛不敢睁开,过一会儿,视觉即恢复正常,能看清楚周围事物,这是视觉适应的明适应。

(2)感觉的相互作用。各种感觉不是孤立存在的,而是相互联系、相互制约的,某种感觉器官受到刺激而对其他器官的感受性造成影响,使其提高或降低,这种现象就叫做感觉的相互作用。如在绿色光照射下,人的听觉能力会提高;在红色光照射下,人的听觉能力会降低。强烈的噪声可以引起视觉能力降低,微弱的声音可以提高视觉能力。

联觉是一种感觉引起另一种感觉的心理现象,它是感觉相互作用的一种表现。联觉有多种表现,最明显的是色觉与其他感觉的相互影响。例如,"色—温度"联觉,即色觉又兼有温度感觉,如波长的红色、橙色、黄色会使人感到温暖,所以这些颜色被称做暖色;波短的蓝色、青色、绿色会使人感到寒冷,因此这些颜色被称做冷色。色觉还能影响情绪和健康。黑色给人以庄重肃穆之感,红色给人以欢快热烈之感,蓝色、绿色则给人以静谧之感。红、橙等暖色能使高血压患者血压有所升高,而蓝色、绿色等冷色能使高烧者体温有所降低。

不同颜色可以对人的食欲产生不同的影响。一般认为,橙黄色可促进食欲,黑白有时能降低食欲。

(3)感觉的对比。感觉的对比是同一感受器接受不同的刺激而使感受性发生变化的现象。苏轼的诗"一朵妖红翠欲滴"便是感觉的对比所营造的特殊效果,感

学前儿童心理发展与咨询辅导

觉的对比分为同时性对比和相继性对比两种。如，将两块相同深度的灰色放置于黑色和白色两种背景之上，由于黑色对比灰色颜色更深，而白色对比灰色颜色更浅，因而当这两块相同深度的灰色同时出现时，就会使人觉得在黑色背景上的灰色要比白色背景上的灰色更浅、更亮，这是同时性对比，如图4-1所示。我们喝完苦的中药后，立即喝水会感觉水有甜味，这是相继性对比。

图 4-1

（4）感受性与训练。人的感受性可以通过实践活动的训练而提高。此外，由于某种原因造成丧失一种感觉能力的人，其他感觉能力由于代偿作用会得到特殊的发展。如盲人的触觉和听觉特别发达，而聋哑人的视觉非常敏锐。

前面我们提到了人类感觉的发展直接制约人类知觉的发展，那么知觉的特性有哪些呢？

三、知觉的特性

人类知觉的发展受很多条件的制约，也直接影响人类的判断和决策，所以我们对知觉的特性要有科学的认识和了解。

1. 知觉的选择性

在纷繁复杂的客观事物中，人总是有选择地以少数事物作为知觉对象，对它们知觉得格外清晰，而把其他事物作为知觉的背景，这种现象就是知觉的选择性。知觉对象和背景可以相互转换（见图4-2和图4-3）。知觉的选择性受对象的运动变化、对象的新异性以及对象与背景的差异性的影响。其中，对象与背景的差别越大，对象越容易从背景中突出出来。

图 4-2　对象与背景

图 4-3　两可图

2. 知觉的理解性

知觉是一个非常主动的过程，在知觉过程中，人总是根据以往的知识、经验来理解当前的知觉对象,并用概念的形式把它们标示出来。这就是知觉的理解性(见图4-4)。

知觉的理解性依赖于知觉者过去的知识经验。知觉者与某一事物有关的知识和经验越丰富,对该事物的知觉就越有丰富的内容,越深刻,越精确,越迅速。

图4-4　你看见了什么?

3.知觉的整体性

在知觉过程中,人总是把客观事物作为一个整体进行知觉,这就是知觉的整体性。如图4-5所示,白色三角形、正方形、圆形,是作为一个整体被知觉的,尽管背景图形似乎支离破碎,但感知的却是一个整体。

图4-5

4.知觉的恒常性

当知觉条件发生变化时,人对客观事物的知觉映象保持相对不变。在视知觉中,知觉的恒常性表现得特别明显。对象的大小、形状、亮度、颜色等印象与客观刺激的关系并不完全服从于物理学的规律。在亮度和颜色知觉中,物体固有的亮度和颜色倾向于保持不变(见图4-6)。比如,无论是在强光下还是在黑暗处,我们总是把煤看成黑色,把雪看成白色,把国旗看成红色。实际上,强光下煤的反射亮度远远大于暗光下雪的反射亮度。恒常性使人在不同的条件下,始终保持对事物本来面貌的认识,保证了知觉的精确性。

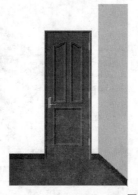

图4-6

知觉的恒常性受到很多因素的影响,其中,主要的是过去经验的作用。知觉的

学前儿童心理发展与咨询辅导

恒常性不是人生下来就有的,而是后天学来的。

第二节　学前儿童感知觉的发展

我们已初步了解了关于感知觉的概念及其特性,我们还应了解,婴幼儿时期是对儿童进行感知觉训练的最关键时期。儿童的感知觉发展与儿童的心理发展是密不可分的。

一、感知觉与学前儿童心理

儿童初生伊始,通过听觉、视觉、味觉、触觉、嗅觉等感觉去认识和感知外在的世界,并在这些感知觉的作用下,逐渐对外在世界形成自己的认识和判断,在逐渐的探索过程中,儿童的智力和心理同时得到发展。

1.感知觉在学前儿童心理活动中的作用

新生儿的感知觉发展异常丰富,前面我们也谈到了人类从一出生,首先就要通过对外在世界刺激的初步感知,来了解、适应外在世界,并在感知的基础上,做出正确的判断,从而达到学习和适应、改造环境的目的。所以人类感知觉的发展,在学前期的发展尤为重要。

(1)感知觉是人生最早出现的认识过程。人对事物的认识是从感知觉开始的。儿童最初发生的认识过程也是感知觉。许多研究证明,新生儿已具备人类的大多数基本感觉,如视觉、听觉、触觉、嗅觉、味觉以及对身体位置和机体状态变化的感觉等。婴儿在三个月后应该添加辅食,如果辅食的种类多,让婴儿尝到的味道多,婴儿的味觉得到发展,就会在他的大脑中留下印记,这样儿童在今后的成长过程中就不容易出现偏食和挑食的现象。

(2)儿童两岁前依靠感知觉认识世界。在人生最初的两年,即言语形成之前,儿童主要依靠感知觉认识世界。儿童感觉的敏感期是从出生到 6 岁,在他 2 岁前的发展尤为重要。良好亲子关系的建立是在儿童 2 岁之前,这时候,儿童会出现一种肌肤饥饿的感觉,如果儿童经常能得到温柔的抚触,那么儿童会比较友善,容易和人沟通和交流,所以在婴幼儿时期,抚触操对婴幼儿感知觉和心理发展的积极作用不可小觑。

(3)感知觉在幼儿的心理活动中仍占优势地位。儿童的很多反射都是在婴幼儿时期,比如说,强制颈椎反射,儿童在刚出生 40 天内,把儿童扣放在床上,脸贴着儿童的脸,他的头就能慢慢扬起,这样他的视野范围扩大,实际是对儿童视觉的强化刺激,其结果是可以促进儿童阅读能力的培养。6～9个月是儿童爬行的关键期,正常需爬行400小时,儿童爬行的时候,需要肢体感觉的协调,前庭的平衡性得到发展,对于今后专注习惯的养成起着十分重要的作用。

2.幼儿感知觉的发展特点

由于动作的发展,手眼逐渐形成协调一致的活动,可以从多方面感知事物的特性,因而感知觉发展迅速,日趋完善。

(1)触摸觉。由于皮肤觉与动觉在手上的结合,使手成为重要的认识器官。在视觉的参与下,手眼协调一致的活动就能实现对客观事物更精确的反映,能更好地辨别客体的各种不同特性,如大小、形状、轻重、软硬等。这时候经常让儿童进行撕碎纸、舀豆子的训练有利于提高儿童的手眼协调性。

(2)视觉。开始能正确地辨别基本色(红、黄、蓝、绿),但对混合色(紫、橙)或色度不同的颜色(粉红、深红等)辨别不清,且不能把颜色名称结合起来。幼儿的视觉是在摆弄玩具与使用物体过程中发展的,父母应扩大幼儿的生活范围,在实际活动中,要求幼儿区别物体的颜色,并教给他们基本色的名称。

(3)听觉。在生活与教育的影响下,听觉感受性不断增加,特别是由于言语的发展,幼儿可辨别声音,如音调、音强等。要保护幼儿的听觉,注意环境安静,避免强音、噪声。儿童的听力阈值要大于成人,就像是收音机的波段,儿童的收音频率范围是很广的,这也是儿童之所以在这个阶段学习语言非常迅速高效的原因之一。所以这一阶段也是儿童语言的敏感期。

二、学前儿童视觉的发展

视觉主要包括视觉敏度与颜色视觉。刚刚出生的婴儿,视觉不协调,是杂乱无章的。出生1个月以后婴儿的视觉逐渐协调,开始出现视轴集中现象。一般到3个月,婴儿的注视、移视和追视已较完善地发展起来。

1.视敏度的发展

视敏度。是指精确地辨别细致物体或处于具有一定距离的物体的能力,即发觉一定对象在体积和形状上最小差异的能力,也就是我们通常所说的视力。幼儿视力不断提高,据前苏联学者思道维兹卡娅的研究,儿童看出圆形图上裂缝所需的平均距离,4～5岁为207.5厘米,5～6岁为270厘米,6～7岁为303厘米。近几年来的生理学研究表明,3岁以前是视觉发展的敏感期。

2.颜色视觉的发展

颜色视觉是用视觉区分颜色细微差异的能力,也叫做辨色能力。婴儿对颜色的感觉发生得很早,研究表明,婴儿出生后第三个月开始区分红绿两种光刺激,但不稳定,第四个月比较稳定。3岁儿童还不能认清基本颜色,不能很好地区分各种颜色的色调。4岁儿童区别各种色调细微差别的能力逐渐发展起来,开始认识一

学前儿童

心理发展与咨询辅导

些混合色,5岁儿童不仅注意色调,而且注意到颜色的明度和饱和度,6～7岁颜色视觉进一步发展。儿童的颜色视觉有个别差异,也有性别差异。一般来说,女孩的辨色能力比男孩强。

三、学前儿童听觉的发展

儿童听觉的发展直接影响儿童语言的发展。首先,我们来了解儿童听觉发展的特点。

1.儿童听觉的发生

生理心理学研究表明,胎儿听觉感受器在6～7个月时已基本成熟,对声音有所反应。比如,大的声音刺激,像汽车的喇叭声等,会引起胎儿的运动反应。新生儿已经出现听觉偏好,最愿意听母亲的声音,爱听柔和的声音,爱听高音调的声音。

研究表明,很小的婴儿就能辨别声音的差别。Bron-stein&Petrova给43名婴儿听各种各样的声音,让他们听风琴和口琴的演奏声、口哨声、敲铅笔声,婴儿第一次听到一种特别的声音时,往往会停止吃奶,直至声音停止再继续吃奶。一般而言,在一个月左右时婴儿出现听觉集中现象,八九个月时,婴儿已能分辨各种声音。随着年龄增长,儿童的听觉感受性不断提高,如对2个音高接近的音的辨别力,对词的四声的辨别力等都有所提高。

2.儿童听觉和视觉的协调活动

婴儿的视觉和听觉在出生后迅速发展。在几乎全部对声音刺激的检测中,均发现婴儿在听到声音时会将头转向声源。

3.幼儿听觉的发展

幼儿听觉发展主要集中在语音感知和音乐感知两个方面。

(1)语音感知。儿童对语音的感知能力超强,这一阶段只要提供适当的语音环境,儿童很容易就能理解和掌握语言,无论这种语言的学习难度对于成人来说有多大。比如说,在儿童很小的时候,我们带他到美国,他在美国的那种语言环境里,很容易就能学会一口流利的美式英语。

(2)音乐感知。儿童在这一阶段对音乐的感知能力也是超乎寻常的。他们喜欢舒缓优美的音乐,就连声音都是喜欢温和的、愉快的。我们曾经做过实验,给儿童放优美的音乐,他们会表现得愉悦,而当出现噪声的时候,明显地感觉到他们烦躁不安。

四、学前儿童味觉与嗅觉的发展

儿童很早就有了味觉与嗅觉。当他们闻到难闻的气味、尝到不好的味道时,都会出现不舒服的表情或姿势,如皱眉、哭泣、身子扭向一边等。据研究,出生三个月的婴儿就能够区分0.4%和0.2%的盐水与普通水。学者一般认为,味觉是儿童早期最发达的感觉,因为它具有保护生命的价值。但事实上,婴儿的味觉并非很敏感,而是在以后的发育、成长中不断提高的。

五、学前儿童触觉的发展

触觉是皮肤受到机械刺激时产生的感觉,它常常是由皮肤与物体接触时的运动引起的,因此有人认为触觉是肤觉、压觉和运动觉的联合。

触摸觉是幼小儿童用来认识周围物质世界的重要手段。触摸觉相对于视觉、听觉,发展较晚。随着幼儿年龄的增长,形成了与触摸觉相关的运动觉,其感受性愈来愈精细。如让儿童用手掂一块积木的重量,然后要他从许多不同重量的积木中拣出一块与它同样重的来,结果是4岁幼儿的错误率达70%,而7岁儿童只有37%。因此,儿童触摸觉的发展是在不断的实践训练中发展起来的。

儿童触觉的发生:儿童出生时就有触觉反应,儿童先天的各种无条件反射,如吸吮反射、抓握反射、巴宾斯基反射等,都可以视为触觉反应的表现。新生儿触觉最敏感的部位是嘴唇、手掌、脚掌、前额和眼睑。手指也是触觉非常敏感的部位。

婴儿的触觉探索有两种形式:口腔探索、手的探索。

婴儿对物体的探索最初是通过口腔活动进行的,以后手的探索活动才开始形成。

人生第一年,尤其是手的探索活动形成之前,口腔触觉一直发挥着重要的探索功能。手的触觉探索活动出现以后,口腔探索逐渐退居次要地位,但在相当长一段时间内,儿童仍以口腔探索作为手的探索的补充手段。

婴幼儿期是手的探索活动形成的时期,其形成和发展过程大致经历以下几个阶段:①手的本能性触觉反应阶段;②视触协调阶段;③手的有目的的探索阶段。

触觉,尤其是手的触觉,对儿童具有极其重要的认识价值。年龄越小,触觉的作用就越大。

在通常情况下,儿童的认识活动是多种感觉的结合,尤其是视觉和触觉的结合。视、触结合的经验积累多了,触觉经验便可以逐渐依附在视觉经验之上,当然,这需要一个相当长的过程。

六、学前儿童痛觉的发展

新生儿的痛觉感受性极低,痛觉是随着孩子年龄的增长而增长的。

痛觉和情绪状态有密切关系。疲劳、饥饿、哭和生病时,痛的兴奋性有所提高。小孩子摔跤时,如果成人做出紧张、害怕的样子,小孩会哭起来,好像很痛的样子;如果成人很镇静,并鼓励孩子要勇敢、自己爬起来,小孩未必会感到那么痛

学前儿童心理发展与咨询辅导

七、学前儿童动觉的发展

动觉的发展使婴幼儿的动作越来越准确。各种实验及日常观察均说明,儿童的大关节肌肉动作发展较早,小肌肉动作发展较晚。因此,对幼儿写字、画画、用剪刀等活动的精确性不能要求过高。

八、学前儿童对物体的知觉

学前儿童对物体的知觉发展是遵循循序渐进、由易到难的规律的。儿童知觉发展直接影响儿童的智力发育,因此更好地了解知觉的特性,对于我们发展儿童对物体的知觉能力有非常重要的意义。儿童对物体的知觉主要包括形状、大小、空间、时间四个方面。

1.形状知觉

形状知觉是对物体的轮廓及各部分的组合关系的知觉。有一些实验研究证明,很小的婴儿,已经能够辨别不同的形状。3 岁儿童已能正确地找出相同的几何图形。对幼儿来说,辨别不同的几何图形,难度有所不同,由易到难的顺序是:圆形——正方形——半圆形——长方形——三角形——八边形——五边形——梯形——菱形。

实验证明,当视觉、触觉、动觉相结合时,对几何形体感知的效果较好。

幼儿期,形状知觉和图形辨别,逐渐与掌握图形的名称结合。五岁半是儿童认知平面几何图形最迅速的时期。

2.大小知觉

布鲁纳(1972)等人的研究说明,3 个月的婴儿会区分能抓握的大小物体和不能握住的过大物体。

鲍厄(1966)研究了幼小婴儿对物体大小的知觉恒常性。每当一个 12 寸的立方体在 3 尺远处出现时,他训练 6～12 周的婴儿转过头去。该立方体是放在室内桌子上的。因此,可以根据物体的距离衡量其大小。通过变换放在不同距离的不同大小的立方体,发现婴儿能够在不同距离认识同一大小的物体。说明在一定背景的条件下,婴儿已有物体大小知觉的恒常性。

杨期正等(1979)的实验,要求 1.5～3 岁儿童按语言指示拿出大皮球或小皮球。发现 1.5 岁儿童能够完成实验任务者占 20％,2 岁儿童则为 60％,2 岁 4 个月已达 88％。在该实验中,1 岁零 10 个月的儿童能用语言表达大小知觉者占 28％,2 岁为 40％,2 岁零 4 个月达 80％,3 岁则达 100％。在区分不同大小的正方形的任务中,3 岁以后判断大小的精确度有所提高,4 岁能说出"第一大、第二大、第三大……"以及一样大。

苏联学者苏南诺娃的研究表明,在比较不同大小的积木时,4～5 岁需用手去摸积木的边沿,把积木逐块地进行比较后,才能确定其大小是否相同。6～7 岁儿童大多数能用视觉从一堆积木中指出大小相同的积木,用手去摸积木边沿的儿童随年龄增长而减少,其比例为 4 岁,80%;5 岁,50%;6 岁,34.47%;7 岁,20%。此外,如果不允许视觉参加,单凭触摸去感知物体的大小,则 4~5 岁儿童用同时性比较法,即把积木叠在一起进行比较,而 6~7 岁则用相继性比较法。

3.空间知觉

空间知觉主要指对物体的空间关系的位置以及机体自身在空间所处位置的知觉,包括方位知觉和距离知觉。从广义上说,空间知觉还可包括形状知觉和大小知觉,它们是对物体属性的知觉,而方位知觉和距离知觉,则是对物体之间关系的知觉。

(1)方位知觉的发展。儿童很小就有方向定位的能力。魏泰默(1961)证明,出生后不一会儿的婴儿,对来自右边的声音做出向右看的反应,而声音来自左边时,则向左看。

鲍厄曾用实验研究婴儿听觉定位的准确性。结果发现,6 个月前的婴儿,主要依靠听觉指导用手去抓物体,其动作准确率比依靠视觉记忆更高。而当物体在正前方时,抓握较为准确。原因是从正前方发出的声响,同时到达两耳。6 个月以后婴儿才能够学会估计来自旁边的声音,即对不是同时到达两耳的声音作定位。

幼儿更多依靠视觉、动觉及触觉的联合活动进行方向定位。儿童先学会辨别上下方位,然后能够辨别前后,最后才会辨别左右。从以自身为中心逐渐过渡到以其他客体为中心来辨别左右方位。

(2)距离知觉(深度知觉)的发展。距离知觉也是对物体空间位置的知觉。它是一种以视觉为主的复合知觉,包括前庭觉等嗅觉外的其他感觉。

婴儿很早就有深度知觉。测量婴儿深度知觉的常用工具是吉布森等创设的"视觉悬崖"。这是一种特殊的装置,把婴儿放在厚玻璃板的平台中央,平台一侧下面紧贴着玻璃放有方格图案,另一侧则在一定距离下面布置了同样方格图案,造成一种视觉印象:前一侧是浅滩,后一侧是深滩。实验时,母亲轮流在两侧呼唤婴儿,实验记录婴儿的爬向。

吉布森等对 36 名 6.5~14 个月的婴儿测验的结果,有 27 名婴儿从平台爬到浅滩,只有 3 名爬到深滩。大多数婴儿虽然听到母亲在深滩一侧呼喊,他也不过去,或只是哭叫,说明幼小的婴儿已有深度知觉(转引自 Liebert 等《发展心理学》)。

但是,据卡门波斯(Campos,J.J.,1978)等的研究,5 个月的婴儿在视崖的深侧没有害怕的表现,9 个月婴儿则有害怕的表现,心跳加速。

学前儿童心理发展与咨询辅导

实验证明,婴儿已具备以视觉为信息的距离知觉,经验对距离知觉的发展起重要作用。

4.时间知觉

时间知觉是对客观现象的延续性和顺序性的反映。婴儿主要依靠生理上的变化产生对时间的条件反射。

幼儿的时间知觉主要与识记的事件相联系,生活制度在幼儿对时间的定向上起决定作用。

根据天气变化进行时间定向的能力,出现在幼儿中期以后。日历和钟表是成人时间信息的主要来源,幼儿还不认识日历和钟表,但是他们常常把日历和钟表上的字形象化,并把它和某种事情联系起来。人对持续时间的估计,往往依靠对时间的知识或行动所提供的辅助计时参照物。年长的儿童和成人一般可以用两个以上的信息作为估计的标准。幼儿初期的儿童,还不能对短暂时间做出估计,幼儿晚期,通过活动,能够学会估计时间。

九、学前儿童观察力的发展

观察力就是分辨事物细节的能力,是智力结构的组成部分,它是经过系统的训练逐渐培养起来的。3岁前儿童缺乏观察力。他们的知觉主要是被动的,是由外界刺激物特点引起的。而且,他们对物体的知觉往往是和摆弄物体的动作结合在一起的。

幼儿期是观察力初步形成时期,幼儿观察的目的性、持续性、细致性和概括性等都在逐渐完善。

1.观察的目的性

幼儿初期,不善于自觉地、有目的地进行观察,不能接受观察任务,往往东张西望,或只看一处,或任意乱指。他们在没有其他刺激干扰的情况下,还能够根据成人的要求进行观察,但在其他因素干扰的情况下,容易离开既定的目的。幼儿中晚期观察的目的性逐渐增强,能根据任务有目的地观察,能够开始排除一些干扰,根据活动或成人的要求来进行观察。

2.观察的持续性

幼儿观察持续性的发展与观察目的性的提高是密切联系的。幼儿初期,观察持续的时间很短。在阿格诺索娃的实验中,三四岁幼儿持续观察某一事物的时间平均为6分8秒。5岁幼儿观察的持续时间有所提高,平均为7分6秒,从6岁开始观察持续时间显著增加,平均时间为12分3秒。幼儿观察的持续时间是随着年龄的增长而延长的。

3.观察的细致性

幼儿初期,观察的细致性较差,只能观察到事物粗略的轮廓,只能看到面积大的和突出的特征。而中晚期幼儿观察逐渐细致,能从事物的一些属性来观察,如从大小、形状、颜色、数量和空间关系等方面来观察,不再遗漏主要部分。

4.观察的概括性

幼儿初期,在观察中得到的是零散、孤立的现象,这些不系统的信息使幼儿无法知觉到事物的本质特征。中晚期幼儿能够有顺序地进行观察,从而获得了对事物各个部分及各部分之间关系的比较完整的、系统的印象,因此能比较顺利地概括出本质特征。

咨询辅导

1.如何开发新生儿的视力

新生儿能不能看见东西,这是许多刚有孩子的父母普遍的疑惑。孩子出生头几天虽然大部分时间闭着眼睛,但这并不代表他没有视力。其实,孩子出生后就具备了视力,只是新生儿的视力很差。刚出生的婴儿有光感,表现为在强光刺激下出现闭眼反应。对灯光的变化也有反应,亮光照到眼睛时,会出现瞳孔变小,即对光反应。在新生儿期只能看见眼前 60 厘米以内的物体,最适宜的距离是 20 厘米。如用一个红色绒线球在孩子眼前大约 20 厘米处移动,可发现孩子的目光能跟随红绒线球移动一段距离。新生儿眼球小,眼球前后径短,造成了生理性远视,以后随着眼球的发育,视力会逐渐提高。

眼睛是人的感觉器官中最重要的器官之一。专家发现,婴幼儿清醒时 20% 的时间都在注视眼前的物体。视觉探索是他们最经常的活动。因此,视觉对儿童大脑的发育、智力的发展至关重要。家长要重视儿童的视力发育,保护好儿童的视力。要做到这一点,必须要从日常生活做起。给孩子提供丰富的视觉对象,如彩色气球和玩具以及适宜的光线环境,让孩子的眼睛有充分休息、放松的机会。同时,要保证孩子的营养,讲究用眼卫生,定期做好视力保健,定期带孩子去儿童保健部门检查视力及视觉功能的发育情况,如发现问题要及时矫治。

2.母婴如何进行视觉交流

正规的早期教育在宝宝出生后就可以开始了。这一阶段的教育主要是刺激其各种感官并促进各种感觉的产生,从而开始人生最初的认知活动。母婴的视觉交流不仅有助于其视觉器官的发育,也有益于其心理的健康发展。研究发现,新生儿出生后便能立即觉察眼前的亮光,并能用眼睛追随光。但其可见距离较短,即使一个月大的婴儿也只能看清 40 厘米以内的物体。他们能识别人的脸,尤其是人的眼睛。此时婴儿情感发育过程中已有视觉需要,因此母亲在哺乳时要和婴儿进行对视交流,有助于吃奶的速度和吃奶量达到适宜的标准;相反,若缺乏这种交流,婴儿吃奶时会经常转身摇头,明显表现出烦躁不安。另外,母亲多与婴儿对视,有益于其安全依恋的产生。一般而言,6 个月至 1 岁左右的婴儿视力已达到正常水平。这时可为婴儿提供丰富且有鲜艳色彩的物品,刺激其视觉,以扩大婴儿视野,为早期智力开发做准备。

3.如何增进新生儿的听力

新生儿能听到声音吗？可以肯定地告诉你：能听见。其实早已有人证明孩子处在胎儿期时就能听到声音了，胎教也正是基于这个能力。

如何知道孩子有听觉？你可以在他的耳边摇几下摇铃，或拍几下手掌。孩子会通过他的各种动作来表示，告诉你他听到了声音。他可以稍稍皱一下眉，也可以惊吓一下，或者出现呼吸节律的变化，呼吸加快或屏一下气，也许还会突然哭起来，或者从哭声中突然停下，等等。这也是早期检查孩子听力的一种简单的方法。新生儿对母亲的声音特别敏感，也特别喜欢听母亲的声音。孩子哭闹时，只要母亲轻轻地哄哄、抱抱他，很快就能使他安静下来。这应归功于"胎教"，因为胎儿在子宫内听惯了母亲的声音，熟悉母亲的声音。

听觉的重要性仅次于视觉，它能使孩子接收到外界不同的声音，使感官得到丰富的刺激，听觉对语言的发展尤为重要。因此，孩子从小得到适当的听觉训练，如倾听大自然中的各种声音，对他们听力的发展是大有好处的。

4.母婴如何进行听觉交流

我们经常发现，如果周围有一定的声音刺激，正在吃奶的婴儿就会改变吸吮的速度或停止吃奶，这表明婴儿很早就有良好的听觉能力了。一般而言，2个月的婴儿可以辨别不同人的说话声音，以及母亲带有不同情感的音调。因此，母婴之间的听觉交流，不仅需要母亲经常与婴儿进行"对话"，更重要的是与婴儿"对话"的语调要愉快、柔和，切忌用生硬、愤怒的语调。另外，母亲可适当地为婴儿提供舒缓的音乐。这样不仅使大脑正处在急剧发育中的婴儿很快牙牙学语，为以后口语发展奠定良好的基础，而且有助于减少儿童的怯生行为，促进其与母亲安全依恋的形成，为塑造良好的亲子关系和健康的心理奠定基础。

5.母婴如何进行触觉交流

婴儿触觉相当发达，身体的不同部位受到刺激就会做出不同的反应，特别敏感的部位是嘴唇、手掌、脚掌、前额等处。母婴间的触觉交流最常见的是母亲为婴儿哺乳，婴儿以其最为敏感的嘴唇和脸蛋，接触母亲温暖的肌肤。这种接触能在婴儿大脑中产生安全、愉快的信息刺激，有助其大脑快速发育。另外，母亲经常轻轻抚摸或抱着婴儿能传达母亲对婴儿最初的积极情感，向婴儿提供最重要、最可信赖的刺激，有助于培养婴儿对自己、对父母、对同伴的信任感和积极的探索能力，为儿童个性发展奠定了良好的基础。很多研究表明，一生下来就缺乏触觉交流的婴儿,在成长过程中,可能会出现智力发育迟缓、性格孤僻、冷漠、不合群等。

6.学前儿童观察力的培养

(1)明确观察的目的和任务。观察的效果如何,取决于目的任务是否明确,观察的目的任务越明确,观察时的积极性就越高,对某一事物的感知就越完整、清晰。相反,目的任务不明确,幼儿就会东瞧瞧、西望望,抓不住要观察的对象,得不到收获。幼儿观察具有目的性不强的特点,他们观察的目的任务往往需要成人帮助提出。

(2)激发观察的兴趣。兴趣是入门的向导。教师在向幼儿提出观察的目的和任务时,要以生动的语言和饱满的情绪来感染幼儿,激发他们观察的兴趣、愿望;在观察过程中教师也要以良好的情绪和精神状态影响幼儿。同时,教师也要引导幼儿注意观察周围的事物,使幼儿对自然界、对社会生活产生浓厚的兴趣。

(3)教给幼儿观察的方法。由于幼儿的经验和认识能力的限制,他们在观察客观事物时往往抓不住要点,因而,要教会幼儿观察的方法,即应该教会幼儿先看什么,后看什么,怎样去看;引导幼儿由近及远,由表及里,由局部到整体或由整体到局部,由明显特征到隐蔽特征,有组织有顺序地进行观察。

(4)运用多种感官观察。在观察过程中,启发幼儿运用多种感觉器官参与观察活动,这样,有利于幼儿形成立体知觉形象;同时,也有利于提高大脑皮层的分析综合活动的状态和活力。

操作训练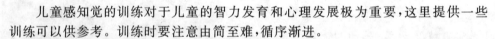

儿童感知觉的训练对于儿童的智力发育和心理发展极为重要,这里提供一些训练可以供参考。训练时要注意由简至难,循序渐进。

1.儿童手眼协调性训练

撕纸、捡豆子、系纽扣、抛接球训练等。

2.儿童视觉训练

各种颜色的识别、分类,同一种颜色由浅至深的排序练习。

3.儿童听觉训练

可以自制音筒,让儿童区分不同的音量,也可以把各种声音汇集让儿童区分练习。

4.儿童味觉训练

帮助儿童品尝各种味道,刺激味觉敏感性。

5.儿童触觉训练

抚触操和各种质地物品的分类和识别。

6.儿童嗅觉训练

各种气味的区分,注重抓住日常生活中的每个细节加以训练。

7.儿童大动作协调训练

爬行、左右脚交替上楼梯或蹦跳、沿线走等。

学前儿童记忆的发生和发展

健忘的甜甜

　　甜甜是个聪明活泼的孩子，一首唐诗，她虽然不懂，但她咿咿呀呀地念几遍就记住了。可是不到半天，她就想不起来了。让她再记一遍，过了一天又忘了。就这样反复了几次，甜甜终于能够很好地背诵了。当你问她这首诗表达了什么意思的时候，她的大眼睛就眨巴眨巴地，说不出来了。

　　提问：甜甜的记忆力有问题吗？

　　回答：所谓"记不住"并不是真的记不住，除了个别脑损伤儿童确实存在记忆障碍之外，大多数正常儿童都是"记得快，忘得也快"。所谓"死记硬背"，是指幼儿期儿童的机械记忆占主导地位，由于意义识记尚未发展起来，因而他们对很多不能理解的事物主要依靠机械记忆。对于幼儿偶尔出现的"记不住"和"死记硬背"现象，家长不必感到焦虑，这与幼儿的记忆特点是相符的。但对于上述两类问题表现得特别明显的幼儿，家长应在一段有意观察之后，带领孩子到有关的幼儿心理辅导中心进行咨询，在专业人士的指导和幼儿园教师的协助下，对幼儿的记忆进行矫正、训练和培养。首先，帮助幼儿明确记忆的目标和具体任务，引导幼儿进行有意识记。其次，在幼儿明确记忆目标的基础上，家长和教师在教育过程中，应尽量营造轻松、愉快的记忆氛围，应用具体、形象的识记材料，促进幼儿的记忆发展。再次，让幼儿在积极的思维活动中进行记忆。记忆与思维是分不开的，在幼儿园的教学工作中，教师应当启发幼儿将新、旧知识联系起来，力求让孩子在理解的基础上进行识记。最后，向幼儿提供一些记忆策略。关于记忆的策略应考虑到幼儿的特点。同时，也要考虑幼儿的个体差异。

第一节　记忆的概述

　　记忆是人脑对经历过的事物的反映。这里所说的"经历过的事物"，可以是感知过的事物，也可以是思考过的问题、体验过的情绪、练习过的动作等。例如，上过幼儿园的小学生会回想起幼儿园的活动室、和老师一起做的游戏以及老师教过的舞蹈动作等,这些都是记忆的表现。记忆不是一瞬间的活动,而是一个从"记"到"忆"的过程,它包括识记、保持、回忆三个基本环节。从信息加工论的观点来看,识记就是信息的输入和加工;保持就是信息的储存;回忆就是信息的提取和输出。记忆就是信息的输入和加工、储存、提取和输出的过程。这三者是彼此密切联系着的,没有识记(或信息的输入和加工)就谈不上保存(或储存),不经历上述两个过程,回忆(或信息的提取和输出)就无从实现。识记和保持是回忆的前提,回忆则是识记、保持结果的表现和加强。

一、记忆的种类

根据记忆的内容、记忆保持时间长短等的不同,可以把记忆作如下划分:

1.根据记忆的内容分类

根据记忆的内容不同可把记忆分为四种:形象记忆、情绪记忆、运动记忆、语词—逻辑记忆。

(1)形象记忆。指以事物的形象为内容的记忆。它可以是视觉的、听觉的,也可以是动觉的、嗅觉的或味觉的,等等。由于视觉和听觉的记忆发展较好,因而人们常以这些记忆为例。比如,我们游览了南京中山陵后,巍巍的石阶、蓝瓦白墙的祭堂历历在目,就属于形象记忆。

(2)情绪记忆。指以情绪和情感体验为内容的记忆。比如,当年,我们接到学校录取通知书时的那种兴奋激动的心情,如今仍记忆犹新,这就是情绪记忆。

(3)运动记忆。指以实际行动、动作、技巧为内容的记忆。比如,我们对广播体操动作程序和身体活动的记忆,就是动作记忆。

(4)语词—逻辑记忆。指以概念、判断、推理等抽象思维为内容的记忆。比如,对于数学公式、法则、定理,对于事物的性质、定义、关系等方面内容的记忆。由于这些内容都是以语词符号表达出来的,因而这种记忆叫做语词—逻辑记忆。记忆的这种分类只是为了学习、研究方便,在生活实践中上述四种记忆是相互联系的。要记住某一事物,常常需要两种或两种以上记忆类型的参与。此外,由于每个人先天素质和后天的实际活动的不同,记忆类型在每个人身上发展的程度也不一样。比如,歌唱家、画家、表演艺术家、建筑师等,他们的形象记忆很好;数学家、思想家,他们善于逻辑记忆;表演艺术家,他们的情绪记忆极佳;运动员,他们的运动记忆得到充分发展。

2.根据记忆保持时间分类

根据记忆保持时间长短可把记忆分为三种:瞬间记忆、短时记忆、长时记忆。

（1）瞬时记忆。瞬时记忆又称感觉记忆，是指通过感觉器官所获得的感觉信息在0.25～2秒钟以内的记忆。瞬时记忆的信息是未经加工的原始信息，当人们通过感觉器官获得事物的信息后，这些信息不会立刻消失，而会在神经系统的相应部位保留一个极短的时间（0.25～2秒）。如电影、电视和动画就是根据这个原理制作出来的。当一组系列的画面以很快的速度，按顺序逐一呈现（每秒钟呈现24幅画面）时，因为先后呈现的两个画面之间的时间间隔非常短暂，人们在看一幅画面时还保留着上一幅画面的瞬时记忆，所以就可以看到一些活动的连续映象。

（2）短时记忆。短时记忆是指被注意到的瞬时记忆信息在头脑中储存不超过一分钟的记忆。由于短时记忆保持的时间很短，因而短时记忆所保存的都是刚刚发生的事情。例如，我们打一个陌生的电话时，查到电话号码后立即拨号，电话打完后，号码也随之忘掉了，对这个电话号码的记忆就是短时记忆。

短时记忆中贮存信息的数量是有限的，实验证明，短时记忆的容量是 7 ± 2 个组块，组块，就是记忆的单位。究竟多少的范围和数量为一个组块，没有一个固定的说法，它可以是一个或几个数字，一个或几个汉字，也可以是一个词，一个短语，一个句子等。

（3）长时记忆。长时记忆是指保持一分钟以上甚至终身的记忆。它是由短时记忆经过加工和重复的结果，长时记忆的容量是没有限制的。只要有足够的复习，把信息按意义加以整理、归类，整合于已有信息的贮存系统中，就能把信息保持在记忆中。

以上三种记忆是相互联系的，它们之间的关系可以理解为：外界刺激引起感觉，它所留下的痕迹就是瞬时记忆；如果不加注意，痕迹便迅速消失，如果加以注意，就转入第二阶段——短时记忆；对短时记忆中的信息如果不及时复述就会产生遗忘，如果加以复述就转入第三阶段——长时记忆。信息在长时记忆中被贮存起来，在一定条件下又可以提取出来，提取时，信息从长时记忆中被回收到短时记忆中来，从而能被人意识到；长时记忆中的信息，如果受到干扰或其他因素的影响，也会产生遗忘。

二、记忆过程

计算机又被称为"电脑"，顾名思义，它是根据人脑的原理制造出来的。计算机工作的基本过程是这样的：首先通过键盘、扫描仪等设备输入信息，然后把这些信息储存在存储器（如硬盘等）中，需要时再把信息从存储器中提取出来，显示在输出设备上（如屏幕、打印机等）。现在，我们反过来根据计算机的工作原理来分析一下人记忆的过程。

记忆是学习过程中一种重要的心理活动，它包括三个基本环节：识记、保持、再认或回忆。记忆和保持就是"记"，再认或回忆就是"忆"。离开了记忆就谈不上掌握知识和运用知识。记忆力是智力活动的基础和仓库。记忆，是大脑这部高度复杂"机器"的主要功能，也是人类至今还未完全能说得清楚的奥秘之一。

1. 识记

识记是记忆过程的开端，人类在记忆的过程中，首先都要通过识记把所需的信息输入到人的大脑中，然后再进行分类加工。识记的方法有很多种，掌握正确的识记方法，对记忆能力的提高有很大的帮助。

（1）识记的概念。识记是把所需信息输入头脑的过程。它是记忆过程的开端，是反复感知事物的过程。

（2）识记的种类。人类记忆的过程是很复杂的程序，要最终达到记忆的效果，途径和方法有很多。下面几种识记的方法是针对儿童的记忆特点整理和分析而来的，让我们通过对这些识记种类的了解，对儿童记忆做更好的研究和指导。

1）按识记时有无明确的目的性和自觉性，可以把识记分为无意识记和有意识记。

所谓无意识记，是指事先没有预定的目的，也不需要任何意志努力的识记。比如，童年时看过的一部有趣的电影，至今仍记忆犹新。其实，当时在观看时并没有要去记住它的意图，它是自然而然地成为我们记忆中的内容的。

所谓有意识记是指按照一定的目的任务和需要采取积极思维活动的一种识记。比如，在语文课上学生在背诵课文前朗读课文，学生在临考前进行复习，都是有意识记。

2）按记忆是否建立在理解的基础上，可以把识记分为机械识记和意义识记。

所谓机械识记，是指在对识记材料没有理解的情况下，依靠事物的外部联系、先后顺序，机械重复地进行识记。人们记地名、人名、地址等，常常是利用机械记忆。机械识记的基本条件是重复，虽然是一种低级的识记途径，但是在生活学习中是不可缺少的。

所谓意义识记，是指在对材料进行理解的情况下，根据材料的内在联系，运用有关经验进行的识记。意义识记的基本条件是理解，意义识记是一种与思维活动密切联系的、积极主动的识记，是把材料整理后归到已有知识系统中的识记，所以它的效果总是优于机械记忆。

2. 保持

人的记忆的保持是有时间上的差异的，怎样更好地保持通过识记获得的信息是我们一直都非常关注的。

（1）什么是保持。保持是对识记过的事物在头脑中贮存和巩固的过程，是实现回忆的保证，是记忆力强弱的重要标志之一。

（2）识记过的事物在头脑中的变化。识记过的事物在头脑中并不像物品放在保险箱中，一成不变地保持着原样。识记的材料会随时间的推移和后继经验的影响而发生量与质的变化。量的变化主要指内容的减少。量的减少是一种普遍现象，人们经历的事情总是要忘掉一些。质的变化是指内容的加工和改造。改造的情况因个人经验不同而不同。有个实验是这样的：用一张画，给第一个人看后要他默画。然后将他默画出来的画给第二个人看，让第二个人默画。再将第二人默画出来的画给第三人看……这样依次连续地做下去，直到第18个人为止。如图5-1所示就是第1、

记忆保持中的质变

图 5-1

2、3、8、9、10、15、18个被试画出的画。把识记的画与回忆的画做比较，发现有如下特点：有些重画的比实际的画更概括了，更简略了；有些重画的比实际的画更完整了，更合理了；有的更详细了，更具体了；有的夸张了；有的某些部分突出了，等等。在保持过程中，质和量的变化是一个复杂的、有意义的内部活动过程，是心理活动的主观性的一种表现。

3.再现（再认和回忆）

再认和回忆是将大脑中保持的信息提取出来的两种形式。再认是指对过去识记过的事物再次感知时感到熟悉，可以识别和确认。例如，学生在考试和测验中做选择题时，根据学过的知识在几个选项中选取出正确的答案，就是再认的过程。回忆是指过去识记过的事物不出现，而能够在大脑中重现出这些事物的形象或有关信息。例如，学生在考试测验中做填空题或者问答题时，要靠在头脑中重现出已经学过的知识作答，这就是回忆的过程。回忆的记忆程度比再认高，能再认不一定能回忆，而能回忆的一般都能够再认。例如，学习英语时，有许多单词我们能够读懂，但是却不能默写出来。因此，记忆是否牢固主要是通过回忆来检验。

三、遗忘

遗忘是人记忆的一大特点，随着时间、环境、年龄等因素的改变，人类的记忆内容很难完整保持，或者在回忆或再认、再现的时候出现错误，这都是我们经常所说的遗忘的表现。

1.什么是遗忘

遗忘是指记忆的内容不能保持或不能正确再现。遗忘是与保持相反的过程。这两个性质相反的过程，实质上是同一记忆活动的两个方面：保持住的东西，就是没有遗忘的东西；而遗忘了的东西，就是没有被保持住的东西。保持越多，遗忘越少；反之亦然。

2.遗忘的规律

在信息的处理上,记忆是对输入信息的编码、贮存和提取的过程。人的记忆的能力从生理上讲是十分惊人的,可是每个人的记忆宝库被挖掘出来的只占10%,还有更多的记忆发挥空间。这是因为,有些人只关注了记忆的当时效果,却忽视了记忆中的更大的问题——记忆的牢固度问题,那么,这就牵涉到心理学中常说的关于记忆遗忘的规律。

(1)艾宾浩斯遗忘曲线。德国有一位著名的心理学家名叫艾宾浩斯(Hermann Ebbinghaus,1850－1909),他在1885年发表了他的实验报告后,记忆研究就成了心理学中被研究最多的领域之一,而艾宾浩斯正是发现记忆遗忘规律的第一人。

根据我们所知道的,记忆的保持在时间上是不同的,有短时的记忆和长时的记忆两种。而我们平时的记忆的过程如图5-2所示。

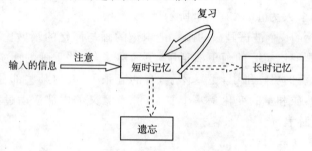

图5-2 人的记忆过程

学前儿童

心理发展与咨询辅导

表5-1

时间间隔	记忆量
刚刚记忆完毕	100%
20分钟之后	58.2%
1小时之后	44.2%
8～9个小时后	35.8%
1天后	33.7%
2天后	27.8%
6天后	25.4%
1个月后	21.1%

输入的信息在经过人的注意过程的学习后,便成为人的短时的记忆,但是如果不经过及时的复习,这些记住过的东西就会遗忘,而经过了及时的复习,这些短时的记忆就会成为人的一种长时的记忆,从而在大脑中保持很长的时间。那么,对于我们来讲,怎样才叫做遗忘呢,所谓遗忘就是我们对于曾经记忆过的东西不能再认起来,也不能回忆起来,或者是错误地再认和错误地回忆,这些都是遗忘。艾宾浩斯在做这个实验的时候是拿自己作为测试对象的,他得出了一些关于记忆的结论。他选用了一些根本没有意义的音节,也就是那些不能拼出单词来的众多字母的组合,比如asww,cfhhj,ijikmb,rfyjbc等。他经过对自己的测试,得到了一些数据(见表5-1)。

然后,艾宾浩斯又根据这些点描绘出了一条曲线,这就是非常有名的揭示遗忘规律的曲线——艾宾浩斯遗忘曲线。在艾宾浩斯遗忘曲线图中,竖轴表示学习中记住的知识数量,横轴表示时间(天数),曲线表示记忆量变化的规律(见图5-3)。

这条曲线告诉人们,在学习中的遗忘是有规律的,遗忘的进程不是均衡的,不是固定地一天丢掉几个，转过一天又丢掉几个，而是在记忆的最初阶段遗忘的速度很快，后来就逐渐减慢了，到了相当长的时候后，几乎就不再遗忘了，这就是遗忘的发展规律，即"先快后慢"的原则。观察这条遗忘曲线，你会发现，学得的知识在一天后，如不抓紧复习，就只剩下原来的 25％了。随着时间的推移，遗忘的速度减慢，遗忘的数量也就减少。

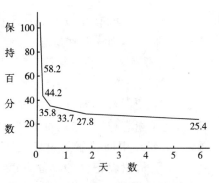

图 5-3　艾宾浩斯遗忘曲线

（2）不同性质的材料有不同的遗忘曲线。艾宾浩斯还在关于记忆的实验中发现，记住

12 个无意义音节，平均需要重复 16.5 次；为了记住 36 个无意义音节，需要重复 54 次；而记忆六首诗中的 480 个音节，平均只需要重复 8 次。这个实验告诉我们，凡是理解了的知识，就能记得迅速、全面而牢固。不然，愣是死记硬背，那也是费力不讨好的。因此，比较容易记忆的是那些有意义的材料，而那些无意义的材料在记忆的时候比较费力气，在以后回忆起来的时候也很不轻松。因此，艾宾浩斯遗忘曲线是关于遗忘的一种曲线，而且是对无意义的音节而言，对于与其他材料的对比，艾宾浩斯又得出了不同性质材料的不同遗忘曲线，不过它们大体上都是一致的（见图 5-4）。

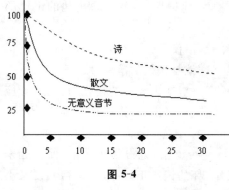

图 5-4

因此，艾宾浩斯的实验向我们充分地证实了一个道理，学习要勤于复习，而且记忆的理解效果越好，遗忘得也越慢。

上述的艾宾浩斯记忆曲线是艾宾浩斯在实验室中经过了大量测试后，产生了不同的记忆数据，从而生成的一种曲线，是一个具有共性的群体规律。此遗忘曲线并不考虑接受试验的个人的个性特点，而是寻求一种处于平衡点的记忆规律。

3. 遗忘的种类

遗忘有两类：一类是暂时性遗忘，一类是永久性遗忘。

（1）暂时性遗忘。暂时性遗忘，就其产生遗忘的原因来看，是由于其他刺激（外部强刺激或自身内部状态的干扰）而引起的抑制。这种抑制使原先识记的东西不能立即再认知或再现，但是一旦抑制解除，记忆仍可得到恢复。比如，学生在考试时由于疲劳或紧张，使得原先很熟悉的题目却不知从何答起，待过一段时间后才想起来。这就是暂时性遗忘（见图 5-5）。

（2）永久性遗忘。永久性遗忘，是对已经识记过的东西，由于没有得到反复的复习和运用，头脑中保留的痕迹便自动消失，不经过重新学习记忆就不能再恢复。

例如,考试中因没有复习到而答不出、想不起来的问题,即永久性遗忘。

遗忘受很多因素的制约。识记材料的性质对识记有重要影响,那些不重要的、没有兴趣的、不符合人的需要的东西,首先被遗忘;过长和过难的材料易被遗忘;排列在中间位置的材料也容易被遗忘。另外,材料记忆的牢固程度、数量和情绪也是影响遗忘的因素。

图 5-5

四、记忆品质

1. 良好记忆的基本品质

良好记忆的基本品质包括:记忆的持久性、记忆的敏捷性、记忆的准确性、记忆的准备性。

(1)记忆的持久性。学习的知识和经验必须牢固地保持下来,但人不可能把所有的东西都记住,总是要遗忘的,这也是规律。因而就要采取措施,抵抗遗忘。

(2)记忆的敏捷性。在接受知识经验的过程中,人们识记的快慢有很大差别。一般来说,学东西快的人,是因为他理解得好,所以记得快;学东西慢的人,是因为他在理解上有困难,所以记得慢。对于前者来说,他记得快,就反映出他的记忆的敏捷性。

(3)记忆的准确性。对于学习过的知识经验,不仅要记得快,记得牢,还应记得准,回忆的内容能不增不减,意思能准确无误。这就是记忆的准确性。

(4)记忆的准备性。这是指回忆的难易程度。对知识经验的记忆,目的在于应用。这就要求被记住的东西能根据实际需要,随时回忆出来,这是记忆准备性高的表现。

记忆的品质也就是指记忆是否迅速,保持是否牢固,记得是否精确,回忆起来是否容易。好的记忆表现为记得又快又准又牢,坏的记忆正好相反,记得又慢又不准又不牢固。

对于一般的人来说,记忆的各种好的品质不一定都具备,可能是这一方面好,而另一方面则差一些。

2. 记忆的各种品质在不同的人身上有不同的结合

(1)记得快忘得慢,而且记得还正确。具有这种特点的人在学习时一般都很专心,注意力高度的集中。他在识记时对材料就作了精细的分析,因此回忆得准确,而且也快。

(2)记得慢忘得也慢。具有这种记忆特点的学生学习时需要花费较多的时间,但当他记住以后,就能较长时间地、牢固地记住,并且能精确地进行回忆。

学前儿童心理发展与咨询辅导

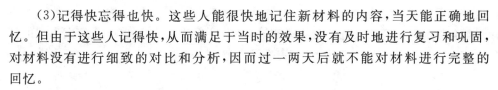

（3）记得快忘得也快。这些人能很快地记住新材料的内容，当天能正确地回忆。但由于这些人记得快，从而满足于当时的效果，没有及时地进行复习和巩固，对材料没有进行细致的对比和分析，因而过一两天后就不能对材料进行完整的回忆。

（4）记得慢又忘得快，这样的人在学习中花费了很多精力但效果却不好。

产生的原因可能是多方面的。有的是由于学习时想着玩，注意力不集中，因此虽然表面上在学习，但并没有专心记，因此记不住，记得也不完整；有的可能是由于已有的基础太差，因而主要的是靠机械识记的方法去记忆，所以很难形成新的联系；有的可能是由于大脑的疾病而使记忆遭到破坏。

第二节　学前儿童记忆的发生

记忆的三个环节分别为识记、保持和再现。识记和保持是再现的前提，再现是识记和保持的结果。我们根据识记和保持的情况来判断记忆是否发生。

一、学前儿童的记忆

学前儿童的记忆有区别于成人的特点，我们了解了学前儿童的记忆特点之后才能更好地对学前儿童实施恰当的教育。

1. 胎儿的听觉记忆

有研究发现，如果把记录母亲的心脏跳动的声音放给儿童听，儿童会停止哭泣。研究者解释说，这是因为儿童感到他们又回到了熟悉的胎内环境里。由此认为，胎儿已经有了听觉记忆。关于七八个月胎儿音乐听觉的研究，也得出类似结论。可见，胎儿末期，听觉记忆确已出现。

2. 新生儿记忆的表现

新生儿时期记忆主要表现在以下几个方面：

（1）建立条件反射。新生儿记忆的主要表现之一是对条件刺激物形成某种稳定的行为反应（即建立条件反射）。比如，母亲喂孩子时往往先把他抱成某种姿势，然后再开始喂。不用多久（一个月左右），儿童便对这种喂奶的姿势形成了条件反射：每当被抱成这种姿势时，奶头还未触及嘴唇就已开始了吸吮动作。这种情况表明，儿童已经"记住"了喂奶的"信号"——姿势。

（2）对熟悉的事物产生"习惯化"。新生儿记忆的另一表现是对熟悉的事物产生"习惯化"：一个新异刺激出现时，人（包括新生儿）都会产生定向反射——注意它一段时间。如果同样的刺激反复出现，对它注意的时间就会逐渐减少甚至完全消失。随着刺激物出现频率的增加而对它的注意时间逐渐减少甚至消失的现象，心理学家称之为"习惯化"。习惯化可以作为一种方法和指标来了解新生儿的感知能力——看他能否发现刺激物的差别;也可以用来调查其记忆能力——看他能否辨别刺激物的熟悉程度。许多研究表明,即使出生几天的孩子,也能对多次出现的图形产生"习惯化",似乎因"熟悉"而丧失了兴趣。

3.婴儿的记忆

胎儿及新生儿的记忆,从其再现形式看都属于"再认"。

婴儿期的记忆仍主要是再认形式。明显的再认出现在6个月左右。这时,儿童开始"认生",即只愿意亲近妈妈及经常接触的人,陌生人走近会使孩子感到不安。

婴儿末期,"再现"的形式开始萌芽,1~2岁时才逐渐出现。

再认先于再现发生,是由于二者的活动机制不同。再认依靠的是感知,再现(这里指回忆)依靠的是表象。感知是儿童自出生以后就已经具有或开始发展的,而表象则是在1岁半至2岁才开始形成。另外,感知的刺激是在眼前的,立即可以引起记忆痕迹的恢复;而表象的活动,还有待儿童在头脑中进行搜索。

二、学前儿童记忆的发展趋势

学前儿童随着年龄的不断增长,心理发展逐步完善,记忆也随之发生变化。

1.记忆保持时间的延长

所谓保持时间是指从识记材料开始到能对材料再现之间的间隔时间,也称为记忆的潜伏期。儿童记忆保持的时间长度可以从再认和再现的潜伏期来看。再现的潜伏期都随着年龄的增长而增长,具体见表5-2。

表5-2　学前儿童记忆保持时间的变化

	1岁	2岁	3岁	4岁	7岁
再认	几天	几个星期	几个月	一年以前	三年前
再现		几天	几个星期	几个月	1~2年

儿童记忆保持时间的长久或短暂受很多因素的影响,影响儿童记忆保持的主要因素有:

(1)儿童对记忆对象的感知程度。在生活中我们有这样的体会,只有把记忆对象感知得很清楚,才能留下深刻的印象,而印象深刻的东西才能保持长久。儿童随着年龄增长各种分析器的结构和机能逐渐成熟。儿童通过积极从事各种活动,提高了各分析器的分析综合能力,感知的选择性、持续性、精确性都不断提高,这为头脑中留下深刻的印象创造了条件。

(2)儿童的知识经验和对识记材料的理解程度。凡是容易和已知的知识相联系的内容就比较容易记住。儿童在生活实践中接触的事物越来越多,知识经验也越来越丰富,这就有利于在记忆对象之间建立各种联系,使回忆容易实现。理解的东西往往容易记住,儿童知道了所记东西的意义,就便于把它同已有的知识经验联系起来,并入自己的知识结构,利于长期保持。

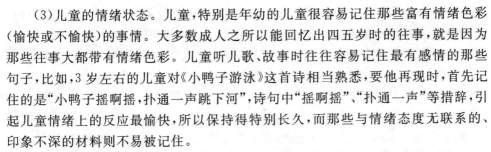

　　(3)儿童的情绪状态。儿童,特别是年幼的儿童很容易记住那些富有情绪色彩(愉快或不愉快)的事情。大多数成人之所以能回忆出四五岁时的往事,就是因为那些往事大都带有情绪色彩。儿童听儿歌、故事时往往容易记住最有感情的那些句子,比如,3岁左右的儿童对《小鸭子游泳》这首诗相当熟悉,要他再现时,首先记住的是"小鸭子摇啊摇,扑通一声跳下河",诗句中"摇啊摇"、"扑通一声"等措辞,引起儿童情绪上的反应最愉快,所以保持得特别长久,而那些与情绪态度无联系的、印象不深的材料则不易被记住。

　　(4)对被记忆对象的兴趣。有人说,兴趣是记忆力的促进剂。确实,儿童对于感兴趣的事物就记得快,记得深,此时,他们的记忆力就能被很好地发挥出来。儿童有强烈的好奇心和旺盛的求知欲,他们对什么事都要问个为什么,特别是对感兴趣的东西,能集中注意力去想它,以形成比较鲜明的深刻的印象,并且喜欢查根问底,弄个水落石出。相反,他们对不感兴趣的事漠不关心。

　　在学前儿童记忆保持时间的发展中,存在一些独特的现象:

　　(1)幼儿期健忘。幼儿期健忘是指3岁前儿童的记忆一般不能永久保持。有研究者认为,这种现象与儿童脑的发育有关。儿童脑的各个区域的成熟不是同时完成的,而是有先后。先发育的脑区域在3岁左右承担了记忆的任务,但随着脑的其他区域的发展,晚成熟的脑结构控制了先成熟的脑区域,从而妨碍了原先所学习的东西,使人回忆不起更早发生的事情。

　　(2)记忆恢复(回涨)现象。记忆恢复或回涨现象是指在一定条件下,学习后过几天测得的保持量比学习后立即测得的保持量要高。

　　这一现象最早是由巴拉德(Ballard)在1913年发现的。国内的相关研究发现这一特点在年幼的儿童身上体现得更为明显。洪德厚(1981)曾让幼儿园小班、中班、大班幼儿识记故事,然后间隔3天、7天、14天检查记忆保持量。结果发现幼儿小班的记忆恢复现象比中班、大班更为明显,具体见表5-3。

表5-3　间隔不同时间幼儿记忆保持量的比较

时间 年级	间隔3天	间隔7天	间隔14天
小班	100	137.58	132.14
中班	100	102.10	106.96
大班	100	103.19	91.64

　　产生记忆恢复现象的原因可能是幼儿的神经系统还比较弱,刚识记时接受大量的新异刺激,神经系统疲乏了,转入抑制状态,所以不能马上恢复。过了一段时间后,经过休息便能回忆出来。

　　2.记忆容量的增加

　　随着儿童年龄的增长、知识面的逐渐拓宽,儿童记忆的容量也在逐渐增加。

　　(1)记忆广度。记忆广度是指在单位时间内能够记忆的材料的数量。这个数量是有一定限度的。一般人类的记忆广度为7±2个信息单位。所谓信息单位,是指彼此之间没有明确联系的独立信息。这种信息单位称为组块。

儿童记忆广度的增加受生理发育的局限。儿童大脑皮质的不成熟,使他在极短的时间来不及对更大的信息量进行加工,因而不能达到成人的记忆广度。

记忆广度对记忆容量有一定的影响,但记忆容量的大小不决定于记忆广度的大小,而决定于把识记材料组织加工,并使之系统化的能力。因为每个信息单位内部的容量是不同的,加工能力强的,单位容量就大。

(2)记忆范围。记忆范围的扩大是指记忆材料种类的增多,内容的丰富。随着儿童动作的发展和外界交往范围的扩大以及活动的多样化,儿童的记忆范围也随之越来越扩大。

3.记忆内容的变化

从记忆的内容看,记忆可以分为运动记忆、情绪记忆、形象记忆和语词记忆。儿童记忆内容也有随着年龄而变化的客观趋势。

运动记忆是指识记内容为人的运动或动作的记忆。一切生活习惯上的技能、体育运动或其他活动中的动作,都是依靠运动记忆来掌握的。儿童最早出现的是运动记忆。对喂奶姿势的条件反射就属于这种记忆。有关运动技能和行为习惯的记忆,可以说是非理性的处理和存储信息,是自动化的学习,更多由皮下系统支配。因此,习惯系统比理解的记忆系统更早形成,而且较不容易消退,在遗忘相当长久之后,还较容易恢复。

情绪记忆是对体验过的情绪或情感的记忆。儿童喜爱什么,依恋什么,厌恶什么,这些都是情绪记忆的表现。儿童的情绪记忆出现得也比较早。婴幼儿对带有感情色彩的东西,容易识记和保持。情绪记忆与皮下结构,特别是丘脑有密切关系。因此,虽然儿童的大脑皮质还没有发育成熟,情绪记忆已较早地发展起来。

形象记忆是以感知过的事物的具体形象为内容的记忆。比如,婴儿认识奶瓶、认识母亲等都是形象记忆的表现。幼儿1岁前的形象记忆和动作记忆、情绪记忆紧密联系。在幼儿的记忆中,形象记忆占主要地位。幼儿的形象记忆是依靠表象进行的,其中起主要作用的是视觉表象。

语词记忆是以语言材料作为内容的记忆。这种记忆是随着儿童掌握语言的过程逐渐发展起来的。语词记忆的发展,要求大脑皮质活动机能的发展,特别是语言中枢的发展作为生理基础。因此,儿童的语词记忆的发展也最晚。

从儿童这几种记忆发生发展的顺序来看,最早出现的是运动记忆(出生后2周左右),然后是情绪记忆(6个月左右),再往后是形象记忆(6~12个月左右),最晚出现的是语词记忆(1岁左右)。儿童这几种记忆的发展,并不是用一种记忆简单地代替另一种记忆,而是一个相当复杂的相互作用的过程。

4.记忆的意识性与记忆策略的形成

儿童记忆随着年龄的增长而逐渐发生的变化与儿童记忆的意识性及记忆策略

的发展有关。

（1）记忆意识性的发展。随着年龄的增长，儿童记忆意识性开始逐渐萌芽、发展。有意记忆的出现意味着记忆意识性的萌芽，而元记忆的发展则意味着记忆意识性发展到了一个新的阶段。

元记忆的发展是指儿童对自己的记忆过程的认识或意识的发展，它包括以下几个方面：

1）明确记忆任务，包括认识到记忆的必要性和了解需要记忆的内容。

2）估计到完成任务过程中的困难，努力去完成任务，并选择记忆方法。

3）能够检查自己的记忆过程，评价自己的记忆水平。

（2）记忆策略的形成。记忆策略是学习者采用的接受信息、提取信息的方式。它直接影响着记忆的效果。

儿童常见的记忆策略有：

1）反复背诵或自我复述。

年龄较大的幼儿，在识记过程中反复背诵以避免遗忘。有时，边识记边自言自语地说出记忆材料的名称或内容。比如，幼儿为了记住图片，每当看到一张图片时，随即说出图片的名称。

2）使记忆材料系统化。

幼儿中期以后，能够在记忆过程中自动地对记忆材料加以整理分类。例如，边识记边把图片分类，并自言自语地说："苹果是水果，梨也是水果，萝卜是蔬菜⋯⋯"幼儿也会把新词和某种事物或情绪联系起来，等等。

3）间接的意义识记。

年龄较大的幼儿能对材料进行精心思考，找出材料组成的规律，以帮助记忆。例如，有一个 6 岁儿童，在 1 分钟之内，正确记住了 17 位数字：81726354453627189。他是经过思考，抓住了这些数字之间的规律性联系进行记忆的。他发现，每两个数字之和都是 9，去掉最后一个数字 9，其余的数字排列都是对称的。

第三节　学前儿童记忆发展的特点

儿童进入幼儿期后，由于神经系统的逐步成熟、口头言语的迅速发展、生活经验的不断丰富，记忆能力在质和量上都有了发展，表现出下列几个特点。

一、容易记、容易忘

幼儿的记忆与幼儿的高级神经活动的特点有着密切的关系。这个年龄阶段的幼儿，大脑皮层中与形成记忆有关的神经联系具有极大的可塑性，2～3 次的结合就能形成暂时联系。由于言语的参与，只要稍加重复，幼儿就能很快记住新的材料，尤其是他们所喜欢的有强烈情绪色彩的内容。在幼儿园里，当有关教育活动结束时，幼儿能很流畅地将一首儿歌背出来，或将一个故事简要地复述出来。但是，幼儿容易记也容易忘，只要不及时进行复习，他们就会很快地将已经记住的材料忘掉。这是由于幼儿的神经系统易兴奋、形成的神经联系不稳定的缘故。

二、记忆带有很大的无意性

幼儿的记忆常有很大的无意性，幼儿所获得的知识、经验大都是无意记忆的结果。在记忆过程中他们既不善于有意识地完成成人提出的识记任务，更不会向自己提出识记某种事物的专门目的。特别是对于小年龄幼儿来说，那些形象生动、具体直观、鲜明活动的事物，很容易被幼儿自然而然地记住。另外，能满足幼儿个体需要的、能激起强烈情绪体验的事物，能引起幼儿产生兴趣，能成为活动对象的事物，也能很容易地被幼儿记住。例如，电视里播放的动画片，由于色彩鲜艳、形象生动，又能引起幼儿的情感共鸣，因而绝大多数幼儿都非常爱看，看过一遍就能记住故事的情节。

幼儿记忆的无意性还表现在他们不会运用适当的方法来记住某件事情。幼儿有时会反复要求老师一遍遍地讲同一个故事，会跟着录音机一遍遍唱同一首歌。他们这样做并不是为了要记住故事内容和歌词，而只是为了追求情感上的满足，因为这个故事、这首歌是他们喜欢的。

随着年龄的增长和言语能力的发展，到幼儿园中班、大班，幼儿记忆的有意性开始逐步地发展。幼儿逐渐开始领会成人向他们提出的各项记忆要求，运用最简单的方法帮助自己记忆。

三、以形象记忆为主

记忆内容的发展是有规律的，首先出现的是运动记忆（出生后两周左右），接着是情绪记忆（半岁左右），然后是形象记忆（6～12个月），最后才是语词—逻辑记忆（1周岁以后）。

在幼儿期，四种内容的记忆都在发展，但就形象记忆和语词—逻辑记忆相比较而言，形象记忆占主要地位。对于幼儿而言，直观材料要比语词材料容易记忆，而在词的材料中，形象化的描述又比抽象的概念或推断容易记忆。

随着年龄增长，幼儿形象记忆和语词—逻辑记忆的能力都在逐步提高，而且词语记忆的发展速度大于形象记忆。但在整个幼儿期，形象记忆的效果仍然高于词语记忆的效果（见表5-4）。

学前儿童心理发展与咨询辅导

表 5-4　幼儿形象记忆和词语—逻辑记忆效果比较

年龄	平均再现数量		
	熟悉的物体	熟悉的词	生疏的词
3～4 岁	3.9	1.8	0
4～5 岁	4.4	3.6	0.3
5～6 岁	5.1	4.3	0.4
6～7 岁	5.6	4.8	1.2

四、机械记忆多于意义记忆

机械记忆和意义记忆是根据识记时对识记材料的理解程度不同而对记忆的划分。幼儿由于年龄小、知识经验少,对事物的把握往往只停留在一些外部特征和表面联系,靠机械重复、生硬模仿来进行记忆。例如,幼儿记一首儿歌或一则故事,往往是从头到尾、逐字逐句地死记硬背记住的。有的幼儿虽然不懂得数的实际意义,却能够流利地唱数从 1 到 100 或更多。

幼儿期的记忆,机械记忆多于意义记忆,这与这一时期幼儿生理发展水平及其他心理品质的发展水平也有密切关系。一是幼儿大脑皮质的反应性较强,感知一些不理解的事物也能留下痕迹。二是由于幼儿知识经验比较贫乏,抽象思维不发达,不善于在新、旧知识之间建立联系,因而不能通过理解事物意义的内在联系来进行记忆。三是这个时期幼儿还没有掌握足够的词汇,还不能用自己的话来表达所要记忆的内容,所以较多采用了死记硬背、机械记忆的方法。

幼儿的机械记忆多于意义记忆,并不意味着幼儿只有机械记忆而没有意义记忆,或者把幼儿的机械记忆效果看成比意义记忆效果还要好。实验证明,4 岁以后幼儿的意义记忆开始逐步发展,在幼儿中期,无论是机械记忆的能力还是意义记忆的能力均随年龄的增长而提高,而且意义记忆的效果总比机械记忆的效果来得好(见表 5-5)。

表 5-5　不同年龄幼儿意义记忆和机械记忆效果的比较

年龄	意义记忆再现量	机械记忆再现量
4 岁	47％	4％
5 岁	64％	12％
6 岁	72％	26％
7 岁	77％	48％

五、记忆不精确

幼儿记忆的精确性较差,主要表现在回忆时,记忆的材料大量地被遗漏。有人曾在一个实验中让幼儿园小班、中班、大班幼儿都记一则含有 35 个意义单位的小故事。在即时回忆时,小班幼儿平均只记住 9 个意义单位,中班、大班幼儿只能记住 19 个意义单位。

咨询辅导

1.幼儿记忆发展中易出现的问题

儿童记忆发生后,不会只停留在最初的水平上,而是随着生理和心理的发展而发展。进入幼儿期后,记忆量和记忆品质都达到了一定水平,但也出现了一些这一年龄阶段容易出现的问题。

(1)有意性差,影响记忆效果。幼儿期整个心理水平的有意性都较低,因此记忆的有意性也较差,影响了记忆的效果。有人对 4～7 岁幼儿的有意识记和无意识记做了研究。研究者将各年龄幼儿分成两组,用两套各 10 张画有常见物体的图片依次向两组幼儿呈现 1 分 30 秒。然后要求幼儿在 1 分钟内再现。研究者对一组幼儿事先提出识记任务(有意识记),对另一组幼儿不提出识记任务(无意识记)。实验结果表明,对于同样熟悉、理解和感兴趣的事物,各年龄组幼儿的有意识记效果都比无意识记效果好,表现为各年龄组有意识记正确再现量均高于无意识记再现量。随着年龄的增长,幼儿的有意识记的成绩提高速度比无意识记快。

在具体记忆活动中,家长和教师既要照顾幼儿记忆带有较大的无意性的特点,又要适时地向幼儿提出识记的任务,培养幼儿的有意识记,以提高记忆的效果。

(2)不会运用适当的记忆方法。幼儿总体记忆水平较低,需要在理解的基础上识记事物的意义,识记能力相对差些。有研究者对幼儿和小学生运用一定的方式(复述、言语中介、系统化等)进行意义识记的能力进行测验。他们向幼儿和小学生呈现一系列图片,要求记住图片的内容。结果发现,在识记图片的过程中,只有极个别的幼儿自言自语地复述,而一半左右的二年级小学生和几乎所有的五年级学生也都使用了这种方法。而凡是运用自言自语进行复述的儿童对图片都有较好的记忆,年龄越大的儿童言语活动越多,测定的成绩越好。这说明幼儿意义识记水平低与他们不会运用适当的记忆方法有关。因此,一定要教会幼儿巧妙地记忆,让他们懂得记忆方法,多对幼儿进行有目的的记忆方法的训练,这样,就可以提高幼儿的记忆效果。

(3)偶发记忆。在儿童有意识记和无意识记发展的过程中,还存在着一种被称为偶发记忆的现象。这种现象是指当要求幼儿记住某样东西时,他往往记住的是和这件东西一起出现的其他东西。实验者把画有各种熟悉的物体并涂有各种颜色的图片呈现给幼儿,要求他们记住物体并加以复述。这样布置的课题叫做中心记忆课题。偶发记忆课题,则是要求幼儿复述图片的颜色(事先并不要求)。结果发现偶发记忆现象在幼儿身上表现比较明显。在幼儿园里我们也常会看到,当老师要幼儿说出刚出示的卡片上有几只小鸡,而幼儿则回答小鸡是黄颜色的。这是由于幼儿对课题选择的注意力、目的性不明确,把不必要的偶发课题也记住了,结果使中心记忆课题完成不佳。幼儿教师要重视这种幼儿特有的记忆现象,注意引导幼儿有意识记的发展。

（4）正确对待幼儿"说谎"问题。幼儿的记忆存在着正确性差的特点，容易受暗示，容易把现实和想象混淆，用自己虚构的内容来补充记忆中的残缺部分，把主观臆想的事情，当做自己亲身经历过的事情来回忆。这种现象常常被人们误认为幼儿在说谎，这是不对的。教师和家长应该正确对待这种现象。幼儿是由于记忆失实而出现言语描述与实际情况不符，不能看做是幼儿说谎。这是幼儿心理不成熟的表现，所以教师要耐心地帮助幼儿把事实弄清楚，把记忆材料与想象的东西区分开来。

2. 怎样增强孩子的记忆力

幼儿心理是在活动中得到发展的，幼儿记忆力的发展也离不开幼儿的活动。

（1）注意培养幼儿学习的兴趣和信心，提高记忆效果情绪是幼儿心理的动力系统。记忆效果和幼儿的情绪状态有很大关系。幼儿兴趣强烈，情绪积极，自信心足，记忆效果就能提高。所以家长和教师要注意创设良好的学习环境，培养、激发幼儿对识记材料的兴趣，要让每一位幼儿都能在愉快的学习环境中提高记忆效果。

有意识记的形成和发展是儿童记忆发展中最重要的质变，识记的目的性直接影响记忆的效果。教师要在日常生活和各项活动中经常向幼儿提出明确具体的任务，提出识记要求，并多用言语进行指导，促进他们言语调节机能的提高。事实证明，如果在识记某一事物前，教师向幼儿提出具体的要求，那么就能调动幼儿的记忆积极性，效果会更好。

（2）教学内容具体生动，富有感情色彩，培养发展幼儿的形象记忆、情绪记忆。在幼儿园的各项活动中，教师要精心设计活动方案，准备丰富多彩、形象鲜明的教具玩具，提供幼儿能直接操作的游戏材料；教师的语言要生动有趣，绘声绘色，这些不但容易吸引幼儿的注意，使教学内容成为记忆的对象，而且由于富有感情色彩，容易引起幼儿的情感共鸣，反过来又加深了记忆，提高了记忆的效果。像幼儿园经常采用的教学游戏、演木偶戏等形式，都能收到很好的效果。

（3）帮助幼儿提高认识能力，提高意义识记水平。许多实验和事实表明，幼儿对记忆材料理解得越深，记得就越快，保持的时间就越长。在幼儿园的教学活动中，教师应该采取多种多样的方法，尽量帮助幼儿理解所要识记的材料。同时，还要指导幼儿在记忆过程中进行积极的思维活动，逐步学会从事物的内部联系上去识记事物。这样，在理解的基础上记，在积极思维的过程中记，幼儿识记就容易，不仅效果好，还有助于意义识记和认识能力的提高。例如，用单纯重复跟读的方法教幼儿背诵古诗《春晓》，需要三四节课才能记住。而且某些词、句由于理解不透，背诵时经常出错。而一位有经验的教师在教幼儿背诵古诗前，先把诗的内容绘成美丽的图画，再用故事形式向幼儿讲述诗歌的内容，进而引导幼儿对诗中提及的"眠"、"晓"、"啼鸟"等词进行讨论，结合幼儿的生活经验帮助他们理解。结果只用了一节课幼儿便顺利地记住了这首诗，而且经久不忘。

（4）正确评价识记结果，合理组织复习。幼儿的记忆是记得快，忘得也快，记忆的保持性差。所以,正确地评价幼儿的识记结果,对提高幼儿记忆的品质会有很大的促进。在幼儿园的教学活动中,只要幼儿能背出、复述出规定的识记材料的一部分,教师就应该给予及时的表扬,而不要去责怪为什么另外的部分记不起来,或用"罚做"、"罚背"的办法来惩罚幼儿。因为这样做的结果只会挫伤幼儿识记的积极性。

给幼儿布置识记的任务后,根据遗忘的规律,及时合理地组织复习,是提高幼儿记忆效果的好办法。复习的形式要多样,尽量避免简单的重复、靠机械识记来复习。可以结合教学和生活活动,用游戏、谈话、讨论等方法让幼儿在活动中对需要识记的材料进行强化,以提高记忆的正确性。

操作训练

1.活动名称:哪个动物不见了(3岁)

活动目标:

(1)引导宝宝清楚说出小动物的名称。

(2)促进记忆力的发展。

活动准备:宝宝常见的动物图片或玩具3个。

活动指导要点:

(1)家长请宝宝观察图片或玩具,请宝宝说出它们的名称,家长鼓励宝宝记住这些动物。

(2)请宝宝闭上眼睛,家长拿走一种动物。

(3)请宝宝睁开眼睛,看一看,说一说什么动物不见了。

活动建议:

(1)家长可根据自己宝宝的情况,增加或减少动物的数量。

(2)还可以利用宝宝熟悉的玩具或家中宝宝常见的一些物品玩此游戏。

2.活动名称:听听我是谁(3岁)

活动目标:

(1)提高听觉记忆力。

(2)能分辨出熟悉的家庭成员的声音特征。

(3)在游戏中感受亲情、感受快乐。

活动准备:面具。

活动指导要点:

家长戴上面具,出现在宝宝面前,说一个儿歌,说完后呼唤宝宝的名字,宝宝辨认对了,家长就挥挥手,并鼓励宝宝。

3.活动名称:藏藏找找(2岁)

活动目标:

锻炼观察能力和记忆力,鼓励宝宝大声说话。

活动准备:

宝宝熟悉的物品3~5件。

活动指导要点:

请家长拿两件物品放在宝宝面前,鼓励宝宝仔细看一看,说一说物品名称。然后,请宝宝闭上眼睛或背过身去,家长拿走其中的一样物品,请宝宝看一看,什么东西不见了,并说出物品名称。如果宝宝回答正确,家长可以逐渐增加物品数量,重复游戏。

活动建议:

在生活中,家长也可以准备一些颜色、形状、大小不同的图片,让宝宝分别猜一猜:是什么颜色的图片、什么形状的图片不见了,并说出它们的名称。0~3岁是语言发展的关键时期,家长要在生活中,利用游戏的方法,为宝宝创造说话的机会,不断激发宝宝说话的愿望。此游戏简单易行,富有趣味,在发展语言表达能力的同时,促进宝宝认知能力的发展。将游戏渗透到家庭日常生活中去,在潜移默化中进行能力的培养,是十分重要的。

4.正确拍手

方法:家长依次列出各种物品名称,告诉幼儿听到水果的名称拍一下手,听到其他的则不能拍手。

如:苹果、太阳、桌子、西瓜、飞机、高山、货车、香蕉、椅子、火车、手表、台灯、鸭梨、轮船、桃子、书本、电脑、菠萝、眼睛、葡萄、挂历、芒果、皮球、鞋子、哈密瓜。

5.闭眼说颜色

让孩子闭上眼睛,说出你现在身上穿的衣服、鞋子是什么颜色。如果你也闭上眼睛说出孩子的衣服、鞋子颜色,将会引起孩子对这个游戏的更大兴趣。

6.动作训练法

成人依次做下面4个手势(动作可以变化),让儿童注意看,成人做完后让儿童按顺序重做出来。

第一个动作:双手握拳。

第二个动作:双手伸出大拇指。

第三个动作:双手伸出中指和食指。

第四个动作:双手伸出小拇指。

7.信息减少训练法

成人在桌子上摆出各种玩具,让儿童看一分钟,然后让儿童闭上眼睛,拿走小刀、手表、水杯、小狗等(由少及多),让儿童说出减少了什么。如摆出书、小汽车、铅笔、水杯、布娃娃、小狗、手表、剪刀、小瓶子、帽子、小刀、扣子等。

第六章

学前儿童想象的发展

小领袖

四岁半的小美在同伴中很有号召力,每次户外活动都会带动大家玩追逐游戏"快跑啊!敌人来了!""快快躲起来,他们会吃掉我们!"或者站在组合滑梯的平台下面召唤同伴们:"快来救我呀!我被困住了!"之前是灰太狼和喜洋洋的版本,最近又变成了大英雄、特种兵,等等。小朋友们虽然大多对她所说的人物没什么了解,但却很喜欢配合她的情景进行游戏。他们也常会邀请老师参加他们的活动,当被老师扮演的"坏人"追逐时,小美兴奋得边叫边跑,做出很紧张的样子。可当有小朋友被老师抓住时,她又会变成英勇的"战士"把"坏人"赶走,救出同伴。

提问:如何结合小美的想象力的发展和在孩子中的影响力设计有益孩子身心发展的户外活动?

回答:学前儿童的想象中会有很多夸张的成分,同时也与他们的兴趣紧密相连。如果善加引导,会丰富他们的想象空间。游戏是孩子最主要也是最喜欢的学习方式,学前儿童的游戏中也常常充满了各种想象的场景。可以利用包装箱、奶粉桶等废旧材料与孩子一起设计制作场景道具,在追逐游戏中增设障碍,让孩子需要经过走、跑、跳、爬等动作才能完成任务或躲避危险,丰富游戏情节,激发孩子的想象。

第一节 想象的概述

孩子的想象力是孩子创造力和自我个性的体现,往往比成人来得快,也丰富得多,但同时也有内容零散、容易被迁移等特点。所以,保护和发展孩子的想象力也成了近年来早期教育的热点话题。

一、什么是想象

想象是人脑在已有表象的基础上加工、改造,形成新形象的过程。

所谓新形象,是指主体从未接触过的事物形象。这种新形象可能是现实中已经存在而个人尚未接触过的事物形象,例如,我们没有去过南极,当听到南极科学考察团做有关南极的介绍时,在我们头脑中会形成一幅幅南极风光的画面;也可能是在现实中尚未有过或根本不可能有的、纯属创造的事物形象。例如,作家、发明家、艺术家在他们的作品中所塑造的新人物,谱写的新曲调、新歌词,描绘的新图画等。

想象的基本材料是表象,但想象的表象与记忆表象不同。记忆表象基本上是过去感知过的事物形象的简单重现。想象表象是旧表象经过加工改造、重新组合后创造的新形象。即从已有的表象中,把所需要的部分从整体中分解出来,并按一定的关系,把它们综合成为新的形象。它既可以是没有直接感知过的事物形象,也可以是世界上还不存在或根本不可能存在的事物的形象。例如,从猴子的表象中分解出猴头,从人的表象中分解出人身,然后,把它们结合在一起,形成了孙悟空的基本形象。又如,从保温瓶中分解出保温的本质属性,从杯子中分解出杯子的形状,然后把它们结合在一起,就产生了保温杯的基本形象,发明了保温杯这一新产品。

二、想象的种类

人类的想象是丰富多彩的,这也是人类作为高级哺乳动物有别于其他动物的地方。人类的想象主要可以分为下面几种:

1. 无意想象和有意想象

按照想象的目的性来划分,人类的想象可以分为无意想象和有意想象两种。

(1)无意想象。没有预定目的,在一定的刺激影响下不由自主地进行的想象。如,看到浮云,自然而然想象为人面、奇峰、异兽;听到别人讲述一则有趣的故事,不自觉地引起一系列熟悉的人物和情景的呈现。无意想象是最简单、最初级形式的想象。

(2)有意想象。人根据一定的目的自觉地进行的想象。人在实践活动中,为完成某项活动任务所进行的想象都是有意想象。

2. 再造想象和创造想象

按照想象的创造性程度来划分,人类的想象可以分为再造想象和创造想象两种。

(1)再造想象。根据语言文字的描述或图样、图纸、符号的描绘,在头脑再造出与其相应的新形象的过程。如建筑工人根据建筑蓝图想象出建筑物的形象,机器制造工人根据图纸想象出机器主体形象,都属于再造想象。又如,学习毛泽东的诗《沁园春·雪》,可以根据诗中的描绘,在头脑中再造出一幅祖国冬日长城内外的壮丽景象。这些想象都是再造想象。学生在学习过程中的想象活动,大部分都是再造想象。

（2）创造想象。根据已有形象，在头脑中独立地创造新形象的过程。如，工人、农民、技术人员革新或发明新的生产工具与操作方法；文学家塑造新人物，构造故事情节；科学家制定新的研究方案和设计等，都是创造想象的过程。

创造想象的形象具有首创性、独立性和新颖性等特点。它比再造想象困难、复杂。如，鲁迅创造出的阿Q这一具有独特性的新形象，当然比读者通过阅读《阿Q正传》在头脑中再造出阿Q的形象要困难得多。因为前者需要对已有的感性材料进行深入的分析、综合，在头脑中进行创造性的构想。

创造想象和再造想象虽然在创造性、独立性、新颖性的程度上不相同，但它们之间有着紧密的关系。前面已经说过，再造想象有创造性的因素，创造想象必须依靠再造想象的帮助。任何一项创作活动，事先总是参照了前人的经验，是有一系列再造想象做基础的。

3.幻想

幻想是一种与个人生活愿望相联系的，并指向于未来事物的想象。比如，小学生想象着自己成为一名宇航员或演员，今天的学前专业的大学生想象着明天自己成为一名幼教工作着等，都属于幻想。

（1）幻想与创造想象。幻想和创造想象一样，也是一种在头脑中独立地创造新形象的过程，但它与一般创造想象又有区别。幻想总是体现着个人的愿望，幻想中所创造的新形象，总是人们所向往、所期望的新形象；而一般创造想象中所创造的新形象，则不一定是个人所期望的新形象。比如，鲁迅创造了阿Q这一形象，但阿Q并非鲁迅所喜欢、所期望的人物。同时，创造想象与当前的创造活动直接相联系；而幻想并不与当前的活动直接相联系，而是指向于未来的活动。比如，小学生幻想成为一名宇航员，但并非现在就去从事宇航员的训练活动。所以，幻想是创造想象的一种特殊形式。

（2）幻想的种类。幻想可分为积极幻想和消极幻想。积极幻想是指符合客观规律与社会要求，在现实中可能实现的幻想。这种积极幻想能把光明的未来展现在人们的面前，鼓舞人顽强地去克服困难，坚定地朝着既定的目标前进，成为激发人们在学习、工作中发挥创造性和积极性的巨大动力。它是创造想象的准备阶段。比如，早在千百年前，人们就有了像鸟儿一样飞翔、像鱼儿一样潜游的幻想。正是这些幻想，推动着人们发明了飞机、火箭、宇宙飞船、潜水艇等。

消极的幻想是指不符合客观规律和社会发展要求、在现实中毫无可能实现的幻想。比如，幻想有朝一日神灵降身，就能不学而能；幻想有一种药，服了后能使人返老还童，等等。这种幻想只能使人消沉，给人带来挫折和失望；或者有的人整天沉湎于自己的幻想之中，以幻想代替实际行动，等等。

学前儿童心理发展与咨询辅导

第二节 学前儿童想象的发展

由于生活经验不足、认知水平不高、大脑功能有待完善等因素的影响,使得学前儿童的想象与成人的想象存在一定的差别。

学前儿童想象的萌发主要是记忆表象在新情景下的复活、简单的相似联想及没有情节的组合。

婴儿时期只有最低级形态的想象,想象尚处于萌芽状态。想象的内容简单贫乏,有意性也很差,水平是很低的。在教育影响下,由于儿童活动的复杂化,儿童语言的发展和经验的扩大,在两岁以后,想象进一步发展起来。幼儿期是想象最为活跃的时期。因为学前儿童最喜欢想象,所以有人把学前时期看做是想象最发达的时期。事实上,学前儿童的想象只是处于初级形态,水平并不高。因此,幼儿想象发展的一般趋势是从简单的自由联想向创造性想象发展。表现在以下三个方面:①从想象的无意性,发展到开始出现有意性;②从想象的极大夸张性,发展到合乎现实的逻辑性;③从想象的单纯的再造性,发展到出现创造性。下面分别说明想象发展的具体表现。

一、学前儿童想象有意性的发展

整个学前期,有意想象在教育的影响下逐渐发展,但无意想象仍占主要地位。学前儿童的想象基本都是无意的。学前儿童也以无意想象为主。这与婴幼儿调节自己心理活动的能力不足有直接的关系。

1.幼儿的无意想象

在幼儿的想象中,无意想象占主要地位。幼儿想象的无意性具体表现在以下几个方面:

(1)想象无预定目的,由外界刺激直接引起。幼儿想象的产生,常常是由外界刺激直接引起的,想象活动不能指向于一定的目的,不能按一定的目的坚持下去,在游戏中想象往往随玩具的出现而产生。例如,看见小碗小勺,就想象喂娃娃吃饭;看见小汽车,就要玩开汽车;看见书包,又想象去当小学生。如果没有玩具,幼儿可能呆呆地坐着或站着,头脑中不进行想象活动。在绘画活动中,幼儿想象的主题往往是看到别人所画的或听到别人所说的而产生的。正因为如此,在同一桌上绘画的幼儿,其想象的主题常常雷同。如果要求幼儿在活动开始前想象活动进行的目标,幼儿初期的儿童往往不能完成任务。他们不知道自己将创造什么形象。幼儿往往是在行动中看到了由自己的动作无意造成的物体形态,或者是由外界刺激才想象自己所做产品的意义。

(2)想象的主题不稳定。幼儿初期的孩子,想象不能按一定的目的坚持下去。

很容易从一个主题转换到另一个主题。幼儿想象进行的过程往往也受外界事物的直接影响。因此，想象的方向常常随外界刺激的变化而变化，想象的主题容易改变。这主要是由于幼儿初期孩子的直觉行动思维决定的。比如，在游戏中，幼儿正在玩开商店，忽然看见别的小朋友在玩打仗，他就跑去当上了解放军战士，和小朋友们一起拼杀起来。在画画中也是如此。一会儿画树，一会儿又去画兔子吃萝卜，一会儿又画汽车。

（3）想象的内容零散，无系统。由于想象的主题没有预定的目的，主题不稳定，因而幼儿想象的内容是零散的，所想象的形象之间不存在有机的联系。幼儿绘画常常有这种情况，在同一幅画面上，会把他感兴趣的东西都画下来，有房子、鹿、飞机、降落伞、猫、老鼠和树。这显然是一串无系统的自由联想，天马行空，不受时间、空间的约束，不管物体之间的比例大小。如果他高兴，甚至可以把这些毫不相干的事物编出一个故事，讲给你听。

（4）以想象的过程为满足。幼儿的想象往往不追求达到一定目的，只满足于想象进行的过程。一个幼儿给小朋友们讲故事，乍看起来有声有色，既有动作，又有表情，实际听起来却是毫无中心，没有说出任何一件事的情节及其来龙去脉。可是，讲故事者本人津津乐道，听故事的孩子们也津津有味，这种活动经常可以持续半个小时以上。幼儿在绘画过程中的想象也是如此，幼儿常常在一张纸上画了一样又画一样，直到把画面填满为止，甚至最后把所画的东西涂满黑色，最后什么都不像，但自己口中还念念有词，感到极大的满足。幼儿在游戏中的想象更是如此，游戏的特点乃是不要求创造任何成果，只满足于游戏活动的过程，有时还富有幻想的性质。这也是幼儿想象活动的特点。

（5）想象受情绪和兴趣的影响。幼儿在想象过程中常表现出很强的兴趣性和情绪性。情绪高涨时，幼儿想象就活跃，不断出现新的想象结果。比如，老鹰捉小鸡游戏，本应以小鸡被老鹰捉到而告终。可孩子们同情小鸡，又产生这样的想象：让鸡妈妈和鸡爸爸赶来，把老鹰啄死，又救回了小鸡。

另外，兴趣也影响孩子的想象。幼儿对于感兴趣的游戏和学习，就会长时间去想象，专注于这个活动；而对于不感兴趣的活动，则缺乏想象，往往是消极地应付或远离这项活动。表现在活动中，兴趣保持的时间很短。如幼儿园大班孩子玩简单的玩具或玩过的玩具，只能玩一会儿。幼儿想象过程的方向、想象的结果、想象的丰富程度受其情绪和兴趣的影响较大。

2. 幼儿有意想象的发展

幼儿想象虽然以无意想象为主要特征，但是有意想象已开始萌芽，在教育的影响下，幼儿的有意想象开始发展了。

（1）有意想象是在无意想象的基础上发展起来的。例如，有一个四岁多的小女孩拿起图画纸说："我画个小汽车。"于是就画了起来。小汽车画好之后，又说："我还画小红旗。"小红旗画好了还要画手绢。画着画着，发现把直线画弯了，就自言自

学前儿童心理发展与咨询辅导

语："不像，成气球了。我就画气球吧！""圆气球！圆脑袋！我画个大圆脑袋，画爸爸。"然后在圆脑袋下面画个梯形，是身子。"这是爸爸的长胳膊。"于是，在梯形旁边又添上两条横线。从这个孩子的绘画过程看，不难看出，她的想象基本上还是自由联想，无意性的成分很大。但她毕竟能够先想后画，而且按照自己想的去画了。说明她的想象已经开始具有了一定的目的。

（2）想象进一步发展，已具有一定的有意性和目的性，可以围绕一定的主题进行。如一个六岁小男孩非常喜欢画画，对自己感兴趣的题材能连续几个月画下去。他曾经画打仗这一主题，已经画了半个学期了，还每天都画，也不厌倦。而且一边画一边会介绍战争激烈的场面和过程，并且每一天的画面都会有所不同。这说明幼儿的想象进一步发展，并且具有明显的有意性和目的性。又如，语言教育活动中的续编故事，幼儿完全能按照教师要求，根据一定的主题接着把故事讲下去。这也体现孩子已有明确的有意性和目的性。到了幼儿晚期幼儿有意想象有了比较明显的表现，这种表现是：在活动中出现了有目的、有主题的想象；想象的主题逐渐稳定；为了实现主题，能够克服一定的困难。幼儿的想象虽然以无意性为主要特征，但有意想象已经开始发展了。

有意想象是需要培养的，成人应组织幼儿进行各种有主题的想象活动，启发幼儿明确主题，准备有关材料。如游戏中的玩具、绘画的材料、按主题讲故事等，成人及时的语言提示对于幼儿有意想象的发展起着重要的作用。

二、学前儿童想象现实性的发展

幼儿时期，想象常常脱离现实，或与现实相混淆，这是幼儿想象的一个突出的特点。

1.想象脱离现实的表现

幼儿想象脱离现实的情况，主要表现为想象具有夸张性。这种夸张性表现在两个方面。

（1）夸大事物某个部分或某种特征。幼儿在想象中常常把事物的某个部分或某种特征加以夸大。幼儿非常喜欢听童话故事，因为童话中有许多夸张的成分，比如《大头儿子和小头爸爸》里的大头儿子的头特别特别的大，小头爸爸的头又特别特别的小。

儿童自己讲述事情，也喜欢用夸张的说法："我家有一大卡车玩具。""我家来的大哥哥力气可大了！都把你们打败！"至于这些说法是否符合实际，幼儿是不太关心的。幼儿想象的夸张性还表现在绘画活动中。在幼儿的画画中，可以发现幼儿画的长颈鹿，从比例来看，脖子特别长。画的大象头特别大，鼻子特别长。画人时，常常也是头特别大，眼睛、嘴都画得特别大，两排牙齿画得很突出。还有把胳膊画得很长，比身体几乎长了好几倍。画小朋友在草地上玩，把蝴蝶画得有三个小朋友那么大。这些夸大的部分，常常是幼儿印象特别深刻的部分。

（2）混淆假想与真实。幼儿常常把自己渴望得到的东西说成已经得到。如有个小孩听到一个小朋友跟其他的小朋友说他爸爸给他买了小汽车的玩具，他也自豪地说："我妈妈也给我买了小汽车的玩具，可好了！"可事实却不是如此。

把希望发生的事情当成已经发生的事情来描述。例如，一个孩子的妈妈生病住了医院，幼儿很想去看妈妈，但是，大人不允许。过了两天，幼儿告诉老师："我到医院去看妈妈了。"实际上并没有这么一回事。

在参加游戏或欣赏文艺作品时，往往身临其境，把自己当做游戏中的角色，产生同样的情绪反应。如幼儿园小班幼儿玩"狡猾的狐狸，你在哪里"的游戏，当老师扮演的狐狸逮着小朋友饰的小鸡，装着要吃她的时候，这个孩子大哭起来说："你是老师，怎么可以吃人呢！"拼命挣扎。

幼儿园小班幼儿把想象当做现实的情况也比较多。比如，游戏时过于沉迷于想象情景中，有的孩子甚至把游戏中的"菜"真的吃了。

2. 想象与现实相混淆的原因

这是由于幼儿想象的特点加上认识水平不高，记忆的不精确，记忆掌握得不好，有时把想象表象和记忆表象混淆了起来，以及表达能力有限。有些是幼儿渴望的事情，经过反复想象在头脑中留下了深刻的印象，以至于变成似乎是记忆中的事情，等等。由于幼儿把想象与现实相混淆，因而他很容易把假想的事情当做真实的事情。

幼儿园中班、大班幼儿想象与现实混淆的情况已减少。孩子们听到一些事情后常问："这是真的吗？"有些大班幼儿甚至不喜欢听童话故事，希望老师"讲个真的"，说明他们已经意识到想象的东西与真实情况是有区别的。

幼儿园大班儿童已积累了一定的经验，认识能力也渐渐提高，能够分清真的和假的，能够分清向往的和真实的。如六一节，教师为儿童演出儿童故事，当黑熊一出场，小班幼儿就神情紧张，有的甚至害怕得想离开座位；大班儿童却很高兴，知道这是假的，有的还会劝慰小班儿童，"这熊不是真的，是老师扮演的"。

教师常常利用幼儿的这一特点，在组织小班幼儿的学习活动时，一方面使幼儿在想象中如同故事或游戏中的角色一样活动，分享角色的乐趣，在轻松愉快的气氛中来接受教育；另一方面，尽量避免引起恐怖、害怕等情绪。尤其对年幼胆小的儿童，在有关的活动中，更要多加说明，使他们知道这些不是真实的，不要害怕。

此外，成人要特别注意，不要把幼儿谈话中所提出的一切与事实不符的话，都简单地归之为说谎，并予以严厉的责备。成人在理解了孩子的这些特点以后，要深入了解，弄清真相。首先要做孩子的忠实听众；其次要引导孩子多观察、多经历，丰富孩子的生活经验和知识，理解孩子想象中的那些不合理因素。需要提醒的是，想象中的荒诞、不符合常情有时候恰恰是最有价值的，许多创造常常由此而来，所以一定要小心呵护孩子的想象。假如出现想象的混淆，应在实际生活中耐心指导幼儿，帮助幼儿分清什么是假想的事情，什么是真实的事情，从而促进幼儿想象的发展。

学前儿童心理发展与咨询辅导

三、学前儿童想象创造性发展

再造想象和创造想象是根据想象产生过程的独立性和想象内容的新颖性而区分的。儿童最初的想象和记忆的差别很小,谈不上独立的创造。

1. 幼儿再造想象的发展

儿童最初的想象都属于再造想象,再造想象在幼儿期占主要地位。

(1)幼儿再造想象的主要特点。

1)幼儿的想象常常依赖于成人的语言描述。幼儿在听故事时,其想象随着成人的讲述而展开。如果讲述加上直观的图像,幼儿的想象会进行得更好。但是如果单纯看图画或电视上的图像,缺乏语言描述或提示,幼儿的再造想象就不能充分地展开。在游戏中,幼儿的想象往往也根据成人的言语描述来进行。这一点,在幼儿初期更显得突出。如较小的幼儿抱着一个娃娃,可能完全不进行想象,只是静静地坐着,当老师走过来说:"娃娃要睡觉了。咱们抱娃娃睡觉吧!"或者说:"娃娃出去玩玩吧?"这时,幼儿的想象才活跃起来。稍大的幼儿,想象的内容虽然比较复杂一些,但仍然是根据老师的言语描述进行想象的。

2)幼儿的想象常常根据外界情境的变化而变化。这一方面反映了幼儿想象具有很大的无意性、被动性,同时也说明幼儿以再造想象为主,缺乏独立性。成人或年长儿童的无意想象可能有其独立性和创造性,而由于幼儿头脑中的表象贫乏,加之水平低,其无意想象一般是再造的,基本上是重现生活中的某些经验。

3)实际行动是幼儿期进行想象的必要条件,在幼儿初期尤为突出。当幼儿无意地摆弄物体时,偶然地改变了物体的状态,当改变了的形状正巧比较符合儿童头脑中的某种表象时,便在其头脑中唤起了新的形象。由于这种想象的形象与头脑中保存的有关事物的形象相差不多,因而很难具有新异性、独特性,创造性的成分极少。幼儿在游戏中之所以比较容易进行想象,原因之一就是游戏有玩具,玩具的具体形象可以起到引发幼儿想象的作用,在游戏中不断地进行实际的行动。玩具是直观的物体,它反映在幼儿头脑是现成的形象,想象能根据这些形象进行。幼儿常常喜欢拿着一根木棍玩,就是因为用木棍可以做出各种动作,同时也容易引起各种表象。

(2)再造想象在幼儿生活中占主要地位。幼儿期的想象,大量是再造想象。再造想象之所以在幼儿生活中占主要地位,可以从两个方面分析。

1)再造想象和创造想象相比,是较低发展水平的想象。它要求的独立性和创造性较少。幼儿的想象内容可以分为五种类型。

经验性想象。幼儿凭借个人生活经验和个人经历开展想象活动。例如,一个中班女孩对夏天的想象是:天热,可以穿漂亮的裙子,可以到"水上世界"去玩,可以游泳,可以喝冷饮。

情景性想象。幼儿的想象活动是由画面的整个情境引起的。例如,一个小女孩对夏天的想象是：在小河边玩水，可以折一个小纸船放在水里，却怕小船被水冲走。

愿望性想象。在想象活动中表露个人的愿望。例如，幼儿在一次大班的讲述活动中，有的说他长大后想当飞行员，有的说想当老师，有的则想当演员等。

拟人化想象。把客观物体想象成人，用人的生活、思想、情感、语言等去描述。例如，一个大班的幼儿观察图片后想象说，图片上的小白兔在看我，还对我眨眼呢！

夸张性想象。幼儿常常喜欢夸大事物的某些特征和情节。而夸大的部分，常是幼儿印象特别深刻的部分。

以上五种类型的想象，第一种经验性想象，其创造性水平较低。它在整个幼儿阶段始终占着优势。其他四种类型的想象则在幼儿园中班这个阶段才开始相继出现。

2)再造想象是幼儿生活所大量需要的。幼儿期是大量汲取知识的时期，幼儿依靠再造想象来理解间接知识。他们听故事、看图画、理解文艺作品和音乐作品都需要再造想象。比如，成人在讲故事时说到"下雨了"，幼儿复述时则说"哗哗哗下雨了"。可见，他在听到有人说"下雨"时，头脑中出现了生动的想象表象。又如，幼儿看着书上所画的模型，用积木搭起一幢楼房，就运用了空间想象。

（3）幼儿再造想象为创造想象的发展奠定基础。幼儿再造想象和创造想象是密切相关的。再造想象的发展，使幼儿积累了大量的想象形象，在此基础上，逐渐出现一些创造想象的因素。幼儿的再造想象可以转换为创造想象。例如，一个幼儿听到玩具时说："我爸爸出差给我买了一个玩具汽车。"这是记忆的表现。而旁边的幼儿也接着说："我爸爸也给我买了汽车。"这是他的想象，事实上他的爸爸没有给他买汽车玩具。这可以说是一种自由联想，其中既有由别人说话引起的再造想象，也有最初的创造性成分。随着知识经验的丰富及语言能力和抽象概括能力的提高，幼儿在再造想象的过程中，逐渐开始独立地而不是根据成人的语言描述去进行想象。想象的内容虽然仍带有浓厚的再造性，但已有独立创造的成分。例如，教师要求幼儿画一只小白兔，一个小女孩画完后，又在这幅画上画了一个小女孩，问她："这个小女孩在干什么？""采花。"她一边回答，一边飞快地在小女孩身边补上花草。"采花干什么？""送给小白兔呗。"在复述故事时，幼儿也往往加上自己想象的情节。

2. 幼儿创造想象的发展

在再造想象发展的基础上，创造想象开始发展起来。研究发现，幼儿的创造想象发展要好于成人，这主要是由于幼儿所受的固有的思维惯性的局限性较少的缘故。

（1）创造想象发生的标志。儿童创造想象的发生，主要表现为能够独立从新的角度对头脑中已有的表象进行加工。具体表现在两个方面：

1)独立性。这类想象不是在外界指导下进行，不是模仿，受暗示的成分少。

学前儿童心理发展与咨询辅导

2）新颖性。它改变原先知觉的形象，摆脱了原有知觉的束缚，重新加工改造，更多地从新的角度进行联系和联想。

（2）创造想象的特点。幼儿期是创造想象开始发生的时期。这一时期的创造想象有如下特点：

1）最初的创造想象是无意的自由联想，可以称为表露式创造。这种最初的创造，严格地说还不是创造。

2）幼儿创造想象的形象和原型（范例）大多略有不同，或是在范例基础上有一点改造。可以说，既是模仿，但又不是完全的模仿。比如，原型的汽车是不能飞的，幼儿给它装上了翅膀，既能在地上跑，又能在天上飞。

3）幼儿创造想象发展的表现在于：情节逐渐丰富，从原型发散出来的数量和种类增加，以及能够从不同中找出非常规则的相似，如从三个以"品"字形套在一起的圆圈想象出三角形。

总的来说，幼儿想象中创造性的成分还很小，还只是创造想象的初级形式。同时，儿童的创造想象还存在明显的个别差异，这固然与其神经类型的灵活性有关，但更重要的是受其教育环境的影响。一般来说，民主、开放、宽松、自由的环境能促进儿童创造想象的发展。同时，教师和家长要采用一些有效的方法来激发孩子的创造想象，鼓励儿童的自由联想和发散思维。比如，让孩子们想一想，什么东西是圆的？再看一看，班级里什么东西是圆的？我们都见过哪些东西是圆的？然后发给每人一张画着许多圆圈的纸，让他们把这些圆圈改画成各种各样的物体图形。举出某种结果，让儿童尽可能多地说出这种结果产生的原因。又如看图讲述，图上有三只小兔在奔跑，仔细观察后想想它们为什么奔跑？如果成人坚持鼓励儿童从多角度来探讨问题，鼓励与众不同而又不失合理的想法和答案，儿童创造想象的能力和水平就会不断提高。想象发展对儿童入学准备具有重大意义，因为很多知识的学习、技能的掌握是有赖于有目的的再造想象和创造想象的。

整个幼儿时期，幼儿的想象是以无意想象为主，有意想象开始发展；以再造想象为主，创造想象开始发展。同时，想象还会和现实相混淆。幼儿想象活跃，富于幻想，而且很大胆。因此，有人认为幼儿时期是想象发展最快的时期，甚至比成人更善于想象。这是不正确的。因为想象水平直接取决于表象的数量和质量以及分析综合能力的发展程度，而幼儿的知识经验和语言水平都远不及成人。

第三节　各年龄学前儿童想象的特点

不同年龄段学龄前儿童的想象具有不同的特点，掌握了这些特点，就能针对这些特点而对儿童采取恰当的教育方式，达到事半功倍的效果。

一、2～3岁的想象

2～3岁的幼儿，因为才刚刚对世界产生一些萌芽的认识，所以想象也相对简单而无目的，而且非常依赖于具体形象的物质。其想象主要具备如下特点：①想象过程完全无目的；②想象过程进行缓慢；③想象与记忆的界限不明显；④想象内容简单贫乏；⑤想象依靠感知动作等；⑥想象依赖于成人的语言提示。

成人丰富的语言提示可以使有关表象活跃起来并不断丰富想象内容。

二、3～4岁的自由联想性质的无意想象

3～4岁儿童具备了一定的感知经验，同时，视野也在逐渐开阔，想象的发展又进了一步，但是由于其年龄和心理发展特点，想象的发展仍很缓慢而无目的。特点是：①想象活动无目的，无前后一贯的主题。②想象内容零碎，无意义联系，想象内容贫乏，数量少而单调。

三、4～5岁的无意想象中出现了有意成分

4～5岁的儿童，已经具备一定的有意想象的能力，但还不能连贯，其目的和计划也相对简单，特点如下：①想象仍以无意性为主。②想象出现了有意成分。③想象的目的计划非常简单。④想象内容较以前丰富，但仍然零碎。

四、5～6岁出现有意的创造想象

5～6岁的儿童想象能力出现了一个质的飞跃，在这个时候，老师和家长都要充分保护其创造想象的发展，这样对其创造能力的培养也是至关重要的。特点是：①想象的有意性相当明显。②想象内容进一步丰富，有情节。③想象内容新颖性程度增加。④想象形象力求符合客观逻辑。

咨询辅导

1. 如何正确认识幼儿想象中容易出现的问题

在幼儿想象的发展中，他们常常容易将自己想象的事情与现实相混淆。如在幼儿园看见别的小朋友表现好，被老师表扬了。孩子回家很可能说："我在幼儿园表现很好，老师都表扬我了……"很多家长在不了解孩子的情况下就信以为真，了解了真相后又觉得孩子在撒谎，对孩子进行教育批评。其实，这是孩子大脑功能发育不完善的一种正常表现。成人在理解了孩子的特点后，应该耐心地帮助孩子分清什么是想象的，什么是真实发生的；注意保护幼儿的自尊心，因势利导地对幼儿进

学前儿童心理发展与咨询辅导

行教育。

2.如何通过想象性游戏培养儿童的社会角色想象力

游戏,尤其是想象性游戏对儿童社会角色想象力的发展起着重要作用。儿童可以在假想的情境里,模仿大人的生活和劳动,像大人在现实生活中对待劳动和人与人之间的关系那样,去对待他们想象中的劳动、玩具和同伴。因此,父母或教师要引导组织儿童进行各种想象性游戏来培养儿童的社会角色想象力,比如,角色游戏、建筑游戏等。

首先,要丰富儿童的生活经验。想象性游戏的内容都是现实生活的反映,只有当儿童有了一定的生活经验时才有可能产生玩游戏的愿望。因此,父母应该在日常生活中经常让儿童观察成人的各种社会角色的活动,包括父亲与母亲的家庭角色活动、医生看病的社会角色活动、工人的制造活动、农民的耕种活动等。父母或教师要组织儿童观看电影、文艺表演、各种建筑物和劳动成果,给儿童讲故事、朗读文学作品等,开阔儿童眼界,丰富儿童的社会经验。

其次,要创设游戏所必要的条件。为儿童提供游戏开展的场所和所需用具,如沙土、玩具、积木等。另外,要亲自指导儿童开展游戏。父母或教师不能让儿童"放任自流"地游戏,应该适当地对其加以指导,因为,有目的地进行游戏才能提高儿童的想象力。可以指导儿童确定游戏的主题,分配游戏角色,布置游戏场景,选择玩具与游戏材料等。同时让儿童积极参与到游戏中,发挥主导作用,将游戏更有效地进行到底,从而达到培养儿童想象力的目的。

操作训练

1.通过亲身体验,丰富幼儿的知识经验

可以通过日常生活,带幼儿广泛地接触社会,使幼儿尽可能多地感受各种事物,这对于开阔他们的视野、丰富他们的想象都有着其他途径无法代替的作用。

2.通过书籍、杂志、媒体、电视间接地丰富幼儿的想象

3.在游戏及各种活动中发展幼儿的想象

4.通过专门的训练,发展幼儿的想象

(1)补画和意愿画。补画即给出物体的一部分,请幼儿补上其他部分,也可以发挥后添画其他内容。意愿画则适合有一定绘画基础和想象能力的幼儿。

(2)听故事,让幼儿续编结尾,也可以在故事的转折处停下来,请幼儿猜猜看下面发生了什么。

(3)鼓励幼儿参加各种创造活动。

第七章

学前儿童思维的发展

案例一

抢玩具

3岁多的豆豆和妹妹一起玩积木。原本很开心的两个人，因为一块积木争抢起来，情急之下豆豆一把推开了妹妹，抢过积木。妹妹没站稳跌倒在地上，哭了起来。豆豆见妹妹哭了，也委屈地大声哭了起来。妈妈见了赶紧过来安慰两个人，并对豆豆说："你是姐姐要让着妹妹，怎么能推妹妹呢!"豆豆听了更委屈了，哭声也更大了。

提问:妈妈的做法对吗? 如果换做是你,你会怎么处理呢?

回答:儿童最早的思维不是依靠语言,而是依靠动作进行的。豆豆可能是直接或间接经历过推对方就能达到自己目的的事件,所以她的思维中就形成了这样的概念:只要推开妹妹,积木就是我的了。其实,她真正想表达的是:我想要那块积木。只是她的年龄和心理认知经验还不足以让她通过语言的形式表达她的想法,所以她采取了最有效的方式:推开妹妹。包括后面听了妈妈的话,豆豆觉得委屈,但不会表达,所以还是以动作的形式(哭)直接表达了出来。建议妈妈可以提前准备足够两人玩的玩具,避免争抢。也可以用其他他们感兴趣的玩具转移他们的注意力。但最好的办法是教会他们遇到这样的情况自己应该如何处理。3岁多的孩子已经具备一定的语言表达和简单的逻辑思维能力,可以让豆豆和妹妹商量:"我想要这块积木,可以给我吗?"或者"我可以用别的什么换这块积木"或者"一个人先用,另一个人再用",等等。只有教会孩子自己解决问题的方法,家长才不会再像救火员那样随时准备解决问题。

案例二

爱磨蹭的宝宝

很多妈妈都有这样的困惑:2岁、3岁的宝宝做事总是磨磨蹭蹭,拖拖拉拉,该怎么办? 早上出门特别困难,妈妈磨破了嘴,孩子还是坐在地上玩,最后妈妈只好手忙脚乱地给宝宝穿好衣服鞋子出门;吃饭的时候边吃边玩,如果不管他,他会玩到饭都凉了,可能也没吃到什么;幼儿园的老师也总反映这孩子动作慢,别人穿衣服的时候他在旁边或玩或看着,别人都出去了他才想起来要穿衣服,着急得要哭了;别人都吃完饭了,他才吃了几口……

提问:如何培养孩子的时间观念,让孩子动作快起来呢?

回答:看似简单的穿衣吃饭的动作,其实是需要各种感官与大脑、神经及手部骨骼、肌肉相互协作配合共同完成的。由于孩子的生理的发展并不成熟,因而动作比成人慢很多。而生活中家长无微不至的照顾也剥夺了孩子锻炼的机会,动作生疏笨拙就会更慢。但若能在家中有意识地锻炼孩子的动手能力,同时帮助孩子建立时间概念,孩子的动作就会渐渐快起来。家长可以和孩子一起确定在家的时间安排,根据孩子现在的速度限定起床、穿衣、吃饭的时间,并在起床、穿衣、吃饭后安排孩子最感兴趣的活动:讲故事、看动画片、玩玩具等。如果提前完成就可以多留一些时间做后面的事情,如果动作慢了,就得占用后面做事的时间。孩子最初可能会着急哭闹,但是只要家长坚持,一段时间后孩子就会形成时间长短的概念,会意识到现在的动作对后面活动的影响,从而主动加快速度。

第一节　思维的概述

思维是认识过程的高级形式。学前儿童思维发展有哪些特点?幼儿思维的主要方式是什么?幼儿期有没有抽象逻辑思维呢?

一、什么是思维

人对事物的感觉和知觉是事物直接作用于感觉器官时产生的,是事物的个别属性或具体事物及其外部联系在人脑中的反映,它们属于认识的低级阶段。外界事物还有许多隐蔽的、决定各类事物性质的属性及这些事物的内在联系,单凭感知觉是无法认识的。人要认识它们,必须通过思维。思维是人脑对客观事物进行的间接的、概括的反映,是事物的本质属性和内部规律在人脑中的反映,它属于认识的高级阶段。

二、思维的基本特征

思维不同于感觉、知觉等其他认识活动,主要是因为它具有以下两个特征:

1. 思维的间接性

思维的间接性指思维活动是一种间接的反映。所谓间接的反映有两个含义:

(1)事物的本质属性和规律不能由感觉器官直接感知到,但是人能借助语词这种媒介物通过头脑加工加以理解和掌握。语词表示某一个或某一类事物及其属性,借助它就有可能对现实中的大量事物进行分析、抽象,从而揭示事物的本质和规律。

（2）人们认识了事物的本质和规律后，可以间接地推知事物的过去，预见事物的发展，从而指导人的活动。如教师了解了幼儿的心理特点及规律，就可以根据每个幼儿的不同，施以相应的教育对策，从而促进儿童身心和谐、健康地发展。

2.思维的概括性

思维的概括性指思维活动是一种概括的反映。概括的反映也包含两个含义：

（1）思维所反映的对象总是一类事物的共同本质和它们之间的规律性联系。

（2）人对事物的认识，总是由具体到抽象，由特殊到一般，而后又经过具体化，把同类事物归在一起，这个过程就是概括过程。由于思维具有概括性，人就能举一反三，能把在一种情况下学到的知识推广应用到其他场合。

由此可见，思维是人脑对客观现实的间接的、概括的反映。

三、思维过程

思维过程非常复杂，让我们简单地来了解一下人类的思维过程。我们通常把思维的过程分成如下几个方面：

1.分析与综合

分析与综合是思维的基本过程。分析指在思想上把一个对象分解成各个组成部分或个别属性。综合是在思想上把各个组成部分或个别属性联合成为一个整体。任何一个事物，不论其简单或复杂，总是由各个部分组成，而且具有各种不同的特征，需要我们不断地对其进行分析和综合，以获得对事物完整、深刻的认识。

分析与综合是同一思维过程中彼此相反而又相互联系的两个方面，为了全面地理解事物，这两方面是不能割裂开来的。如在幼儿园指导幼儿看图说话时，既要分析图片中的人物、情节、时间、地点，又要指导幼儿把图片作为一个整体来理解。

2.抽象和概括

抽象是把同类事物中一般的、本质的属性抽取出来的过程，概括是把抽象出来的一般的、本质的属性联结起来并推广到其他同类事物上的过程。

抽象和概括是紧密联系的。任何一个概念、一条规律、一个公式或原则，都是抽象和概括的结果。人类的各种科学知识都是抽象和概括的产物。抽象和概括必须建立在大量感性材料的基础上。

3.具体化

具体化是将通过抽象和概括而获得的概念、原理、理论返回到具体实际，以加深、加宽对各种事物的认识。具体化使抽象和概括的结果不成为形式的、空洞的、脱离实际的教条，而是活生生的、有利于实践的理论知识。

四、思维形式

人的思维不仅以概念的形式去反映事物的本质属性，而且也以判断与推理的形式去反映事物有无某些属性及事物间的关联。所以说，概念、判断与推理是思维

学前儿童心理发展与咨询辅导

的三种基本形式,或者说,任何思想都是以这三种形式得到表现的。

1. 概念及其形成

概念是我们学习过程中经常会接触到的,究竟什么是概念,概念有哪些分类及其形成,这些都是需要我们掌握的内容,首先让我们先了解一下什么是概念。

(1)什么是概念。概念是人脑反映客观事物本质属性的思维形式。它是通过分析、综合、比较、抽象和概括过程形成的,并用词来表示。例如"玩具"这个概念,它反映皮球、娃娃、木枪、小汽车等许多物品所共有的本质属性,它是供游戏用的物品,而不涉及各物品彼此不同的具体特性,如娃娃是女孩,皮球是圆的,小汽车会走,等等。

概念是在表象的基础上产生的。概念和表象二者都具有概括性特征,但概念处于更高级的概括水平。表象是在感知觉基础上概括地反映某事物的形象,仍具有直观性特征,而概念则是概括地反映同一类事物的一般的、本质的抽象性的特征。例如,在"球"的表象中反映的不是皮球就是乒乓球或篮球,总具有一定的大小和式样,而在"球"的概念中,反映的是"物体表面上任一点与圆心距离相等"这一抽象本质,它可以与形象相联,也可以不与形象相联。

(2)日常概念与科学概念。根据概念形成的不同途径、方式,一个人所掌握的概念可分为日常概念和科学概念两类。

儿童在日常生活中通过和其他人的交际不断地积累个人经验,逐渐掌握了一些词意,形成了"日常概念"。日常概念具有概括性,也是人们交流思想所不可缺少的,但它往往受狭隘的经验范围和知识不足的限制,不能反映事物的本质属性。例如,幼儿园的小朋友们,大部分儿童知道哪些是"鸟",也整天在使用这个概念,但问他们什么是"鸟"时,他们大多会回答说"鸟是会飞的"。他们把鸟的非本质属性放在第一位,而认识不到"羽"是"鸟"所特有的本质属性,因而分不清鸟与蜻蜓、蝙蝠等能飞的动物概念上的区别和关系。尽管这样的概念并不立即影响到人们日常的思想交往,但都是不科学的。从具体事物中区分出最本质的属性,形成"科学概念",是学习科学知识和进行抽象思维的结果。年幼的儿童在进行抽象思维时,由于感性经验缺乏,概念的数量不多,因而常常要以具体的实例为依据;否则,就会感到困难。

词的意义不断增加的过程,也就是概念不断充实和深化的过程。儿童对概念的含义理解得越准确、越全面,用这些概念进行思维也就越正确,越可靠。概念不清就不可能进行精确而清晰的思维。

(3)形成概念的主要因素。形成概念的主要因素包含以下几方面:

1)变式。概念的形成需要有足够的感性材料作为依据,而且还要遵循变式的规律去提供这些材料。所谓变式,就是那些用来说明或加工成概念的直观材料或事例,在提供时要变换形式,使其中的本质属性保持恒定,而非本质属性时有时无。如要形成"果实"的概念,向儿童提示的实物或图片,不仅是苹果、花生、西红柿等可食的果实,也有橡子、皂荚等不可食的果实,这样就有助于儿童了解果实的主要的共同特征是含有种子,而不是形、色、味和"可食性"等。

2) 比较。要想区分事物的异同,找出事物的本质属性,还需要在头脑中对同类事物或不同类事物进行比较。有比较才有鉴别。例如,要想使儿童了解鸟的本质并形成科学概念,就应当让他们去观察并比较几种不同的鸟,如鸽、鹰、麻雀、天鹅等,从中找出它们的差异与共性。儿童们在观察中很容易发现各种鸟在大小、颜色、形态等方面的不同特点,因此儿童常常会说"鸟是有翅膀、会飞的",但他们把不同于这些特点的东西作为鸟类的非本质属性在概念中加以排除,因而说不出"鸟是有羽毛的"这一鸟类所共有的本质属性。但是幼儿又常常会把那些鸟类共有的其他类动物也有的共性,如"鸟有翅膀、会飞","是由蛋孵出来的",当做鸟类的本质属性,而忽略或难于找到那些仅仅为一切鸟所独有的共性"有羽毛"。为了帮助他们发现"有羽毛"这一鸟类所共有的本质属性,最好是继续提供其他类似的动物,如蜻蜓、蝙蝠、蛇、龟等,引导幼儿把鸟类跟昆虫、兽类、爬行类再进行比较,并找出只有鸟类所独有的共性。幼儿经过反复的比较,舍弃了鸟的所有非本质的属性,确认"鸟是有羽毛的动物",这时,他们也就真正理解与形成了"鸟"的概念。

幼儿园中班、大班儿童随着年龄的增长,逐渐地能对事物进行比较,但又往往不善于比较。在比较两个不相似的同类事物时他们常常是发现差异点比发现共同点来得多而且容易,有时在比较过程中难以始终保持某种出发点。例如,要求比较两种动物各有什么不同的外形特点,而幼儿常会从习性或其他角度来比较,说它们喜欢吃什么,是否凶猛,是否跑得快,等等。为使幼儿能更好地去进行比较,应有教师的指引,如先比异,后比同;先巩固对一种事物的认识,而后再将其与其他事物进行对比;要明确或强调比较什么,并随时把转向了的比较引回原出发点,等等。

3) 发挥词语功能。词和言语在概念形成中有几种不同的作用:

第一,当实物直观材料不充分时,可以用言语引起有关的表象来加以补足。

第二,用言语指引观察、比较和分析活动。

第三,用简明的词语来表述复杂的事物或记载分析的成果,有助于简缩思维过程和进行不断的抽象和概括。

4) 下定义。揭露概念所反映的事物本质,就是下定义,"人是能制造生产工具和自觉改造世界的动物"这就是给概念下定义。定义的一般形式是种概念加属差。如上述定义中的"动物"是种概念。所谓属差,是指被定义的事物跟同一种类下的其他事物相区别的特性。如上面定义中所提到的"能制造生产工具"、"自觉改造世界"都是人所独有的,且与其他动物有差别的属性,这就是属差。下定义是用最简明的话语去表达概念内涵的方式,也是人们思考事物的本质并用科学的语言将其结果记载、巩固下来的一种重要方式。

5) 形成概念体系。概念不是孤立的,概念与概念之间存在着各种各样的关系。这里有相邻的概念(如根、茎、叶、花),有相反的概念(如黑与白、美与丑、敌人与朋友),有并列的概念(如直角三角形、锐角三角形、动物、植物),有从属的概念(如生物、动物、鸟类、家禽、鸡),等等。当人们在头脑中形成这些概念的各种联系,就形成了概念的体系。概念体系的形成有助于知识的系统化,也有助于更深刻、更全面地去理解某一新概念。

2.判断与推理

人的思维不仅以概念的形式去反映事物的本质属性,而且也以判断与推理的形式去反映事物有无某些属性及事物间的关联。概念、判断与推理是思维的三种基本形式,或者说,任何思想都是以这三种形式得到表现的。

判断就是肯定或否定事物有某些属性。它是由两个或两个以上的词加上判断词(是、不是、有、无等)组成的句子来表示的。例如,"王小洁是我们幼儿园大一班的小朋友","张小光是我们幼儿园中一班的小朋友",这都是判断。如果以这两个判断为前提,通过它们的联系得出"王小洁和张小光都是我们幼儿园的小朋友"或"王小洁不是中一班的小朋友"的结论,这种从已知判断推出新判断的过程,就是推理。

人的判断、推理能力是由于生活要求不断去辨认事物的性质及联系而逐渐形成、发展起来的。儿童从很小的时候就开始依据自己的生活经验探索着去对事物进行初步的判断或简单的推理,如说"我的皮球大,这个皮球小,它不是我的",但是他们又很不善于判断和推理。

五、思维品质的判断指标

人在不断解决问题的实践中形成各种思维品质,而已形成的思维品质又会影响到问题的解决。思维的基本品质及其差异如下:

1.思维的深度

具有思维深刻性品质的人,能从别人看来简单的甚至于是不屑一顾的现象中,看出重大的问题,从中揭露出最重要的规律性来。伟大的思想家都具有这种品质。与此相反,思维肤浅的人常被一些表面现象所迷惑,看不到问题的本质,不善于深思熟虑,往往凭一知半解就下结论。

2.思维的广度

指一个人在思维过程中能够全面地看问题,着眼于事物之间的联系和关系,从多方面去分析研究,找出问题的本质。思维的广度是以丰富的知识经验为依据的,只有具备大量的知识经验,才能从事物的不同方面和不同联系上去考虑问题,从而避免片面性和狭隘性。思维狭隘的人往往根据一点儿知识或有限的经验就去思考最复杂的问题,甚至还想得出明确的结论。显然,这是不会成功的。

3.思维的批判性

指一个人善于根据客观事实和观点检查自己的思维及其结果的正确性。具有思维批判性的人,对于自己所遇到的一切人和事,能根据一定的原则做出正确的评价,在处理问题时,能够客观地考虑正、反两个方面的意见,既能坚持正确的观点,又能放弃错误的想法,这是一种既善于从实际出发,又肯于独立思考的思维品质。

缺乏思维批判性的人,往往易走两个极端:或者自以为是;或者人云亦云。他们常常把第一个假设当做最后的真理,主观自恃,骄傲自大,或者轻信轻疑,没有主见,容易随波逐流,上当受骗。

4.思维的逻辑性

表现为在思考问题时遵循逻辑规律,推理合乎逻辑规则,论证有条不紊,有理有据,有说服力。人与人在思维的逻辑性上的差异是很明显的。

5.思维的灵活性

指一个人的思维活动能够从偏见与谬误中解放出来,能根据客观条件的发展而变化,能及时地修改自己原订的计划、方案或变换方法,能灵活地运用一般的原理、原则。我们常说的一个人"机智",就是指他的思维具有灵活性。思维的灵活性和见风使舵、胡思乱想有本质区别,后者已属于品格的问题。在客观情况发生变化以后,思想一时跟不上,以及固执、爱钻牛角尖等,都是思维缺乏灵活性的表现。

第二节　学前儿童的思维

思维的产生使儿童的心理发生重要质变。思维是高级的认识活动,是智力的核心。思维的发生使儿童的认知发生了巨大的变化。

一、思维的发生

最初的语词概括的形成是儿童思维的标志,主要表现在直观的概括、动作的概括和语词的概括三个方面。

儿童最初对客观事物的概括和间接反映是依靠动作实现的,最初解决问题的方案也是用动作"设计"成的。思维与其他认识过程相比,最根本的不同在于它的间接性、概括性以及解决问题的特征。这是思维最重要的品质。无论是萌芽状态的思维,还是某种过渡形式的思维,只要是思维,就必须具有上述品质,即使它的概括水平还不高,间接性还不够强,解决的问题还很简单。因此,我们可以把概括性、间接性和解决问题作为判断思维发生的指标。

1岁左右,儿童手的动作开始出现了新的功能——运用工具和表达意愿。这两种功能的出现为思维的萌芽提供了直接前提。

11～12个月的婴儿会用手指向成人指出他想要的东西,或者指向他想去的地方。这类司空见惯的动作包含着儿童对一系列关系的认识和分析:自己的目的是拿取物体或出门玩耍,而依靠自己的力量达不到目的;成人有能力而且会帮助自己,于是用动作表明自己的目的,发出向成人求助的信号。这时,手的动作已不仅仅是获得事物触觉信息的手段,也不仅仅是直接运用物体的工具,而成为一种具有象征功能的类似语言的符号,并使得心理反应初步具有间接性。

　　1岁以后,儿童拿到物体不再盲目地敲敲打打,而开始按照它们的性质进行活动:推或拉下面带轮子的各种玩具车;喂娃娃或各种动物玩具;把碗和杯子端起来做喝水状,等等。这些动作可以说是一种带有理解性的动作,因为它反映着儿童对于"类"概念的朦胧意识。

　　在以上两类动作发展的基础上,儿童开始能够用"试误"的方法寻找解决问题的手段。例如,一个物体放在毯子上婴儿够不到的地方。开始,他试图直接够取这个物体,几次尝试均未成功。一个偶然的拉动毯子的动作,使婴儿观察到毯子的运动与物体运动之间的关系,于是开始有意识地拽拉毯子,直至拿到物体。这里,儿童不仅通过实际的尝试解决了问题,而且多少积累了一些经验。以后当他再遇到够取放在桌子中间的玩具之类任务时,"试误"的次数便会减少,甚至可能迅速地将拉毯子以取物的经验迁移过来去拉台布,或者自己选取一个中介物(如竹竿)为工具,达到目的。这类解决问题的智慧性动作的出现,标志着个体思维的发生。一岁半到两岁,是儿童思维的发生时期。

　　思维的发生,意味着儿童的认识过程完全形成了。思维的发生和发展,引起了其他认识活动的质变:知觉不再单纯反映事物的外部特征,而开始反映事物的意义和事物之间的联系,成为"理解了的"知觉,也就是思维指导下的知觉。记忆也不再是人与动物共有的那种低级形态,而开始出现有意记忆、意义记忆和语词记忆。而思维自身反映事物的本质和规律性联系的特征,它的间接性、概括性特征,使儿童认识事物、接受教育的能力迅速提高。

　　思维的产生和发展使儿童的个性开始萌芽。思维的影响并不局限在认知领域。它还渗透到情感、社会性、个性的各个方面。比如,思维的渗入使儿童的情感逐渐深刻化;对各种感知信息的分析综合,使儿童能够对自己的行为独立做出决断而逐渐摆脱对成人的依赖;对自己的行为所产生的社会后果的认识,萌发了他们的责任感和自持力;对他人需要的理解使得儿童学会同情、关怀、谦让、互助;而对自己、自己与他人的关系的认识,使得儿童获得了自我意识这一个性的核心。总之,思维的发生与发展使儿童的心理开始成为具有一定倾向的、稳定而统一的整体。

二、学前儿童思维发展的趋势

　　关于儿童思维发展的研究材料有很多,其理论观点和所用术语虽有不同,但所揭示的儿童思维发展的客观趋势是相同的。儿童思维发展的趋势表现在下列几个方面。从思维的萌芽到成熟,其间经历了一系列演变。演变的历程主要表现在:①从思维工具的变化来看,从主要借助于感知和动作,到主要借助于表象,再过渡到借助于概念。②从思维方式的变化来看,从直觉行动性思维,到具体形象性思维,再过渡到抽象逻辑思维。③从思维反映的内容来看,从反映事物的外部联系、现象到反映事物的内在联系、本质,从反映当前事物到反映未来事物。儿童思维起先是向外部的、展开的方向发展,然后逐渐向内部的、压缩的方向发展。

思维是和语言相联系的。但儿童最早的思维却不是依靠语言,而是依靠动作进行的。他们在实际的行动中概括事物的共同属性和相互关系,也用实际动作来解决思维课题。例如,请一个两岁左右的小朋友想一想,"怎样才能把放在桌子中央的玩具拿下来"。听到任务,儿童没有任何"想"的表现,而是马上去"拿",他伸长胳膊去拿,拿不到;围着桌子转,踮起脚尖,再伸手,还是拿不到;偶尔扯动桌布,桌子上的玩具移动了一点,儿童马上用力一拉,玩具就到了手边。儿童最早的思维就是这样依靠动作进行的。

随着儿童言语的形成和发展,动作在思维中的作用和地位逐渐下降,语言的作用逐渐增加。学前中期的儿童逐渐可以摆脱对动作的依赖而在头脑中思考。但思维的工具仍然不是抽象的概念(语词),而是与所思考的问题有关的事物的具体形象(表象),表象影响甚至支配着儿童对事物的认识。随着言语的发展,在幼儿的思维中,形象和语词的相互关系也逐渐发生变化。起初,语词和形象是紧密相连的,形象的作用大大超过语词的作用。这种情况表现在很多方面。例如,幼儿所能理解的语词,往往都是以具体事物或生活经验作支柱的。对于抽象的、高度概括的词,常常不能理解,或者给予"具体的"理解。比如,一个幼儿听大人说到"黑暗的旧社会"一词,就问:"在黑暗的旧社会里,人白天上街是不是还得带手电啊?"在他的头脑中,黑暗就是夜里,漆黑一片。以后,语词的作用逐渐加强,并逐渐摆脱表象、形象的束缚,开始成为独立的思维工具。但是,总的来说,形象在幼儿思维中始终占优势地位。

儿童思维发展的总趋势,是按直觉行动思维在先、具体形象思维随后、抽象逻辑思维最后的顺序发展起来的。就这个发展顺序而言,是固定的,不可逆转的。但这并不意味着这三种思维方式之间是彼此对立,相互排斥的。事实上,它们在一定条件下往往相互联系,相互配合,相互补充。学前儿童(主要是幼儿阶段)的思维结构中,特别明显地具有三种思维方式同时并存的现象。这时,在其思维结构中占优势地位的是具体形象思维。但当学前儿童遇到简单而熟悉的问题时,能够运用抽象水平的逻辑思维。而当他们遇到的问题比较复杂、困难程度较高时,又不得不求助于直觉行动思维。

三、学前儿童思维的特点

由于活动范围的扩大,知识、经验的不断丰富和言语能力的发展,学前儿童的思维已有很大发展。但各年龄段学前儿童的思维具有不同的特点,主要表现为以下几个方面:

1. 学前早期儿童以直觉行动思维为主

直观行动思维又称直觉行动思维,主要以直观的、行动的方式进行。学前儿童

学前儿童心理发展与咨询辅导

最早出现的萌芽状态的思维,便是直觉行动思维。直觉行动思维实际上是手和眼的思维。这种思维的主要特点是:一方面,思维是在直接感知中进行的,离不开对具体事物的直接感知;另一方面,思维是在实际行动中进行的,思维离不开儿童自身的实际动作。离开感知的客体,脱离实际的行动,思维就会随之中止或者转移。小孩子离开玩具就不会玩游戏,玩具一变,游戏马上中止的现象,都是这种思维特点的表现。

直觉行动思维的概括性除了表现在动作中之外,还表现为感知的概括性。小孩子常以事物的外部相似点为依据进行知觉判断,比如,有了推动小汽车向前跑的经验之后,凡看到带轮子的东西(如算盘)就叫"车车",就要推着玩。尽管这种概括性反映的只是事物之间简单的、表面的相似处,但毕竟也是对事物之间关系的一种认识,也是对事物特性进行初步比较的结果。

由于直觉行动思维是和感知、行动同步进行的,因而,在思维过程中,儿童只能思考动作所触及的事物,只能在动作中而不能在动作之外思考。因此,不能计划自己的行动,也不能预见行动的结果。思维不能调节和支配行动是只有直觉行动思维才有的特点。

思维的直观行动性是思维发生阶段的主要特点。直观行动思维在思维发展过程中继续发展,并且发生质的变化,这些变化主要表现在:

(1)思维解决的问题复杂化。幼儿能够更多地用相同的行为方式对相似的情境做出反应,用间接的手段达到自己的目的。2岁儿童的直观行动思维只能解决一些非常简单的问题。在有主题、有情节的游戏中,在绘画、泥工等活动中,幼儿解决的问题比以前复杂。在日常生活中,幼儿会用间接方式提出要求,有时不直接问妈妈要某个东西,而是缠着妈妈讨论这个东西。

(2)思维解决问题的方法比较概括化。2岁左右的儿童的思维方法是依靠详尽的、展开的实际行动。思维的每一步都和实际行动分不开,而且常常是靠行动中的"顿悟"来解决问题。

3岁后儿童思维所依靠的行动逐渐概括化,解决问题过程中的某些具体行动可以压缩或省略。

(3)思维中语言的作用逐渐增强。在儿童最初的思维中,语言只是行动的总结,往往在行动之后,儿童根据感知和联想,说出行动的结果。以后,语言仍然离不开直观形象,直观和行动在思维中还有相当大的比重,但是,语言对思维的调节作用越来越大,而直观和行动变为引起注意、补充和加强语言,并作为语言的支柱。

2.学前中期儿童以具体形象思维为主

具体形象思维是依靠表象,即依靠事物的具体形象的联想进行的。思维的具体形象性是在直观行动性的基础上形成和发展起来的。具体形象性思维是幼儿思维的典型方式。直觉行动思维是通过外部展开的智慧动作进行的,是"尝试错误"式的。当用这种思维方式解决问题的经验积累多了以后,儿童便不再依靠一次又一次的实际尝试,而开始依靠关于行动条件以及行动方式的表象来进行思维。具体形象思维虽已开始摆脱与动作同步进行的局面,但还未能完全摆脱客观事物和行动的制约,因为这种思维方式所依赖的形象或表象是对所感知过和经历过的事物的心理映象,事物具体而形象的外部特征影响着儿童的思考。

幼儿的具体形象思维还有一系列派生的特点,具体包括经验性、拟人性、表面性、片面性、固定性、近视性。无论是直觉行动思维,还是具体形象思维,都是一种以自己的直接经验为基础的思维,这就使得它们均带有一种"自我中心"的特点。也就是说,处于这类思维水平的儿童倾向于从自己的立场、观点来认识事物,而不太能从客观事物本身的内在规律以及他人的角度来认识事物。

3. 学前晚期儿童开始出现抽象逻辑思维的萌芽

抽象逻辑思维是反映事物的本质属性和规律性联系的思维,是通过概括、判断和推理的方式进行的,是高级的思维方式。严格来说,学前期出现的只是抽象逻辑思维的萌芽。

抽象逻辑思维是指用抽象的概念(词),根据事物本身的逻辑关系来进行的思维。抽象逻辑思维是人类特有的思维方式。严格地说,学前儿童尚不具备这种思维方式。但是在学前晚期,儿童开始出现这种思维的萌芽。例如,在体积守恒方面的实验中,幼儿往往根据所看到的某些现象来判断橡皮泥和水的体积,大部分幼儿看到橡皮泥和水的形状变了,就认为它们的体积也变了。但在实验中也发现,幼儿园大班某些幼儿已能摆脱形象的干扰,做出正确判断,但说不出更多的道理,只知道"这还是原来那块橡皮泥","这还是那杯水"。水平更高些的,也只会说:"这块大了,但薄了","这杯子里的水矮了,但杯子粗了"。还不懂得"底面积乘高等于体积"的道理。所以说,学前晚期,儿童开始出现的只是抽象逻辑思维的萌芽。

随着抽象逻辑思维的萌芽,"自我中心"的特点开始消除,即开始去自我中心化。儿童开始学会从他人以及不同的角度考虑问题,开始获得守恒观念,开始理解事物的相对性。具体表现在分析、综合、比较、概括等思维基本过程的发展,概念的掌握,判断、推理的形成,以及理解能力的发展等方面(见表7-1)。

表 7-1　图片内容及其所属的概念

图片的具体内容	一级概念	二级概念
1. 白鸽、麻雀、乌鸦	鸟	动物
2. 虎、狮、象、熊	野兽	
3. 香蕉、苹果、梨、葡萄	水果	植物
4. 萝卜、茄子、白菜	蔬菜	
5. 电车、汽车、三轮车、自行车	车	交通工具
6. 轮船、帆船、舢板	船	
7. 书桌、方桌、圆桌、长桌	桌	家具
8. 小背椅、扶手椅、沙发	椅	

学前儿童心理发展与咨询辅导

4. 学前儿童对概念的掌握受其概括能力发展水平的制约

学者们一般都认为,学前儿童概括能力的发展可分为三种水平:动作水平的概括、形象水平的概括和抽象水平的概括,它们分别与三种思维方式相对应。

学前儿童最初掌握的概念大多是日常生活中经常接触的各种事物的名称,如人称、玩具、动物等,因为这类概念的内涵往往可以被感性材料清楚地揭示出来。如桌子这类概念的本质属性与桌子的形状、功用等可以感知或体验到的特征之间,有着比较直接的联系。儿童概括出桌子的外部特征和功用,也就基本上掌握了这一概念的内涵,所以学前儿童掌握实物概念比较容易。

学前儿童最先掌握的是基本概念,依次出发,上行或下行到掌握上级概念或下级概念。比如,桌子是基本概念,而它的上级概念和下级概念分别是家具和书桌、餐椅等。儿童先掌握的是桌子的基本概念,然后才是更抽象或更具体些的上下级概念。

学前儿童晚期,儿童开始能够掌握一些生活中常遇到的抽象概念,比如,某些关于道德品质特征的概念。但儿童对这类概念的掌握也离不开事物的形象和具体活动的支持。比如,他们对勇敢的理解是打针不哭,摔倒了也不怕疼,自己爬起来。对团结的理解是不打人,不抢玩具,大家一起好好玩。也就是说,对抽象程度很高的词,他们往往也只能在具体形象的水平上掌握。

每个概念都有一定的内涵和外延。内涵即含义,是指概念所反映的事物的本质特征。每一种事物都有各种不同的特征。有的特征是可有可无的,它的有无,并不影响这一事物之所以成为这种事物。有的特征则是必备的,缺少它,某事物也就不成其为该事物了。这类特征就是事物的本质特征。例如,动物这个概念的内涵(本质特征)就是指一种生物,这种生物有神经,有感觉,能吃食,能运动。概念的外延,则是指概念所反映的具体事物,即适用范围。动物这一概念的外延就是指多种多样的动物,如鸟、兽等。

幼儿基本上是通过实例的方式获得概念的,而成人又常常有意无意地从各种实例中选择一些儿童常见的,并对某一概念具有代表意义的"典型实例"重点向儿童介绍,并与概念名称(词)相结合。这种做法固然有利于儿童较快地获得概念,但是同时也可能起到一种消极的定式作用,使概念的范围局限于"典型实例",造成其内涵和外延的不准确。例如,成人带孩子去动物园,常常一边看猴子、老虎、孔雀、大象,一边告诉孩子这些都是动物;动物园这个名称和儿童在其中所见的各种动物实例也自然发生着结合。以至于当问到动物这个概念的含义时,相当多的幼儿回答"是动物园里的,让小朋友看的","是狮子、老虎、熊猫……"如果你告诉他,蝴蝶、蚯蚓、蚂蚁也是动物,不少幼儿就会觉得奇怪;如果再告诉他,人也是动物,那他就更难以理解了。有的孩子这样争辩:"人是到动物园看动物的! 人怎么是动物呢?哪有把人关在笼子里让人看的!"

从实例(概念的外延)入手获得的概念基本上是日常概念,即前科学概念,其内涵与外延难免不准确。只有在真正理解其含义的基础上掌握的概念,才可能是内涵精确,外延适当。而这是幼儿的水平难以达到的。

为了提高幼儿掌握概念的水平,比较可行的办法是多给他们提供具有不同典型性的实例,引导他们总结概括其中的共同特征。比如,在帮助幼儿理解动物这个概念时,可以从鸟、兽、鱼、昆虫、两栖等多种类别中再选择不同的典型实例,让儿童较充分地认识动物的多样性,在比较中剔除个别特征(如外形、生活习性等),找出共同特征(如能自行运动等),在尽可能高的概括程度上把握概念。

5.学前儿童的判断能力随年龄的增长而发展

学前儿童以直接判断为主,随着年龄的增长,其间接判断能力开始形成并有所发展。判断的形式逐渐间接化,判断的依据逐渐客观化,判断的论据逐渐明确化。

幼小儿童进行判断时,常受知觉线索的左右,把直接观察到的事物的表面现象或事物间偶然的外部联系,当做事物的本质特征或规律性联系。判断的形式逐渐间接化这一发展趋势,不仅表现在对科学现象的认识方面,还表现在对社会现象的认识方面。比如,小孩子常常"以貌取人",以为长相漂亮的人是好人,长相丑的人是坏人。对儿童道德判断的研究发现,幼小儿童常根据行为的直接后果判断过失的程度,而不考虑主观动机等其他因素。他们对事物的判断常常依据自己的主观感受和生活经验,而不考虑事物本身的客观逻辑。例如,有的小孩子认为球从桌子上滚下地是因为它不想待在上面;在做算术题时,如果问幼儿:"妈妈买了4个苹果,给哥哥2个,给了你2个,还剩几个?"有的幼儿不去回答这个问题,而反问:"为什么给哥哥那么多? 应该大的让着小的。"幼儿计算中有时出现算题内容干扰计算过程的现象,就是他们以主观体验或情绪作为判断依据的一种表现。

随着儿童知识经验的丰富,他们开始摆脱主观化或自我中心的倾向,从客观事物本身的内在关系中寻找判断的依据。幼小的孩子常常意识不到判断的根据,有时他们虽然能做出某种判断,却不能说出根据,或根本不知道判断还需要有根据。比如,当询问幼儿园小班儿童为什么做出这一判断时,有的孩子很奇怪:"不为什么,就是这样";有的则以别人的话作依据:"老师说的"或"我爸说的"。他们缺少独立寻找论据来支持自己判断的意识和能力。

年龄大一些的幼儿似乎开始明白做出判断需要有根据,也意识到应该自己去寻找根据,但最初所找到的根据常常是主观猜测性的或直观感性的。比如,在物体的沉浮实验中,不少孩子寻找的依据是"方积木浮起来,因为它在水里"、"因为它像小船"等。幼儿晚期,儿童的论据意识进一步增强,表现为他们开始注意论据的合理性,尽量修正自己论据的矛盾处和不合理处。比如,有的幼儿园大班儿童在找出物体漂浮的原因是"因为它小"、"它轻"之后,又看到实验者把更小更轻的钉子放在水中却很快沉下去的现象,马上说:"小的铁东西也会沉下去,铁的不行,木头的才行";当观看到小铁船浮在水中的演示后,开始对自己的论据表示怀疑:"对了,大军舰也是铁的,也能浮……可能是因为里面有空气吧!"虽然幼儿还做不到从比重的

学前儿童 心理发展与咨询辅导

104

角度科学地解释沉浮现象，但这种自觉地修改判断依据，使之趋于合理化的发展趋势，表明了其思维逻辑性的提高。

6. 学前儿童已能进行一些推理，但其水平比较低

学前儿童的推理往往建立在直接感知或经验所提供的前提上，其结论也往往与直接感知和经验的事物相联系。年龄越小，这一特点越突出。比如，不少幼儿看到红积木块、黄木球、火柴棍漂浮在水上，不会概括出木头做的东西会浮的结论，而只会说"红的"、"方的"、"圆的"、"小的"东西浮在水上。

年龄较小的儿童，往往不会推理。比如，刚入园的孩子常哭着要找妈妈。这时，如果对他说："别哭，再哭就不带你找妈妈"，他会哭得更厉害，因为他不会推出"不哭就带你找妈妈"的结论。年龄大一些的孩子似乎有了推理的能力，但其思维方式与事物本身的客观规律之间的一致程度较低。他们常常不是按照事物本身的客观逻辑、按照给定的逻辑前提去推理判断，而是以自己的逻辑去思考。

学前儿童的概括尚处于具体形象水平，故往往只能对事物外部的非本质特征进行归纳，很难抓住事物间的本质联系进行从个别到一般的推理，以至于出现从一些特殊事例到另一些特殊事例的转导推理。比如，有个 3 岁的孩子看到大人种葵花子，知道了"种豆得豆，种葵花得葵花"的道理，于是自己抓了几颗爱吃的糖来种，希望长出几棵结满糖果的"糖树"。转导推理是从个别到个别的推理，这种无逻辑的推理是儿童尚没有形成类概念，即不能把同类与非同类事物相区别的结果。随着儿童概括能力的发展、类概念的形成，归纳推理的能力才逐渐发展起来。学前儿童的演绎推理能力尚处于萌芽时期，很少能够达到命题演绎水平。

7. 学前儿童理解力逐渐增强

由于思维发展的水平有限，学前儿童对事物的理解一般是不深刻的，以直接理解居多。但是在正确的教育下，随着儿童言语的发展和经验的丰富，理解的水平也不断提高。他们是从对个别事物的理解，发展到理解事物之间的关系。从主要依靠具体形象来理解事物，发展到依靠语言说明来理解事物。从对事物作简单、表面的理解，发展到理解事物较复杂、较深刻的含义。从不理解事物的相对关系，到初步能理解事物的辩证关系。

这些发展趋势很明显地反映在儿童听故事或看图讲述等活动中。幼儿园小班儿童往往只能指出图画中的个别人物或人物的个别动作，或者图画中对幼儿最有吸引力的事物。在成人的引导下，年龄大一些的幼儿开始能理解人物之间的一些简单的关系。幼儿园大班末期，儿童观看比较简单的图画时，已能基本把握整个画面的内容，甚至能用一句话概括出图画所反映的主题，这说明他们已经理解了这幅图画。

幼儿理解成人讲述的故事时，也常常先理解其中的个别字句、个别情节或者个别行为，然后才能理解具体行为产生的原因及后果，最后才能理解整个故事的思想内容。幼儿所能理解的故事都是比较简单的。由于言语发展水平的限制以及幼儿

思维的特点,幼儿园小班儿童在听故事或者学习文艺作品时,常常要靠形象化的语言和图片等辅助手段才能理解。随着年龄的增长,儿童逐渐能够摆脱对直观形象的依赖,而只靠言语描述来理解。但在有直观形象的条件下,理解的效果会更好。幼儿的理解往往很直接,很肤浅,年龄越小越是如此。例如,在给幼儿园小班儿童讲完孔融让梨的故事后,老师问孩子们:"孔融为什么把大梨让给别人?"不少儿童回答:"因为他小,吃不完大的。"可见他们还不理解让梨这一行为的含义。幼儿对语言中的转义、喻义和反义现象也比较难理解。例如,上课时,一个小朋友歪歪斜斜地坐着,如果老师讽刺地说:"××坐的姿势多好!"那么小班幼儿可能都学着他的样子坐起来。他们以为老师真认为那样坐好,真的在表扬那位小朋友。所以对幼儿,尤其是小班幼儿千万不要说反话,要坚持正面教育。幼儿园大班儿童已能理解事物的较复杂、较深刻的含义。他们喜欢猜谜语,听寓言故事,当然这些谜语、寓言的含义也不能是太隐蔽的。

学前儿童的思维常常是比较刻板的。他们对事物的理解比较固定、绝对,难以理解事物的中间状态或相对关系。例如,看电影时,每出来一个人物,幼儿总是爱问:"这是好人还是坏人?"这些问题常常使人难以回答。因为在他们的头脑中,人只有两类:好人和坏人。对于"基本上是好人,但有些缺点错误"这样的答案,小孩子常常是不能接受的。对于左右这样具有相对性的概念,幼儿掌握起来很困难。尤其是以别人为中心的左右,就更难分辨。因为自己的左右还可以用端碗的手、拿勺的手作为固定的标准辨别,而别人的左右有时和自己相反,辨别的标准往往不固定。幼儿教师都有这种经验,与小朋友面对面站着时,要求儿童伸左手,老师必须伸右手;否则,幼儿就会乱伸手。因为他们不理解对面人的左边,正是自己的右边。

1.如何培养学前儿童的思维能力

(1)不断丰富学前儿童的感性知识。思维是在感知的基础上产生和发展的。人们对客观世界正确、概括的认识,绝不是主观臆造或凭空虚构的,而是通过感知觉获得大量具体、生动的材料后,经过大脑的分析、综合、比较、抽象、概括等思维过程才达到的。只有这样,才能反映事物的本质和内在联系。因此,感性知识越丰富,思维就越深刻。从某种意义上说,感性知识、经验是否丰富,在很大程度上影响着思维的发展。因此,幼儿园教师要针对幼儿思维以具体形象为主、向抽象逻辑过渡的特点,有意识、有计划地组织各种活动,发展幼儿的观察力,丰富幼儿的感性知识及其表象,促进幼儿思维能力的发展。

(2)帮助学前儿童丰富词汇,正确理解和使用各种概念,发展语言。语言是思维的工具。学前儿童语言的发展,直接影响到思维的发展。要发展学前儿童的抽象逻辑思维,必须帮助学前儿童掌握一定数量的概念;而概念总是用词来表达的。许多研究表明,学前儿童概括水平较低,与缺乏感性经验有关,除此之外也与缺乏

学前儿童 心理发展与咨询辅导

相应的概括性的语词有关。因此，在日常生活和教育、教学过程中，教师应该有计划地不断丰富学前儿童的词汇，并帮助学前儿童正确理解和使用各种概念，促进其思维能力的发展。

（3）开展分类练习活动，培养学前儿童的抽象逻辑思维能力。分类法常常是用来测查学前儿童概括能力和掌握概念水平的，也是用来培养和发展学前儿童概括能力的。进行分类练习，有利于发展学前儿童的概括能力、抽象逻辑思维能力。进行分类练习的方法是很多的。例如，在学前儿童面前摆好正确归类的图片组，告诉学前儿童每组（类）的名称，并适当地说明理由，然后让学前儿童自己说出各类图片组的名称和理由，等等。

（4）在日常生活中，鼓励学前儿童多想、多问，激发其求知欲，保护其好奇心。提出问题、解决问题的过程，也就是积极思维的过程。思维总是从提出问题开始的。幼儿好奇心很强，频繁地提出各种问题。例如："鱼在水里为什么不闭眼睛？""鱼睡觉吗？"面对这种情况，教师和父母都必须主动、热情、耐心地对待幼儿的问题，决不能采取冷淡或压制的态度，特别是在学前儿童提出成人难于马上回答的问题时，更应注意态度，可以告诉学前儿童："让我想想再告诉你"；同时，鼓励幼儿好问、多问，称赞他们会动脑筋。另外，成人也可以经常向学前儿童提出各种他们能够接受的问题，引导学前儿童去思考，去观察。

例如，"两个大小、颜色完全相同的球，一个是木头做的，另一个是石头做的。请小朋友想想，用什么办法才能把它们区别出来？办法想得越多越好。"经常向学前儿童提一些问题，能使学前儿童的思维经常处在积极的活动状态之中，有助于思维的发展。

（5）开展各种游戏（智力游戏、教学游戏），培养学前儿童的创造性思维。目前，许多幼儿园正在开展变一变、不做别人的小尾巴（要求幼儿无论绘画、游戏还是编故事结尾，都必须与别人不同）、情境设疑（要求幼儿根据所提供的情境，找出解决问题的最佳方法）、看图改错以及问题抢答（以最快的速度找出最多的答案）等游戏。这些游戏有助于培养学前儿童思维的变通性、流畅性和独特性。也就是说，通过这些游戏，能促进学前儿童创造性思维的发展。

2.学前儿童创造性思维能力的培养策略

（1）创造性思维的涵义。创造性思维是一种有创见的思维，它除了具有思维的一般属性之外，还有自己的特色。这些特色如下：

第一，主动积极性。即不搞清问题的性质、成因或解决办法就不罢休的探求状态，甚至于达到入迷的程度。第二，求异性。即不苟同于传统的或一般的答案和方法，常提出与众不同的设想。例如，古时候人们凭感知觉总认为太阳是绕地球转动的，而哥白尼却反过来提出地球绕太阳转的假设，终于创立了"日心说"。由于这个特点如此重要，因而人们也常把创造性思维称做求异思维。第三，发散性。即不急于归一，提出多方面的设想或各种解决办法，而后经过筛选，找到比较合理的结论。

第四，独创性。即能产生新的结果，如发现新事物、提出新见解、解决新问题或设计新产品等。科学技术人员的发明创造、文学家的创作、理论家的理论创新等都是通过创造性思维来实现的。

(2)创造性思维的培养。创造性思维主要是通过学校教育、课堂教学和课外活动进行培养的。要做好这项工作，有必要抓好以下几个环节：

1)保护好奇心，激发求知欲。好奇心是对新异事物进行探究的一种心理倾向。婴儿倾听不寻常的声响或注视新奇的物品，儿童长久观察蚂蚁搬家、在雨天挖沟引水、拆弄玩具、观察父母的脸色、提出种种怪问题……这些都是好奇心的表现。儿童的好奇心如果得不到成年人的保护而受到不合理的限制、耻笑、谴责，或到6岁、7岁时还没有被引向对知识的探求，也会开始减弱或衰退。好奇心是推动人们主动积极地去观察世界、展开创造性思维的内部动因。为促进儿童好奇心的发展，教师或家长应当经常向他们提供能引起观察和知识探求的变化情境，要善于提出难度适中而富有启发性的问题，要引导他们自己去发现问题和找到答案。

2)鼓励直觉思维。直觉思维是指未经逐步分析，迅速对问题的答案做出合理的猜测、设想或突然领悟的思维。例如，达尔文观察到植物幼苗顶端向阳光弯曲，直觉地提出"其中可能含有某种物质跑到背光一面"的设想。经后人实验证明，这种物质是存在的，它就是能促进庄稼、果树提早开花结果的"植物生长素"。阿基米德解决"王冠之谜"不是在自觉思考的当时，而是在浴盆里出现浮想之际。这些事实都是人的直觉思维在发明创造中具有重要作用的生动例证。直觉思维并不神秘，它是由于自由联想或思维活动在有关某个问题的意识边缘持续活动，当脑功能处于最佳状态时，旧神经联结突然沟通形成新联系的表现。

3)教会逻辑思维。逻辑思维是遵循思维的规则，有步骤地对事实材料进行分析，或依据某些知识进行推理得出新判断、形成新思想的认识过程。善于进行逻辑思维的人不一定都善于创造，但要进行创造性活动就必须具备逻辑思维的能力。创造性活动不仅要发现问题，提出假设，而且要抓住问题的关键进行分析，加以论证，没有周密的逻辑思维，就难以成功。逻辑思维主要是在教学过程和课外活动中得到培养与提高的。

4)提倡多思与首创精神。要想有所创造，就必须勤于思考；只有决心为人类造福、敢于标新立异的人，才能不断展开创造性思维，有所创新。对于儿童，不一定要求他们像成人一样去进行创造，但是这种首创精神是可以培养的。经常给儿童讲一些科学家、发明家的故事，指出这种创造给人类社会带来的益处，这对于激励儿童从小立志与尝试创造来说，是一种好办法。

操作训练

1.归类与分类训练
幼儿通过大量的分类活动，能锻炼和提高分析综合能力和抽象概括能力。可

学前儿童心理发展与咨询辅导

以让幼儿先按照事物的外部特征来分类,再按照事物的内部本质来分类,循序渐进。下面是从易到难的几种分类活动:按颜色分类——按形状分类——按大小分类——按功用分类——按地点分类——按事物的属性分类(如按动物、植物、水果等来分类)——按物品材料分类——综合分类(把各种物品放在一起,请儿童找出一类的物品,并说出分类的理由)。可以给儿童相应的物品让他分类,也可以让他在环境中找到相同类别的物品。

2. 让幼儿学会比较

可以让孩子进行一些专门的比较训练(这在蒙台梭利教具中有很好的展现),包括比大小、粗细、长短、厚薄、轻重、上下、颜色深浅、温度高低、声音强弱、触感粗糙与光滑等。在进行单因素的比较后,就可以让幼儿比较两物体的不同,进行综合训练了。如比较鸡和鸭的不同、苹果和梨的不同、两幅画等。

3. 教幼儿学会推理

如简单的图形排列推理和数字推理等。一些生活常识也可以成为孩子感兴趣的对象:为什么饭前要洗手,为什么水烧开了会冒出来白色的蒸汽等。

4. 鼓励幼儿解决实际问题

可以设计问题情境启发幼儿思考:"皮球掉进坑里怎么办?""气球挂在树上下不来怎么办?"鼓励幼儿用多种方式解决问题,在此过程中提高他们解决问题的能力。

5. 理解能力的训练

(1)动作理解。老师或家长做一个动作请孩子来猜(如抱、拾、跑等)。

(2)图片理解。可用配套图片或绘本故事书,让孩子说说图上有什么,那些人物在做什么,之前发生了什么或之后会发生什么。

(3)学习、理解词。列举生活中常见物品名称,如"电脑"是什么意思?"电脑"是用来做什么的? 答案越多越好。对于大孩子,可以写出"电脑"两个字,教孩子认读,也可以适当带孩子体验电脑的用途。

第八章

学前儿童言语的发展

案例

鹦鹉学舌

两岁半的宝宝是班上的小可爱,但也有让老师头疼的地方:只要他听见别人说什么,一定会呜噜呜噜地跟着说。因为他的声音比较大,所以又会引得其他的孩子跟着重复或者议论。几次下来,老师的课就没法上了。因为这事老师没少给他讲道理,但每次他好好答应,下次还是这样。这可怎么办呢?

提问:宝宝是故意调皮吗?

回答:上面说的宝宝并不是故意调皮,他的所作所为是正处在语言敏感期的正常表现:两岁左右的孩子会对听到的语词不加分析地重复,逐渐丰富自己的词汇量,应用于自己的语言表达中。对于这样的情况,除了加强教室规则(安静听讲、举手发言等)外,更应该准备大量的故事、儿歌、古诗等语言材料,满足孩子语言学习的需要。

第一节　言语的概念及在婴幼儿心理发展中的意义

一、什么是言语

语言,是人类最主要的交际工具。人类表达思想、传递感情、交换信息都离不开语言。换言之,语言是一个音义结合的词汇和语法的体系,是符号表征系统,是全民性的。言语,是人们运用材料和语言规则进行交际活动的过程,是"实际的话语",是语言的传递过程。

言语是指个体根据所掌握的语言知识表达思想进行交流的过程,心理学称之为"言语"。言语实际上就是语言的传递过程,它既包括听、读等感受和理解过程,也包括说、写等表达过程。语言只有通过言语活动才能体现它作为交际、交流工具的职能,成为"活的语言",而言语也离不开语言这个工具,两者互相联系,密不可分。

二、言语的发展对婴幼儿心理发展的意义

婴幼儿获得言语,被看成是婴幼儿社会化历程中的一个里程碑,对婴幼儿身心的全面发展有着极为积极的影响,具体表现在下列方面:

1. 促进行为和言语的社会化进程

言语是人的社会性发展的一个重要途径和手段,言语的发展直接影响婴幼儿综合能力的发展,尤其是对其社会性发展意义深远。

2. 提高学习能力、促进智力发展

婴幼儿的学习手段之一就是通过言语来完成的,言语的发展直接促进婴幼儿的智力发育和学习能力的发展。

3. 促进言语兴趣的提高

婴幼儿言语发展的重要意义是不言而喻的,因此努力提高婴幼儿的言语兴趣,是教育者和家长的一大要务,为婴幼儿提供良好的言语沟通的环境是教育者和家长的重要职责。

第二节 言语获得理论

关于言语学习的理论很多,大致有以下几种:

一、强调后天学习的外因论

有相当一部分专家支持这种理论,认为人类语言的学习是通过外在环境习得的,具有代表性的主要有以下两种。

1. 强化理论

强化理论的主要代表人物有美国行为主义心理学家斯金纳。斯金纳把婴幼儿的言语获得看成是刺激——反应——强化的过程。

2. 模仿论

模仿理论是阿尔波特在1924年提出的。他认为,婴幼儿言语只是对成人言语的模仿。

二、强调先天因素的“内在”论

还有相当一部分的专家支持先天因素的内因论,具有代表性的理论也有两种。

1. 先天语言能力说

先天语言能力说又称为“转换生成语法说”,主要是由乔姆斯基提出。其主要

观点是:决定人类能说话的因素不是经验和学习,而是先天遗传的语言能力。

2.自然成熟说

自然成熟说的代表人物是勒纳伯格。其主要观点是:生物的遗传素质是人类获得语言的决定因素。

三、先天与后天相互作用论

以皮亚杰为代表的先天与后天相互作用论主张从认知结构的发展来说明语言发展,认为婴幼儿的语言能力仅仅是大脑的一个方面,而认知结构的形成和发展是主体和客体相互作用的结果。

(1)婴幼儿的言语能力是大脑认知能力之一,认知结构的形成与发展是主体和客体相互作用的结果,因此语言也是主客体相互作用的结果,是遗传机制与社会环境相互作用的结果。

(2)语言是一种符号功能,也是婴幼儿许多符号功能中的一种,因此它与其他符号功能一样,出现在感知运动阶段的末尾,即18～24个月。

(3)认知结构是言语发展的基础。语言结构随着认知结构的发展而发展,具有普遍性。

(4)婴幼儿的语言结构具有创造性。婴幼儿的语言是丰富多彩的,经常伴有个人特点,因为没有更多的条框约束和惯性习惯,所以,婴幼儿的语言结构经常具有创造性。

第三节　婴幼儿语音的发展

幼儿语言的发展是有阶段性的,了解其语言发展的阶段性,对更好地研究婴幼儿语言发展具有积极意义。

一、语音形成的阶段

儿童掌握语音的过程服从一定的规律。它首先受言语运动分析器机能的发展所制约。据倍尔丘柯夫的研究,掌握语音有一个顺序发生的程序。在个体发展过程中,掌握语音的顺序是按照有关的遗传密码的规则表现的。当然,如果缺乏外界刺激,遗传的程序也不可能实现。

儿童发出语音和语音感受性的发展有不同的顺序。并不是容易听(辨别)的语音都容易发出。从语音感受性来看,语音差别越大,婴儿越容易掌握。但是从发出语音的顺序看,则近似的音较易掌握。

语音的形成大致可分为下列阶段:

1.嗓音阶段(0~2个月)

儿童刚生下时,就会发出声音。为了得到足够的氧气,初生婴儿用力呼吸,于是气流冲向声门、声带和口腔,发出人生第一声哭喊。以后,这一类的哭声、叫喊声和在安静状态下发出的嗓音,在身体不舒适或舒适时都会出现。这种嗓音不是为了适应外界刺激的需要,而是由身体的状态如饿、渴等所引起,是一般性发音反射。

随着大脑皮层活动的不断增强,婴儿的哭喊声越来越分化,并带上条件反射性质。熟悉婴儿生活的人,能够根据其发声,判断其动因。

2.啊咕声阶段(2~4个月)

从2~3个月开始,婴儿在吃饱睡足时,会发出"啊咕"等声音。这已不是嗓音,而是一定的声音,但元音和辅音还很少分化,这种声音只有在安静状态或满足时才出现,仍然是由于机体内部的因素引起。

3.喃喃语声阶段(4~8个月)

这一阶段明显地出现元音和辅音,有了比较分明的音节。这种语声,在聋儿发展过程中也会一度出现,但随即消失。说明在这个阶段,听觉机能已积极参加到发音形成过程之中。

这一阶段的发声也并非学习得来,而是在反复地重复某些音节的基础上形成,发声的特点是重叠性。

4.语音出现阶段(9~12个月)

这是真正发出语音的阶段。言语听觉分析器对发音起着监督的作用,使发音符合所需要的要求。真正发出语音是一种发音的随意运动,是经过学习得来的。在9~10个月,婴儿开始学习一些词,能够把发出的语音和词所代表的对象结合起来。

二、语音的模仿

皮亚杰(1962)在研究儿童模仿时,涉及了语音模仿的发展。他认为,模仿不是天生的本能活动,是习得的。他在描述2岁前智力发展阶段时,也谈及语音模仿的发展。2岁前各阶段模仿发展的特点如下:

第一阶段:哭。哭是对外界刺激的反射,不是模仿。这阶段也还没有模仿。

第二阶段:偶发性的单个模仿。这是模仿的第一阶段,从第二个月开始。其特点是:发声传染、相互模仿、偶发性模仿。

第三阶段:开始系统地模仿。这是在4个半月左右。这阶段婴儿能模仿那些他自己自发地能发出的声音。他喜欢重复,要把听到的声音继续下去,但还不能模仿新的发音。他听到新的声音时不作声,或发出自己原来会发的音。对于那些他不能清楚发出的音节,也不去模仿。

第四阶段:能够模仿新的发音动作。这是从8~9个月开始的,皮亚杰发现,在这一阶段如果婴儿在动嘴,成人去模仿他,他立即停止该动作,别人停止这种动作,他却又开始去动,如此反复数次。这一阶段和上一阶段的区别在于:1 小时后,婴儿会自行进行模仿。

1 岁后,婴儿已开始系统地模仿新榜样,即系统地顺应,不再是"试试看"了。

三、语音发展的顺序

语音的发展是有规律可循的,存在着一定的顺序性。

1.各民族儿童语音的发展有共同的普遍规律。

据研究,世界上有 2500 多种语言,各种语言还有不同的方言,但是各种语音的发展服从一定的普遍规律。其原因是:

第一,语言的声音都可分为元音和辅音,后者又分为口腔音和鼻音、清辅音和浊辅音、塞音和擦音等,只是有些语言有某种中间的特征,如半元音、半辅音或两种特征的结合,如塞擦音等。

第二,人的民族虽不同,其言语器官的结构是相同的。

第三,言语运动分析器的机能发展有其自身的内在规律。

2.语音发展的扩展和收缩趋势

婴儿从不会发出音节清晰的语音,到能够学会越来越多的语音,是处于语音扩展的阶段。3～4 岁的儿童,能相当容易地学会世界各民族语言的发音。但是,在此以后,学习语音的趋势逐渐趋向收缩。儿童掌握母语(包括方言)的语音后,再学习新的语音时,出现了困难;年龄越大,学习第二语言的语音,更多地受第一语言语音的干扰。

3.掌握元音和辅音顺序

在婴幼儿语音的发展过程中,元音和辅音同时出现,成熟时间也大致相同,元音和辅音的发展都是在 1 岁半时基本成熟。

不同的元音和辅音,发展也有先后,其顺序是开口音 a—半口音 e—合口音的齐齿音 i—圆口音 u—口形变化最大的撮口音 y。

四、婴幼儿掌握语音的特点和难点

婴幼儿语音发展有其独特性,掌握其特点和难点,才能更好地实施语音方面的教育,加强婴幼儿语音能力发展。

1.幼儿期(3～6 岁)掌握本民族全部语音

在这一时期,婴幼儿掌握了本民族的全部语音,口头交流能力形成并逐渐完善;同时,开始书面语言能力的获得。

2.婴幼儿容易发错的音

婴幼儿容易发错的音,大多是辅音,集中在 zh,ch,sh,z,c,s,r 等音。因为其发音器官的发育和训练还不完整,所以会在一定程度上存在这种问题,关键在于教育者和家长怎样去进行引导。

学前儿童心理发展与咨询辅导

3.影响婴幼儿发音的因素主要是生理原因和语言环境

生理成熟及良好的语音环境,可以为婴幼儿良好的发音奠定基础,所以,很多婴幼儿出现言语方面的问题除了发音器官发育不完善的原因之外,还有很大一部分是因为环境因素和教育引导不当而造成的。

第四节　婴幼儿词汇的发展

婴幼儿词汇的发展,受很多条件制约,我们要从以下几个方面来了解,影响婴幼儿词汇发展的因素是什么,怎样更好地发展婴幼儿的词汇能力。

一、词汇数量的增加

词汇量是婴幼儿言语发展的标志之一,词汇量也是婴幼儿智力发展的标志之一。

1.词汇量的指标

词汇量方面是有具体的评价标准的,我们要根据这些标准对婴幼儿的词汇量进行评估。

(1)积极词汇和消极词汇。积极词汇是指儿童自己能说能用的词汇,消极词汇是指儿童能够理解但不会使用的词汇。

(2)理解词的指标。不同年龄段对词汇的理解不同,所以我们的教育要求也就不同。

(3)使用词的指标。这和婴幼儿所处的环境和教育有直接关系,不同的环境会导致不同结果,所以我们要尽力为婴幼儿提供适宜的语言环境。

2.婴幼儿个体的差异

婴幼儿语言的发展水平并不是"一刀切"的,受其先天的遗传因素以及后天的环境影响而存在差异,一般来说,女孩的语言发展较好。其中,后天的环境影响主要包括以下几个方面:

(1)社会的发展,时代的变化。现在的社会发展迅速,语言环境日益丰富,给婴幼儿提供更多更适合的言语机会应该是每个教育工作者和家长的职责。

(2)方言与民族语言的差异。我们既要大力发展普通话,培养国际型人才,也应该重视地区方言及各民族语言的发展和流传,这样才能保证中华文化的博大精深和文化的继承性。

(3)生活环境及教育的差异。这方面的差异是我们一直在努力改变的,要争取让每个婴幼儿有更好的发展空间。

二、词类范围的扩大

随着儿童年龄增长,词类的范围也逐渐扩大。

1.3 岁前婴儿词类发展特点

3 岁前儿童的词类发展非常迅猛,但却不能够精确;这一时期是其语言发展的关键期,也是储备期。

2.3～6 岁幼儿词类范围逐渐扩大

3～6 岁婴幼儿的词汇发展达到一定的标准,可以有较强的逻辑性在里面,交流的意义更大。

三、词义的理解逐步确切并加深

婴幼儿对词义的理解会随着年龄和对环境的感知变化而更确切,并加深理解。

(1)从理解具体意义的词到理解抽象的词。

(2)从理解词汇的具体意义到理解词汇的抽象意义。

第五节　婴幼儿口语表达能力的发展

婴幼儿口语表达能力的发展,影响着婴幼儿很多方面的综合能力的发展,尤其是对其人际交往和交流的影响更甚。

一、从对话言语逐渐过渡到独白言语

口语可分为对话式和独白式。对话是在两个人之间交互进行讲述。独白则是一个人独自向听者讲述。

儿童语言最初是对话式的,只有在和成人共同交往中才能进行。幼小儿童的对话语言只限于向成人打招呼、请求或简单地回答成人的问题。往往是成人逐句引导,孩子逐句回答。

幼儿期对话语言有进一步发展。幼儿不但能够回答问题,或者提出问题和要求,而且为了协调行动能够在对话中与人商议,讨论对事物的评价,或对别人提出指示,等等。对话语言的发展,是和儿童与成人关系的变化,以及儿童活动的发展相联系的。独白语言是在幼儿期产生的。由于活动的丰富和发展,幼儿需要独立地向别人表达自己的思想情感,讲述自己的知识经验。

3～4 岁幼儿能主动讲述自己生活中的事情,但是在集体面前讲话往往不大胆,不自然。4～5 岁幼儿能够独立地讲故事或种种事情。5～6 岁幼儿不但能够系统地叙述,而且能大胆而自然地、生动和有感情地进行描述。

学前儿童心理发展与咨询辅导

二、从情境性言语过渡到连贯性言语

对话语言常常带有情境性。因为对话语言是在谈话双方之间交互进行的，所谈及的内容已有共同了解，不需要连贯和完整。

连贯语言的特点是句子完整，前后连贯，能够反映完整而详细的思想内容，使听者从语言本身就能理解所讲述的意思，不必事先熟悉所谈及的具体情境。

情境语言和连贯语言的主要区别在于是否直接依靠具体事物做支柱。3 岁前儿童语言主要是情境语言。情境性言语只有在结合具体情景时，才能使听者理解说话者的思想内容，并且往往还需要用手势或面部表情甚至身体动作辅助和补充。

单词句和电报句都不能离开具体情境。3～4 岁幼儿的语言仍然带有情境性。4～5 岁幼儿说话常常还是断断续续的，不能说明事物现象、行为动作之间的联系，只能说出一些片断。6～7 岁儿童已能完整地、连贯地说话，开始从叙述外部联系发展到叙述内部联系。范存仁等经过调查发现，随着年龄增长，情境语言的比重逐渐下降，连贯言语的比重逐渐上升。

连贯语言的发展使幼儿能够独立地、完整地、详细地表述自己的思想。正是在这个基础上，儿童能进行独白。连贯语言的发展，不但促进幼儿语言表达能力的提高，而且促进幼儿逻辑思维的形成和独立性的加强；同时，连贯语言和独白语言的发展，又依赖于幼儿逻辑思维的发展。

三、讲述逻辑性的发展

3～4 岁幼儿在独立讲述中，常常主题思想不够明确，层次不清。随着年龄增长及发音器官的不断成熟，幼儿的逻辑性水平逐渐提高，主要表现在讲述的主题逐渐明确，层次逐渐清楚。

四、言语表情的发展

幼儿不但能够学会正确运用语言的基本成分，完整连贯地说话，清晰而有逻辑地表述，而且能够掌握有表情地说话的技巧，使语言更好地表达自己的思想感情，成为有感染力的手段。

1. 语气的掌握

语气表示说话时情感和态度的区别，也表现出说话人的状态，如疲劳、兴奋、有无自信心，等等。语气的变化表现在语音的高低、强弱（或轻重）、长短、停顿、节奏、速度等方面。

2. 口吃的心理因素

口吃是语言的节律障碍，是说话中不正确的停顿和重复的表现。学前儿童的口吃现象，部分是由生理原因造成的，更多则是由于心理原因所致。口吃出现的年龄以 2～4 岁为多。2～3 岁，一般是口吃开始发生的年龄，3～4 岁是口吃常见期。

口吃的心理原因之一是说话时过于急躁、激动和紧张。2岁是儿童开始说话的年龄。2～3岁儿童的语言机制还不完善，当儿童急于表达自己的思想时，容易出现言语流节奏的障碍，即在发音系统还没有完成说话的准备时，他已产生了发音的冲动，造成先发出的语音和后来应该发出的语音的脱节，也就是发音连续动作的不恰当的停顿和割裂。导致这种现象的情况可能有两种：一是儿童头脑中已经储存了许多语言信息，说话时间差造成了言语流的脱节。二是儿童开始说话后，找不到应有的语词去继续表达。两种情况都使儿童出现过度激动和紧张，这种激动和紧张状态使发音系统受到抑制，发音器官发生很细微的抽搐或痉挛。于是出现了发音的停滞和重复。多次的发音停滞和重复，将使儿童形成条件反射，以后，每次遇到类似的说话情景或类似的语词时，即发生同样的抑制现象，造成口吃。幼儿的口吃还可能来自模仿。

解除紧张是矫正口吃的重要方法。特别是4岁以后，幼儿已出现对自己语言的意识，如果对他的口吃现象加以斥责或过急地要求改正，将会加剧其紧张情绪，使口吃现象恶性循环。甚至由此导致儿童避免说话，或回避说出某些词，难以纠正口吃。这种情况发展下去，还将对儿童的性格形成产生不良影响，导致孤僻等性格特征。

咨询辅导

1.如何矫正幼儿口吃

学前儿童的口吃现象，部分是由生理原因造成的，更多则是由心理原因所致。心理原因引起的口吃主要有两种原因：一是儿童头脑中已经储存了许多语言信息，说话时间差造成了言语流的脱节。二是儿童开始说话后，找不到应有的语词去继续表达。对此，家长和教师切记不要大惊小怪，不要太过紧张在意。首先，应耐心听孩子将话说完整，然后用正确的语言和语序缓慢地重复孩子的话，并询问是否想表达这个意思。通常来说，孩子会很高兴你能听懂他的意思，更愿意重复正确的话语。还可以在家中或班级中为孩子设立读书时间，选择适合孩子年龄的书籍来共同阅读。给孩子更多表达的机会，并鼓励孩子把话说完整。随着语词量和语言表达练习的增加，孩子的表达也会越来越流利。

2.孩子说话迟怎么办

儿童一般1岁左右开始说话，稍迟一些也属正常，但若18个月仍不会讲单字或30个月仍不会讲单词或短语者，即属于言语发育迟缓。形成这一问题的原因主要有：精神发育迟缓或脑性瘫痪；有听力障碍或发声器官疾病；婴幼儿孤独症；心理社会剥夺，等等。

如果是前两个方面的原因导致的，则需要去医院治疗；如果是后两个方面原因导致的，则属于由社会、心理因素引发的，应该通过有效的语言训练，帮助孩子逐步提高语言的理解力和表达力，使其尽快学会说话。具体训练方法是：①成人要多与

学前儿童心理发展与咨询辅导

孩子交流,多说话给孩子听;②在与孩子交流时要做到语言的内容丰富,语句优美,声调动听;③与孩子交谈时要注意使用规范的语法和正确的发音,同时,表情要生动,以吸引幼儿,语速要慢,使其听准听清;④及时发现并表扬孩子说话中的细微进步;⑤当孩子发音错误时要耐心地反复示范,切忌讽刺讥笑。

2~3岁是孩子口语训练的关键时期,只要抓紧时间多与孩子说话,多给孩子提供与别人交流的机会,那么您的孩子一定会很快学会说话的。

3.四个让宝宝伶牙俐齿的小游戏

(1)广播电台。

玩法:家庭每个成员作为一个广播电台,如奶奶广播电台、爸爸广播电台。一位家长打电话,当拨到某个电台时,这个电台就要播放歌曲、相声、新闻等节目。家长可有意识地拨打孩子的电台,使孩子得到更多的练习机会,使孩子的语言能力得到提高。

益处:使孩子口齿清楚、态度大方,能有表情地讲述和朗诵。

(2)传电报。

玩法:成人在孩子耳边讲一些有趣的电报内容,如小猴在电灯泡里跳迪斯科、小老鼠打败了大老虎等。孩子听后传给第三个人,第三个人讲出电报内容,发电报人进行验证。如无第三个人,则要求孩子在成人耳边再复述一遍。

益处:培养孩子的记忆力和语言表达能力。

(3)咕噜咕噜。

玩法:家长与孩子面对面站立,双手握空拳、两拳交错上下边绕圈边念"咕噜咕噜1(出示1个手指)",家长说:"一头牛。"2个人再绕圈并念"咕噜咕噜2(出示2个手指)",孩子说:"两只鸟。"依次说数字组词到10,游戏结束。

益处:学习用量词组词和即兴说话,培养孩子思维的准确性和敏捷性。

(4)小小营业员。

准备:孩子的玩具5~10件,围裙。

玩法:将玩具逐一放好,家长先系上围裙当营业员,向孩子介绍商品。如指着玩具狗说:"这是只小狗,白白的毛,鼻子会闻气味,它有四条腿,有一条卷的尾巴,它会帮人们看门,你喜欢它吗?你想买它吗?"孩子将小狗"买"回去,然后由孩子当营业员介绍商品,游戏反复进行。

游戏的变化:可以出现水果、蔬菜、交通工具、娃娃等各类物品,还可以让顾客描述要买的物品特征让营业员猜,猜对了就把物品"卖"给顾客。

益处:培养孩子运用口语进行连贯讲述的能力,巩固孩子对物品特征的认识。

操作训练

1.活动名称:藏猫猫(1岁)

活动目标:

(1)能辨别妈妈和爸爸的声音,并通过声音进行寻找。

(2)加深宝宝与父母的情感,培养愉快情绪。

活动指导要点:

(1)宝宝与爸爸面对面,妈妈躲在爸爸的身后叫"宝宝",爸爸抱着宝宝找妈妈。也可以在妈妈头上蒙一块纱巾逗逗宝宝:"妈妈在这呢!"

(2)为了使活动增添情趣,父母双方可以在屋里进行追逐藏猫猫游戏。

(3)将纱巾蒙在宝宝的头上,让宝宝自己将纱巾拉下来,成人发出"喵"的声音。

2.活动名称:在这里(1岁)

活动目标:

(1)鼓励宝宝学会答应。

(2)发展宝宝语言表达能力。

活动准备:宝宝熟悉的玩具。

活动指导要点:

家长把玩具放在宝宝面前,问:"小兔在哪里?"鼓励宝宝用手指着小兔说:"在这里"。家长再问:"宝宝在哪里?"鼓励宝宝用手指着自己说:"在这里。"

建议:

宝宝在游戏时喜欢重复,家长要耐心反复与宝宝交流,并以表扬鼓励为主。

3.活动名称:打电话(2岁)

活动目标:

(1)能进行简单的对话。

(2)激发宝宝表达的愿望。

活动准备:各种玩具电话。

活动指导要点:

(1)家长带宝宝到有各种玩具电话的场地,让宝宝选择一个喜欢的电话拿到桌子上。

(2)家长先拨电话,宝宝接电话。如家长问:"喂,你是谁呀? 宝宝在哪里呀? 宝宝在家干什么呢?"

(3)交换打电话,宝宝拨电话,家长接。

建议:

在打电话的游戏中,家长的语音、语速要适中,要让宝宝听得清楚,能够理解。另外,手机对宝宝的听力、大脑都有负面影响,尽量不要使用手机做游戏。

4.活动名称:动物口袋(3岁)

活动目标:

发展语言表述能力,积累新知识。

活动准备:

绒毛动物(鸭、兔、狗)玩具,布口袋一个,鱼、虾、肉骨头、萝卜、白菜等食品卡片。

活动指导要点:

(1)请宝宝帮家长一起将装满绒毛玩具的口袋抬到指定地方,并告诉宝宝口袋里有很多玩具,从而吸引宝宝的注意。

(2)每个宝宝从口袋中摸出一种动物玩具,家长引导宝宝观察小动物,重点说出动物名称、叫声、食性、主要外形特征。观察后,可从口袋中更换动物。

(3)将动物爱吃的食物散放在地板上,家长指导宝宝喂养小动物,将食物放入相应的动物的大嘴中。

建议:

在日常生活中,家长可以引导宝宝认识家中的物品,能说出名称、用途。家长要耐心等待孩子把话说完,不要替他说,也不要与孩子抢着说话。

5.活动名称:都有什么用(3岁)

活动目标:

了解物品的用途,乐意运用语言交流。

活动准备:

各种常见的生活用品。

活动指导要点:

在桌上放好纸杯、碗、剪刀、胶棒、毛巾、牙刷、水彩笔、钥匙、手帕、指甲刀等宝宝经常用的物品。让宝宝说一说,找一找,"用什么剪东西"、"用什么画画"、"用什么擦脸"、"用什么开门"等。请宝宝把相应的物品找出来。如果宝宝做得很顺利,还可以增加游戏的难度。让宝宝帮妈妈找一找桌上没有的东西,如"外面下雨了怎么办?""妈妈要擦桌子,要拿什么"等。这样,宝宝既加深了对生活的认识,也体验到帮助大人做事的乐趣。

第九章

学前儿童情绪、情感的发展

案 例

分离焦虑

新生入园往往是最让家长揪心老师操心的问题。每天早上孩子紧紧搂住妈妈的脖子哭喊着要妈妈,晚上原本挺高兴地吃晚饭,看见妈妈立刻眼泪就下来了……见此场景家长们的第一感觉是:孩子不开心,不想上幼儿园;老师们更是无辜:早上孩子进了教室就找小伙伴玩去了,经过老师耐心周到的照顾,孩子白天玩得挺开心的,怎么一到晚上还这么委屈?

提问:孩子为什么哭闹呢?

回答:第一次入园的孩子,特别是一直在家人身边生活、很少与外界接触的孩子,会在心理上经历一次严重的负性情绪——分离焦虑。因为他要第一次面对陌生的环境和陌生的人,全然不同于家里的安排,孩子会在心理和生理上都产生或轻或重的不适。由于语言表达和适应环境的能力尚且不足,因而孩子用最直接的方式——哭来表达不想和妈妈、家人分开的想法。这并不足以说明孩子在幼儿园受了委屈,或者老师工作得不到位,只是孩子的一种情绪的表达。至于幼儿园的条件、老师的工作态度是需要家长提前了解和沟通的。

学前儿童心理发展与咨询辅导

第一节　情绪和情感的概述

随着心理健康知识的普及,人们开始越来越多地认识到良好的情绪对于健康的重要性。但是在生活中人们还会把情绪和情感混为一谈,实际上它们是有区别的。

一、什么是情绪和情感

人非草木,孰能无情。每个人都有自己的情绪和情感表达,那么究竟什么是情绪和情感呢?

1.情绪和情感的定义

人生活在社会中,为了自身的生存和发展,就要不断地认识和改造客观世界,以期为人类文明、进步和发展创造条件。人们在变革现实的过程中，必然要接触到自然界或社会中各种各样的对象和现象，必然要遇到得失、顺逆、荣辱、美丑等各种情境，有时感到高兴和喜悦，有时感到气愤和憎恶，有时感到悲伤和忧虑，有时感到爱慕和钦佩，等等。这里的喜、怒、哀、乐、忧、愤、爱、憎等都是情绪和情感的不同表现形式。

那么，究竟什么是情绪和情感呢？百余年来，心理学家们对这一问题进行了长期而深入的研究，对情绪和情感的实质提出了许多学说，但由于情绪和情感的复杂性，由于各人研究的角度、重点和方法不同，因而，至今没有得出一致的结论。当前，一种比较流行的看法是，情绪与情感是人对客观事物是否满足自己的需要、愿望和观点而产生的态度体验及相应的行为反应。

人们在活动与认识过程中，既表现出对事物的态度，同时也表现出这样或那样的情绪和情感。例如，儿童会因为取得好的成绩而高兴，也会因为做了错事，受到老师的批评而感到内疚；人们遇到危险时会产生紧张或恐惧，碰到那些违反社会道德标准的丑恶现象会产生讨厌或愤怒。这些以特殊方式表现出来的主观感受或体验就是情绪和情感。

情绪和情感作为主观感受，也是对现实的反映。它们所反映的不是客观事物本身，而是具有一定需要的主体的人和客体之间的关系。在主客体关系中，不是任何事物都能引起人的情绪与情感体验。例如，车声、铃声在一般情况下，引不起我们的情感体验，但当我们在聚精会神地思考某些问题时，这些声音就会使我们觉得很讨厌；当你急切地盼望下课时，或在车站伫立等候来车时，铃声和车声又会使你感到愉快、高兴。这说明客体是否能引起人的情绪与情感体验，是以人的需要为中介的。凡是能满足人的需要或符合人的愿望、观点的客观事物，就使人产生愉快、喜爱等肯定的情绪与情感体验；凡是不符合人的需要或违背人的愿望、观点的事物，就使人产生烦闷、厌恶等否定的情绪与情感体验。

2. 情绪和情感的区别与联系

情绪和情感是十分复杂的心理现象。在西方的心理学著作中常把情绪和情感合称为感情。这样，感情的概念就包括了心理学中使用的情绪和情感两个方面。情绪和情感是两种难以分割又有区别的主观体验。

情绪和情感的区别表现在：

第一，情绪更多的是与人的物质或生理需要相联系的态度体验。情感更多的是与人的精神或社会需要相联系的。情绪是人和动物共有的，尽管人的情绪由于需要的社会化而不同于动物的情绪，但是在表现形式上还是带有原始性动力特征。

而情感是人所特有的,带有显著的社会历史制约性,是个体社会化的重要组成部分。

第二,情绪具有一定的情境性、激动性和暂时性,它往往随着情境的改变和需要的满足而迅速增强或减弱或消失,一般不具有稳定性。而情感虽然也会受一定的情境的影响,但由于情感是个性结构或道德品质中的重要成分之一,是对人、对事稳定态度的反映,因而,情感具有较大的稳定性、深刻性和持久性。

第三,情绪是情感的表现形式,通常具有明显的冲动性和外在表现形式,常常伴随一定的机体生理反应。如欣喜若狂的同时伴随着手舞足蹈,怒不可遏的同时伴随着肾上腺素的急剧上升等。情感则显得更加深沉,常以内心体验的形式存在,如深沉的爱、殷切的期望、痛苦的思虑等,往往深深地埋在心底,不轻易外露。另外,情绪一旦爆发,往往一时难以控制,有时甚至带有破坏性,而情感不存在这种情况,它始终在意识控制范围内进行。

所谓情绪和情感的联系,指的是情绪和情感都是需要是否得到满足的一种主观体验。情绪和情感虽有区别,但在具体人身上它们总是彼此依存,交融在一体,难以分开。情感离不开情绪,稳定的情感是在情绪的基础上形成起来的,同时又通过情绪反应得以表达,离开情绪的情感是不存在的。情绪也离不开情感,情绪的变化往往反映情感的深度,在情绪发生的过程中,常常深含着情感。因此,情绪和情感又是不可分割的。

情绪与情感体验是错综复杂、细腻多样的,一种情感往往还包含着几种不同的情绪。在表现方式上有时不易被人一下子辨认清楚。如苦闷和绝望、忧伤和悲痛、默许的微笑和否定的微笑等,就不容易一下子辨认清楚,这要根据当时的客观情况做仔细的观察了解。

3.情绪和情感的功能

情绪与情感的功能主要表现在以下几方面:

(1)信息交流功能。情绪和情感具有传递信息、沟通信息的功能。这种功能是通过表情来实现的,表情包括肢体表情、言语表情和面部表情。表情是思想的信号,在许多场合,表情传递信息的效果要比言语的效果好,比如说,微笑表示友好,点头表示同意等。表情也是言语交流的补充,如手势、语调等能使言语信息表达更为明确。从信息交流的发生上看,表情的交流比言语交流要早得多,在婴儿学会说话前,婴儿与成人的唯一交流手段就是表情。

(2)适应功能。有机体在生存和发展的过程中,有机体通过情绪和情感引起的生理反应能够发动身体的力量,使有机体处于适宜的活动状态。适应功能从根本上来说,就是服务于改善人的生存和生活条件。婴儿出生时,不具有独立的生存能力,这时婴儿与成人的交流依赖于情绪;而成人则是要通过情绪反映他处境的好坏。在社会生活中,微笑表示友好的情绪和情感,示威表达的则是反对的情绪和情感。这些都是人们为了更好地适应社会环境,求得更好的生存和发展的条件。

（3）调节功能。指情绪与情感作为行动动力,有发起和维持行为的作用。情绪和情感可以驱动有机体从事活动,提高人的活动效率。研究表明,适度的紧张和焦虑能促使人积极思考和成功地解决问题。没有一点紧张,或者过度的紧张或焦虑将不利于问题的解决。情感可以把行为引向合理的轨道,比如,对教育事业的热爱,对少年儿童的爱,这是小学教师创造性地完成教育、教学工作的推动力量。

但是,情绪和情感也有干扰作用。当人的行为受到阻碍而产生消极情绪时,这种情绪就会妨碍活动的进程,降低获得的效率。

二、情绪和情感的种类

人类的情绪和情感是很复杂的思维过程,因此我们对人类的情绪和情感应该有更多的了解,才能帮助人们管理自己的情绪和情感,促进社会的和谐进步。

1.人类情绪的基本类别

人的情绪是多种多样的。我国古代就有"喜、怒、哀、乐、爱、恶、惧"七情的说法。心理学界一般认为,快乐、愤怒、悲哀和恐惧是人的四种基本情绪。这些基本情绪与人的基本需要相联系,是与生俱来的。

（1）快乐。主要是指个体盼望的目的达到或需要得到满足,继而解除紧张感时的情绪体验。快乐的程度取决于目的的重要程度和目的达到的意外程度。如果追求的结果对个体而言非常重要,或者达到目的的意外程度越高,那么所引起的个体快乐感也就越强烈。

（2）愤怒。主要是指由于个体所追求的目的和愿望不能达到或顽固地、一再地受到妨碍,逐渐积累而成的情绪体验。愤怒的程度取决于所受干扰的大小及违背愿望的程度,同时也受人的个性的影响。如果个体追求目的的行为受到阻碍,就能引起愤怒的情绪。愤怒的情绪不一定是由个体所遭受的挫折引起的,只有那些不合理的挫折才是造成愤怒情绪的原因。

（3）悲哀。主要是指个体在失去所盼望的、所追求的事物或有价值的东西时产生的情绪体验,如亲人去世、考试失败等。悲哀程度取决于所失去对象的重要性和价值大小,越是具有重要意义的或是价值越高的,个体在失去以后所引起的悲哀情绪也越强烈。有时伴随着悲哀会出现哭泣行为,哭泣可以适当地带来紧张性释放,带来轻松。

（4）恐惧。主要是指个体由于缺乏处理或摆脱可怕或危险的情景（事物）所需的力量和能力而带来的情绪体验。恐惧与快乐、愤怒不同,快乐和愤怒都是会使个体产生接近的情绪,恐惧是使个体产生企图逃脱、回避危险的情绪,它比任何其他情绪都更具有感染性,引起恐惧的关键因素是个体缺乏处理可怕情境的力量。

上述四种情绪的基本形式,在体验上是单纯的,不复杂的。在这四种基本情绪的基础上,可以派生出许多种不同组合的复合情绪和情感。这些复合情绪和情感往往有着相对复杂的社会内涵的主观体验。

2.按情绪状态分类

情绪状态是指在某种事件或情景的影响下,在一定时间内所产生的激动不安状态。其中最典型的情绪状态有心境、激情、应激。

(1)心境。心境是一种比较微弱、平静而持久的情感状态。它可能是愉快的或忧郁的,也可能是恬静的或朝气蓬勃的。

心境一经产生就不只表现在某一特定对象上,在相当一段时间内,使人的整个生活都染上某种情感色彩。例如,当一个人高兴的时候,周围的环境仿佛变得清新明亮,赏心悦目;反之,当一个人心灰意冷的时候,良辰美景也给人一种无可奈何之感。古语说"忧者见之而忧,喜者见之而喜"正是对心境的生动描述。

引起心境的原因是多种多样的。例如,师生关系、学习成绩、环境条件的变化、工作的顺逆、身体的健康状况等,都可能成为引起人的某种心境的原因。

心境对生活、工作和学习的影响很大。良好的心境能使人处于欣喜状态,头脑清楚,提高工作效率,克服前进中的困难;消极的心境使人厌烦、消沉。因此,为了有效地工作和学习,我们必须主动控制心境,经常保持积极的良好心境。

(2)激情。激情是一种猛烈的、迅速爆发而时间短暂的情感状态。如狂喜、愤怒、恐惧、绝望等。

激情往往是由外界强烈的刺激所引起的。对立意向的冲突或过度的抑制都容易引起激情。在激情状态下,总是伴有剧烈的内部器官活动的变化和明显的外部表现。例如,愤怒时,全身发抖,紧握拳头;恐惧时,毛骨悚然,面如土色;狂喜时,手舞足蹈,欢呼雀跃;绝望时,瞠目结舌,呆若木鸡,等等。

激情有积极的激情和消极的激情两种。积极的激情可以成为人们投入行动的巨大动力,对学习、生活、工作具有重大意义,如见义勇为。消极的激情会带来不良后果。人在产生消极的激情时,对周围事物的理解能力和自制力显著降低,不能约束自己的行动,不能正确评价自己行为的意义和后果。对于消极的激情要用意志力加以控制,要转移注意力以减弱激情爆发的强度,不让消极的激情支配自己。

(3)应激。应激是在突然出现紧张情况时产生的情感状态。当人遇到困难和危险的情景,必须当机立断做出重大决策时,便进入了应激状态。应激的作用在于能调动起身心的各种潜力,以应付紧张局面。如在汽车疾驶中,司机突然发现距汽车很近的地方有个障碍物,就会产生应激状态,用急刹车来防止事故的发生。

应激状态下可能有两种表现,一种表现是使人的心理活动立即动员起来,保持旺盛的精力,使思想特别清楚、精确,使动作机敏、准确,推动人化险为夷,转危为安,摆脱困境;另一种表现是使人的活动处于抑制状态,注意和知觉范围缩小,手脚失措,行动紊乱,做出不适宜的动作。

应激状态的某些消极表现是可以通过提高认识、接受训练来加以调节的。例如,由于教师在长期的教育工作中积累了丰富的经验和处理教育中发生的各种事件的方法,因而能从容而顺利地解决教育中突然发生的而又必须立即做出决定的

学前儿童心理发展与咨询辅导

难题。

3.按情感的社会性内容分类

根据情感的社会性内容可以把情感分为道德感、理智感和美感。

（1）道德感。道德感是关于人的言行是否符合一定的社会道德标准而产生的情感体验。它是人的行动与道德需要之间关系的反映。当人的思想意图和行为举止符合一定社会道德准则的需要时，就感受到道德上的满足；否则，就感到惭愧或内疚。我们爱祖国，爱人民，爱劳动，富有同情心和对事有责任感，这些都属于道德感。

道德感是品德结构中的一个重要成分，对人的行为有巨大的推动、控制和调节作用。它可以促使人们把自己的精力用于有益的活动，做出高尚的举动。

（2）理智感。理智感是人在智力活动过程中发生的情感体验，是人们认识现实、掌握知识和追求真理的需要是否得到满足而产生的一种情感体验。人们在智力活动中有新的发现，会产生喜悦的情感；遇到问题尚未解决时，会产生疑虑的情感。理智感主要表现为好奇心、求知欲、质疑感和追求真理的强烈愿望等。

（3）美感。美感是人根据一定的审美标准对客观事物、艺术品以及人的道德行为的美学价值进行评价时所产生的情感体验。例如，对祖国的锦绣河山、名胜古迹、艺术珍品、体育竞赛、文艺表演、英雄人物的行为等所表示的赞美、歌颂、感叹等。美感使人精神振奋，积极乐观，心情愉快，还可以丰富人的心理生活。美感给人增加生活的情趣，帮助人们以美丑的评价去赞扬美好的事物和心灵，蔑视与鞭挞丑陋和粗野的行为。所以，提高儿童的美感水平，可以丰富他们的精神生活，纯洁他们的心灵，为他们将来能按照美的规律去创造美的未来打好基础。

三、情绪的外部表现

情绪和情感发生时，通常总是伴随着外部表现。这种外部表现是指可以直接观察到的某些行为特征，如面部可动部位的变化、身体的姿态、手势，以及言语器官的活动，等等。心理学中通常把这些与情绪、情感有关联的行为特征称为表情动作。其中以面部表情最为重要。表情是人际交往的一种形式，是表达思想、传递信息的手段，也是了解情绪、情感的主观体验的客观指标之一。

1.面部表情

面部表情是指通过眼部肌肉、颜面肌肉和口部肌肉的变化来表现各种情绪状态。人的眼睛是最善于传情的，各种眼神可以表达人的各种不同的情绪和情感。例如，高兴和兴奋时"眉开眼笑"，气愤时"怒目而视"，恐惧时"目瞪口呆"，悲伤时"两眼无光"，惊奇时"双目凝视"等。眼睛不仅能传情，而且可以交流思想，人们之间往往有许多事情只能意会，不能或不便言传，观察人的眼神可了解他的内心的思想和愿望，推知人们对人对事是赞成还是反对，是接受还是拒绝，是喜欢还是不喜欢，是真诚还是虚假等（见图9-1）。可见，眼神是一种十分重要的非言语交往手段。

艺术家在描写人物特征、刻画人物性格时,都十分重视通过描述眼神来表现人内心的情绪和情感,展现出人的栩栩如生的精神面貌。

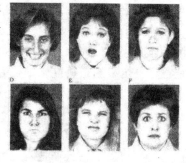

口部肌肉的变化也是表现情绪和情感的重要线索。例如,憎恨时"咬牙切齿",紧张时"张口结舌",高兴时"满脸堆笑"等,都是通过口部肌肉的变化来表现某种情绪的。

美国心理学家艾克曼(Ekman,1975)的实验证明,人的面部的不同部位在表情方面的作用是不同的。例如,眼睛对表达忧伤最重要,口部对表达快乐与厌恶最重要,而前额能提供惊奇的信号,眼睛、嘴和前额对表达愤怒情绪都是重要的。我

图 9-1

国心理学家林传鼎(1944)的实验研究也证明:口部肌肉对表达喜悦、怨恨等少数情绪比眼部肌肉重要,而眼部肌肉对表达更多的情绪,如忧愁、愤恨、惊骇等,则比口部肌肉重要。

2.身体表情与手势表情

身体姿势是表达情绪的一种方式。人在不同的情绪状态下,身体姿势会发生不同的变化,如高兴时"捧腹大笑",恐惧时"紧缩双肩",紧张时"坐立不安"等。一举手、一投足等身体姿势都可表达个人的某种情绪。

手势常常是表达情绪的重要形式。手势通常和言语一起使用,表达赞成还是反对、接纳还是拒绝、喜欢还是厌恶等态度和思想。手势也可以单独用来表达情感、思想,或做出指示。在无法用言语沟通的条件下,单凭手势就可表达开始或停止、前进或后退、同意或反对等思想感情。"振臂高呼"、"双手一摊"、"手舞足蹈"等语词,分别表达了个人的激愤、无可奈何、高兴等情绪。心理学家的研究表明,手势表情是通过学习得来的。它不仅有个别差异,而且由于社会文化、传统习惯的影响又有民族或团体的差异。同一种手势,在不同的民族中可用来表达不同的意思。

3.语调表情

除面部表情、身体姿势、手势以外,语音、语调也是表达情绪的重要形式。谁都知道,朗朗笑声表达了愉快的情绪,而呻吟代表了痛苦的情绪。言语是人们沟通思想的工具,同时,言语中语音的高低、强弱、抑扬顿挫等,也是表达说话者情绪的手段。例如,当播音员转播乒乓球的比赛实况时,他的声音尖锐、急促、声嘶力竭,表达了一种紧张而兴奋的情绪。而当他播出某位领导人逝世的公告时,语调缓慢而深沉,表达了一种悲痛而惋惜的情绪。

总之,面部表情、身体姿势、手势和语调等,构成了人类的非言语交往形式。心理学家和语言学家称之为"体语"(bodylanguage)。人们之间除了使用语言沟通达到互相了解之外,还可以通过由面部表情、身体姿势、手势以及语调等构成的体语,来表达个人的思想感情和态度。在许多场合下,人们无须使用语言,只要通过观察

学前儿童心理发展与咨询辅导

脸色,看看手势、动作,听听语调,就能知道对方的意图和情绪。

第二节　情绪在学前儿童心理发展中的作用

不少心理学家都承认情绪在儿童心理活动中的动机作用,认为情绪不只是心理活动的伴随现象或副现象,情绪在心理活动中的作用是其他心理过程所不能代替的,它是人的认识和行为的呼唤者和组织者。它的这种作用在学前儿童身上更为突出。

一、情绪对学前儿童心理活动的动机作用

在日常生活中,情绪对学前儿童心理活动和行为动机的作用非常明显。情绪直接指导着学前儿童的行为,愉快的情绪往往使他们愿意学习,不愉快则导致各种消极行为。比如,某托儿所训练1岁半至2岁儿童早上来所时向老师说"早上好",下午离所时说"再见"。结果许多儿童先学会说"再见",而问"早上好"则较晚才学会,其重要原因是由于儿童早上不愿意和父母分离,缺乏向老师问早的良好情绪和动机,下午则愿意立即随父母回家,所以赶快说"再见"。虽然同样是学说话,在不同情绪影响下,学习效果并不相同。

到了学前晚期,情绪对行为的动机作用仍然相当明显。常常出现这样的情况:6岁男孩对老师指定的图画内容不感兴趣,他愿意按自己的意愿去画。老师检查时,问他画的树叶在哪里,他说:"(风)都刮跑了。"叫他画司机,他说:"都吃饭去了。"有位老师记录了她的一次经验:班上小朋友抓了蜗牛,老师强制他们扔掉,谁也不肯,爱不释手。于是老师用纸折了一个"房子",让他们把蜗牛都放进去,并答应他们吃完饭可以把蜗牛带回家去。那一天,孩子们吃饭都特别快。可见,强制会使孩子们产生不良情绪,而适合幼儿需要的措施,则使他们产生良好的情绪从而表现出积极的行动。

二、情绪对学前儿童认知发展的作用

情绪和认知是密切联系的,它们之间的互相作用在学前儿童心理过程中也有明显的表现。我们在本章后面的阐述中将会看到,儿童的情绪随着认知的发展而分化和发展。与此同时,情绪对儿童的认知活动及其发展起着激发、促进作用或抑制、迟延作用。

我们已经知道,学前儿童的认识过程的一个重要特点是以无意性为主,而"无意性"的主要特点之一,就是受自身情绪所左右。

不少实验研究证明了情绪对儿童认知和智力发展的作用。例如,孟昭兰有关婴幼儿不同情绪状态对其智力操作的影响的研究表明:

（1）情绪状态对婴幼儿智力操作有不同的影响。情绪积极的婴幼儿，动力较大，而且智力发育会比较迅速，所以帮助儿童合理掌控情绪，对其智力发育也会产生极大影响。

（2）在外界新异刺激作用下，婴幼儿的情绪可以在兴趣和惧怕之间浮动。这种不稳定状态，游离到兴趣一端时，激发探究活动，游离到惧怕一端时，则引起逃避反应。

（3）愉快强度与操作效果之间的相关为"U"字形关系，即适中的愉快情绪使智力操作达到最优，这时起核心作用的是兴趣。

（4）惧怕和痛苦的程度与操作效果之间为直线关系，即惧怕和痛苦越大，操作效果越差。

（5）强烈的激情状态或淡漠无情，都不利于儿童的智力探究活动，兴趣和愉快的交替，是智力活动的最佳情绪背景，惧怕和痛苦对儿童智力发展不利。

有的研究认为，有美感情调色彩的词和有厌恶的词相比，前者识记效果明显地好，保持效果更显著。

情绪态度对幼儿语言发展有重要影响。其表现如下：

（1）儿童最初的话语大多是表示情感和愿望的。此时言语的情感功能和指物功能不分。有一个2岁零8个月的女孩，对于比她大的孩子，她会叫哥哥姐姐，但是，听见哥哥把她叫做妹妹时，她不以为然，说："我是姐姐呀！"

（2）用情绪激动法可以促进儿童掌握某些难以掌握的词。例如，用示范法让女孩掌握"你"字，不成功，用情绪激动法则成功了。姨妈问她："这只手风琴是谁送给你的？"女孩答："朱老师送给你的。"姨妈立即说："啊！送给我的。"随即拿走了。这时女孩激动起来，立刻叫喊："送给我的。"从此对"你"、"我"二字十分注意。有时说了"某某给你的"，立刻改正为"给我的"。有时干脆先说"给我"，再说"某某给我的"。

三、情绪对学前儿童交往发展的作用

情绪对人类适应环境有重要作用。在人类祖先进化的历史上，情绪曾起着这种作用。例如，啼哭时嘴角下弯的表情，是人类祖先在困难时求援的适应性动作；愤怒时咬牙切齿和鼻孔张大等表情，是人类祖先即将进行搏斗时的适应性动作。婴儿最初的情绪表现，也有帮助他适应生存的作用。婴儿必须依靠成人而生存，天生的情绪反应能帮助他呼唤和影响成人，使婴儿得到照顾。例如，新生儿在饥饿或疼痛时会哭叫，在温饱、舒适时出现面部微笑，对恶臭的气味会产生厌恶的表情，对大声震动会出现恐惧反应，并迅速转为大哭。

儿童对环境的适应主要是通过交往实现的。儿童的情绪在出生后日益社会化。直到幼儿期，情绪仍然是适应环境的工具，即交往工具。

成人对新生儿的了解，几乎完全依靠他的表情动作。儿童在掌握语言之前，主

学前儿童

心理发展与咨询辅导

要以表情作为交往的工具。在幼儿期，表情仍然是一种重要的交流工具，其作用不亚于语言。幼儿常常用表情代替语言回答成人的问题或用表情辅助自己的语言表述。

情绪为什么能够成为交往的工具？这是因为，情绪有信号作用，能够向别人提供信息交流，情绪往往不是单向的表达，而大多数是有沟通对象的。例如，两三岁的孩子就知道，爸爸在家的时候不哭，奶奶在家的时候哭，"哭给奶奶听的"。情绪表达的再现早于语言表达，婴幼儿主要通过面部表情及肢体活动，即身体和四肢的动作和活动来表达情绪。在言语发生后，则通过言语活动和表情动作一起来表达情绪。

情绪作为信息交流工具，其特点是有感染性。在婴幼儿期，情绪的感染作用尤为突出。对婴幼儿的情绪感染，往往比语言的作用要大。

四、情绪对学前儿童个性形成的作用

儿童情绪的发展趋势之一是日趋稳定。大约 5 岁以后，情绪的发展开始进入系统化阶段。幼儿的情绪已经比较高度地社会化，他们对情绪的调节能力也有所提高。加之幼儿总是受着特定的环境和教育影响，这些影响经常以系统化的刺激作用于幼儿，幼儿也逐渐形成了系统化的、稳定的情绪反应。例如，某些成人经常抚爱幼儿，总是使幼儿的精神需要得到满足，因而引起了良好的情绪反映。另一些成人对幼儿总是过多地厉声指责，总是不能满足幼儿的精神需要，于是引起幼儿不愉快的情绪反应。这样，经过日久的重复，幼儿便对不同的人形成不同的情绪态度。同样，由于成人长期潜移默化的感染和影响，幼儿形成了对事物的比较稳定的情绪态度。

据研究，情绪在不同人身上有不同的阈限。有些孩子经常处于某种情绪体验的低阈限中，他们在和其他儿童或成人交往时，不可避免地形成某些特有的情绪反应，情绪过程日益稳定化，逐渐变成情绪品质。例如，一时的焦虑，可以称为焦虑状态，而经常出现稳定的焦虑状态，则逐渐形成焦虑品质。情绪的品质特征，是个性的性格特征的组成部分。当情绪与认知相互作用而形成一定倾向时，就形成了基本的个性结构，如所谓内向的或外向的个性、主动或被动的个性、进取型或压抑型的个性特征，等等。1 岁前，婴儿的情绪发展影响到他早期的智力发展和个性特征的形成，甚至影响到日后以至成人后的行为。早期的情绪损伤，则可能导致怪癖的性格和异常行为。

第三节　儿童情绪的发生和分化

儿童的情绪产生是多种多样的，要更好地了解和教育儿童，首先要从了解儿童

的情绪入手。

一、原始情绪反应

人的情绪类型有很多种，不同的情绪类型，其反应不同，行为后果也不同，应该采用的教育方法也不同。

1. 本能的情绪反应

儿童出生后，立即可以产生情绪表现，最初几天的新生儿或哭或安静，或四肢划动等，可以称为原始的情绪反应。

原始情绪反应的特点是，它与生理需要是否得到满足有直接关系。身体内部或外部的不舒适的刺激，如饥饿或尿布潮湿等刺激，会引起哭闹等不愉快情绪。当直接引起情绪反应的刺激消失后，这种情绪反应也就停止，代之以新的情绪反应。例如，换上了干净的尿布以后，婴儿的哭声立即停止，情绪也变得愉快。不同民族的婴儿有共同的基本面部表情模式，这说明原始情绪是人类进化的产物。

2. 原始情绪的种类

行为主义创造人华生根据对医院婴儿室内 500 多名初生婴儿的观察提出，天生的情绪反应有三种：

（1）怕。华生认为，婴儿怕两件事：

一是大声。婴儿静静地躺在地毯上，如果用铁锤在他头部附近敲击钢条，立刻引起他的惊跳，即时筋肉猛缩，继之以哭。其他的高声，如器皿落下、窗帘飞起、屏风跌落等，都会引起同样的反应。

二是失衡。婴儿身体突然失去平衡，失去依托。身体下面的毯子突然被人猛抖，引起猛烈震动，婴儿会大哭，呼吸急促，双手乱抓，即使口中有"安慰器"（奶嘴）也不例外。

（2）怒。限制活动会激怒婴儿。当实验者双手温和地、坚定地按住婴儿的头部，不准活动时婴儿会发怒；他把身体挺直，哭叫，挥手蹬脚。

（3）爱。抚摸婴儿的皮肤，抱他，会使婴儿产生爱的情绪。特别是抚摸皮肤的敏感区域，如唇、耳、颈背、乳头、性器官等，婴儿都会发生安静的反应，表示爱。

多数心理学家认为，原始的情绪反应是笼统的，还没有分化为若干种。有些人认为，新生儿的原始情绪只能区分为愉快和不愉快，所谓愉快，仅是"不是不愉快"的表现而已。

二、情绪的分化

婴儿情绪发展表现为情绪的逐渐分化。关于情绪的分化，最有代表性的是加拿大心理学家布里奇斯的情绪分化论。她通过对 100 多个儿童的观察，提出了关于情绪分化的较完整的理论和 0～2 岁儿童情绪分化的模式。她认为，初生婴儿只有皱眉和哭泣的反应。这种反应是未分化的一般性激动，是强烈刺激引起的内脏

学前儿童

心理发展与咨询辅导

和肌肉反应。3个月以后,婴儿的情绪分化为快乐和痛苦。6个月以后,又分化为愤怒、厌恶和恐惧。比如,眼睛睁大、肌肉紧张,是恐惧的表现。12个月以后,快乐的情绪又分化为高兴和喜爱。18个月以后,快乐的情绪分化出喜悦和妒忌。

我国心理学家林传鼎于1947～1948年观察了500多个出生1～10天的婴儿所反应的54种动作的情况。根据观察结果,他提出的看法,既不同于华生所提出的原始情绪高度分化的理论,也不同于布里奇斯关于出生时情绪完全未分化的理论。他认为,新生儿已有两种完全可以分辨得清楚的情绪反应,即愉快和不愉快。二者都是与生理需要是否得到满足有关的表现。不愉快反应是通常自然动作的简单增加,为所有不利于机体安全的刺激所引起。愉快的反应和不愉快的表现显然不同,它是一种积极生动的反应,增加了某些自然的动作,特别是四肢末端的自由动作,这种动作也能在婴儿洗澡后观察到,这就说明了一种一般愉快反应的存在,它为一些有利于机体安全的刺激所引起。他提出从出生后第一个月的后半月,到第三个月末,相继出现6种情绪,用情绪词汇来说,可称做欲求、喜悦、厌恶、愤怒、烦闷、惊骇。这些情绪不是高度分化的,只是在愉快或不愉快的轮廓上附加了一些东西,主要是面部表情。而惊骇是强烈的特殊体态反应。4～6个月已出现由社会性需要引起的喜悦、着急,逐渐摆脱同生理需要的关系,如对友伴、玩具的情感。从3岁到入学前,陆续产生了亲爱、同情、尊敬等20多种情感。

美国心理学家伊扎德认为,随着年龄的增长和脑的发育,情绪也逐渐增长和分化,形成了人类的9种基本情绪:愉快、惊奇、悲伤、愤怒、厌恶、惧怕、兴趣、轻蔑、痛苦。每一种情绪都有相应的面部表情模式。他把面部分为三个区域"额—眉、眼—鼻—颊、嘴唇—下巴",并提出了区分面部运动的编码手册。总之,初生婴儿的情绪是笼统不分化的,1岁后逐渐分化,2岁左右,已出现各种基本情绪。

第四节　学前儿童的基本情绪表现

学前儿童的基本情绪主要有哭、笑、恐惧、依恋等,具体有以下表现。

一、哭

众所周知,婴儿一出生就会哭。哭代表不愉快的情绪。据研究,婴儿通过哭的表情和动作反映出来的情绪,很早就有所分化。随着年龄的增长,更进一步分化。有人认为,第一周婴儿啼哭的原因,主要是饥饿、冷、裸体、疼痛、想睡眠等,第2周、3周、4周,又各递增了原因,如中断喂奶,烦躁,第一次吃非流质食品,等等。以后又出现了因成人离开或玩具被拿走等原因引起的啼哭。又有的研究指出,健康婴儿有10种类型的啼哭:出生时的首次啼哭、饥饿或口渴、吸乳过快、不适意、困倦、恐惧、惊吓、忧郁、焦急、发怒等。

研究材料说明,婴儿的啼哭有不同的模式,母亲或其他看护人员正是根据这些不同的哭声来判别婴儿啼哭的原因,并采取适当的护理措施。例如:

(1)饥饿的啼哭是有节奏的,其频率通常是250～450赫兹。这是婴儿的基本哭声。啼哭时还伴随着闭眼,号叫,双脚紧蹬,如同蹬自行车那样。出生第一个月时,有一半啼哭是由饥饿或干渴引起的。到第6个月,这一类啼哭就下降为30%。

(2)发怒的啼哭,声音往往有点失真。因为婴儿发怒时用力吸气,迫使大量空气从声带通过,使声带震动而引起哭声。

(3)疼痛的啼哭,事先没有呜咽,也没有缓慢的呼气,而是突然高声大哭,拉直了嗓门连哭数秒,接着是平静地呼气,再吸气,然后又呼气。由此引起一连串的叫声。疼痛的啼哭还可以分为偶发性疼痛型和通常性或慢性疼痛型。前者是因创伤引起的突然剧痛或腹痛,或因瘙痒、灼热、不适、发烧引起的偶然疼痛。后者是因没有吃饱或营养不良造成的疼痛。前者哭声突然激烈,声音很响,不停地号叫,极度不安,脸上有痛苦的表情。后者则经常反复发生相似的啼哭。

(4)恐惧和惊吓的啼哭,突然发作,强烈而刺耳,伴有间隔时间较短的号叫。

(5)不称心的啼哭,开始时的两三声是缓慢而拖长的,持续不断,悲悲切切。

(6)招引别人的啼哭,从第三周开始出现。先是长时间吭吭吱吱,低沉单调,断断续续。如果没有人去理他,就要大哭起来。

在良好的情况下,婴儿随着年龄的增长,哭的现象逐渐减少。这是由于:第一,婴儿对外界环境和成人的适应能力逐渐增强,周围的成人,特别是初次当父母的成人,对婴儿的适应性也逐渐改善,从而减少了婴儿的不愉快情绪。第二,婴儿逐渐学会用动作和语言来表示自己的需求和不愉快情绪,这就取代了哭的表情。

但是,有些生理发育现象带来的痛苦(如出牙),还会使婴幼儿啼哭,3～4岁幼儿,随着言语能力的发展,自我控制和掩饰内心不愉快情绪的能力逐渐形成,哭的现象应该是较少的。幼儿偶尔发生莫名其妙的啼哭或不愉快现象,可能是发病的先兆。

二、笑

笑是情绪愉快的表现。学前儿童的笑,比哭发生得晚,可分为以下两种:

1.自发性的笑

婴儿最初的笑是自发性的,或称内源性的笑,或早期笑。这是一种生理表现,而不是交往的表情手段。

内源性的微笑,主要发生于婴儿的睡眠中,困倦时也可能出现。这种微笑通常是突然出现的,是低强度的笑。其表现只是卷口角,即嘴周围的肌肉活动,不包括眼周围的肌肉活动。它与中枢神经系统皮层下的自发发放有关,与脑干或边缘系统的兴奋状态有直接联系,发生于兴奋超过或低于某一阈值的变化过程中,这种早期的笑在3个月后逐渐减少。

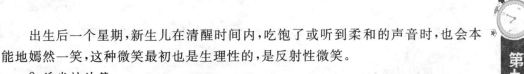

出生后一个星期，新生儿在清醒时间内，吃饱了或听到柔和的声音时，也会本能地嫣然一笑，这种微笑最初也是生理性的，是反射性微笑。

2.诱发性的笑

婴儿最初的诱发性笑也发生于睡眠时间。诱发笑与自我笑不同，它是由外界刺激引起的。比如，温柔地碰碰婴儿的脸颊，就可能出现诱发笑。

新生儿在第3周时，开始出现清醒时间的诱发笑。比如，轻轻触摸或吹其皮肤敏感区4～5秒钟，即可出现微笑。4～5周婴儿对各种不同刺激可产生微笑。如把婴儿的双手对拍，让他看转动的椭圆形卡片纸板，或听熟悉的说话声等，都能引起微笑，这种诱发性微笑，也是反射性的，不是社会性微笑。

母亲的声音最容易引起婴儿笑，婴儿甚至停止吃奶而笑。从第5周开始，大人对着他点头，也能诱发婴儿的笑，并可连续进行2～3次。4个月前的婴儿只会微笑，不会出声笑。4个月以后婴儿才笑出咯咯声来。

4个月前的诱发性笑是无差别的微笑，这种微笑往往还不分对象。例如，3个月婴儿对正面人的脸，不论其是生气还是笑，都报以微笑。如果接着把正面人脸变为侧面人脸，或者把脸的大小变了，婴儿就停止微笑。3个月的婴儿，看见白色或是有斑的花纹，也会微笑。

4个月左右，婴儿出现有差别的微笑。婴儿只对亲近的人笑，或者对熟悉的人脸比对不熟悉的人脸笑得更多。这是最初的社会性微笑。

随着年龄增长，儿童愉快的情绪进一步分化，愉快情绪的表现手段也不再停留于笑的表情了，甚至不只是用面部表情，而较多地用手舞足蹈及其他动作来表示。

三、恐惧

恐惧的分化也经历了几个阶段。

1.本能的恐惧

恐惧是婴儿一出生就有的情绪反应，甚至可以说是本能的反应。最初的恐惧不是由视觉刺激引起的，而是由听觉、肤觉、机体觉等刺激引起的。如尖锐刺耳的高声、皮肤受伤、身体位置突然发生急剧变化，从高处摔下，等等。

2.与知觉和经验相联系的恐惧

婴儿从4个月左右开始，出现与知觉发展相联系的恐惧。引起过不愉快经验的刺激，会激起恐惧情绪，也是从这时开始，视觉对恐惧的产生渐渐起主要作用。"高处恐惧"也随着深度知觉的产生而产生。

3.怕生

所谓怕生，可以说是对陌生刺激物的恐惧反应。怕生与依恋情绪同时产生，一般在6个月左右出现。婴儿对母亲的依恋越强烈，怕生情绪也越强烈。

一些研究报告认为，8个月左右的婴儿，会把母亲当做安全基地，对新事物进行探索。他可能离开母亲身边，又不时地返回"基地"。如果由母亲或其他亲人陪同,那么婴儿接触新事物或新环境的恐惧情绪就可以减弱,以后渐渐地可以和亲人分离。

4.预测性恐惧

2岁左右的婴儿,随着想象的发展,出现预测性恐惧,如怕黑、怕狼、怕坏人等。这些是和想象相联系的恐惧情绪,往往是由环境影响而形成。与此同时,由于语言在儿童心理发展中作用的增加,因而可以通过成人讲解来帮助儿童克服这种恐惧。

四、依恋

依恋是指婴儿对某个人或某些人特别亲近而不愿离去的情绪。有的研究认为,依恋突出表现为三个特点:①依恋对象比任何别的人更能抚慰婴儿;②婴儿更多趋向依恋目标;③当依恋对象在旁时,婴儿较少害怕。当婴儿害怕时,更容易出现依恋行为,他寻找依恋对象,以取得安全感。

有人认为,依恋是本能,小动物也有依恋行为。大家知道,小鸡、小鸭等出生后对首先接触的目标产生依恋行为。有些人认为,母子在出生后头几小时是发生依恋,即难舍难分情感的关键时刻。他们因此反对把新生儿放到婴儿室,主张放在母亲身边。

但是,也有不同的见解。有的研究报告说,婴儿因早产或因病,在头一年和母亲分离,后来也没有出现问题。领养的子女,在几天、几月甚至几年之后,才和养母在一起,也可以建立深厚的依恋情感。

安斯沃思(Ainsworth)观察了28名2~15个月的非洲婴儿的依恋行为,发现有13种模式。他认为,出生后第一年,婴儿依恋行为的分化,有四个相互重叠的阶段:①对任何人无区别反应。②从8~12周开始,对母亲的反应较其他人多,如啼哭、微笑、咿呀学语等。③6~7个月,出现明显的对母亲的依恋情绪,母亲离去比别人离去时哭得更厉害,对陌生人的友好态度相对地减少。④除母亲外,还依恋父亲或家中的其他人。

安斯沃思提出了在陌生情境中测量儿童依恋的方法。利用这种方法测量结果,1~1.5岁儿童依恋行为发展的模式有三种:

第一种,无顾虑的依恋。母亲离开时,婴儿稍有抗议的表示;母亲回来时,就去亲近她,但很容易平静下来。

第二种,回避的依恋。母亲离去时不抗议,母亲回来时不理她。

第三种,反抗性的依恋。母亲离去时非常伤心,母亲回来时一会儿依偎着她,一会儿又推开她。

依恋模式的变化受环境和教育的影响。同时,依恋模式和儿童个人的气质也有关系。

刘占兰(1988)的研究说明,6个月至1岁半儿童开始进入托儿所时,普遍存在分离焦虑。这种分离焦虑导源于依恋障碍,主要是依恋对象的消失。该年龄儿童

学前儿童心理发展与咨询辅导

依恋程度的差异与交往经验的差异有关。

以上的研究大致说了几种基本情绪表现分化和发展的线索。儿童情绪的分化和发展，与他们的生理发展有密切关系，有其共同的发展规律。但是，情绪的发展又有其个别差异。因为，儿童的情绪日益社会化，社会性情绪受环境和教育的影响极大。每个儿童的生理条件不同，也影响其情绪的发展。更重要的是，研究者所选用的被试者和采取的方法也有种种局限性。因此，各个研究报告所得到的结果，常常会有出入。

第五节　学前儿童高级情感的发展

学前儿童高级情感的发展，主要有以下几个方面：

一、道德感

道德感是由自己或别人的举止行为是否符合社会道德标准而引起的情感，形成道德感是比较复杂的过程。儿童在3岁前只有某些道德感的萌芽，在3岁后，特别是在幼儿园的集体生活中，随着儿童掌握了各种行为规范，道德感也发展起来。幼儿园小班幼儿的道德感主要是指向给个别行为的，往往是由成人的评价而引起。幼儿园中班幼儿比较明显地掌握了一些概括化的道德标准，他们可以因为自己在行动中遵守了老师的要求而产生快感。幼儿园中班幼儿不但关心自己的行为是否符合道德标准，而且开始关心别人的行为是否符合道德标准，由此产生相应的情感。例如，他们看见小朋友违反规则，会产生极大的不满。幼儿园中班幼儿常常"告状"，就是由道德感激发起来的一种行为。幼儿园大班幼儿的道德感进一步发展和复杂化。他们对好与坏、好人和坏人有鲜明的不同感情。在这个年龄，分清好与坏、爱小朋友、爱集体等情感，已经有了一定的稳定性。

随着自我意识和人际关系意识的发展，学前儿童的自豪感、羞愧感、委屈感、友谊感和同情感以及妒忌的情感等也都发展起来。例如，库尔奇茨卡娅（1986）用实验对学前儿童的羞愧感进行了研究，结果表明，3岁前儿童具有接近于羞愧感的比较原始的情绪反应，出现不愿意和陌生成人接近的情况。这种情感主要是窘迫和难为情，是接近于害怕的反应。3岁前儿童只是在成人直接指出他们的行为可羞时，才出现羞愧，在幼儿期则能对自己的行为感到羞愧，这时的羞愧已经不包含恐惧的成分。随着年龄的增长，儿童的羞愧感的表现越来越多地依赖于和别人的交往。

二、美感

美感是人对事物审美的体验，它是根据一定的美的评价而产生的。儿童的美的体验,也有一个社会化过程。婴儿从小喜好鲜艳悦目的东西,以及整齐清洁的环境。有的研究表明,新生儿已经倾向于注视端正的人脸,而不喜欢五官零乱颠倒的人脸,他们喜欢有图案的纸板多于纯灰色的纸板。幼儿初期仍然主要是对颜色鲜明的东西、新的衣服鞋袜等产生美感。他们自发地喜欢相貌漂亮的小朋友,而不喜欢形状丑恶的任何事物。在环境和教育的影响下,婴幼儿逐渐形成了审美的标准。比如,幼儿园儿童对拖着长鼻涕的样子感到厌恶,对于衣物玩具摆放整齐产生快感。同时,他们也能够从音乐、舞蹈等艺术活动和美术作品中体验到美,而且对美的评价标准也日渐提高,从而促进了美感的发展。

三、理智感

理智感也是人所特有的情感。这是由于是否满足认识的需要而产生的体验。这是人类所特有的高级情感。儿童理智感的产生,在很大程度上取决于环境的影响和成人的培养。适时地给婴幼儿提供恰当的知识、注意发展他们的智力、鼓励和引导他们提问等教育手段,有利于促进儿童理智感的发展。对一般儿童来说,5岁左右,这种情感已明显地发展起来,突出地表现在幼儿很喜欢提问题,并由于提问和得到满意的回答而感到愉快。6岁幼儿喜爱进行各种智力游戏,或所谓"动脑筋"活动。如下棋、猜谜语等,这些活动能满足他们的求知欲和好奇心,促进理智感的发展。

第六节 学前儿童情绪的培养

良好的情绪发展不仅有利于儿童智力发育,而且也有利于促进儿童的社会交往能力的形成,使其更好地适应社会,所以我们要积极创设条件,培养学前儿童的积极情绪。

一、营造良好的情绪环境

婴幼儿的情绪易受周围环境气氛的感染。别人的情绪因素使他们在无意中受到影响,其作用比专门的、理性的说教要大得多。可以说,婴幼儿的情绪发展主要依靠周围情绪气氛的熏陶。

1. 保持和谐的气氛

现代社会的急剧变化和竞争的环境,使人容易处于紧张和焦急之中,这对儿童发展非常不利。因此,在家庭中要有意识地保持良好的情绪气氛,布置一个有利于情绪放松的环境,避免脏乱、嘈杂,成人之间要互敬互爱,家庭成员之间也要用礼貌用语,并努力避免剧烈的冲突。

2.建立良好的亲子情和师生情

正确对待幼儿的依恋,对孩子的情绪发展有重要意义。母亲在给孩子喂奶时,就要同时注意与孩子的感情联系。有的母亲认为孩子小,不懂事,把喂奶过程只当做事务性动作,这不利于孩子的情绪发展。

分离焦虑或不能从亲人那里得到爱的满足,可能导致婴幼儿情绪发展的障碍,其不良影响甚至会延伸到儿童日后的发展。儿童初次入托或上幼儿园的时候,是分离焦虑容易加剧的时期。这时,儿童不但较长时间离开亲人,而且离开了熟悉的环境,哭泣和不安是经常发生的。父母和老师的态度在这时起着重要的作用。

亲子感情的建立虽然有先天因素,但后天的抚养亲情比先天的血缘关系更为重要,许多非亲生父母子女,其亲情如同骨肉;而有些父母把孩子从小交给祖父母或其他人,到孩子上学时才领会亲子感情,其感情关系时时出现障碍。

幼儿园的师生情,主要在教师有意识的培养,幼儿需要得到教师较多的注意、具体接触和关爱,特别是教师对幼儿的理解和尊重。比如,幼儿园小班的幼儿,很愿意搂着老师,让老师摸摸头,亲一亲。有位老师规定:谁做得好,就让他多骑一次"大马"(骑在老师的腿上),小班幼儿很喜欢争得这种奖励。大班幼儿更多注意老师对自己的态度。

二、成人的情绪自控

成人的情绪示范对孩子情绪的发展十分重要。成人愉快的情绪对孩子的情绪是良好的示范和感染。更重要的是,成人要善于控制自己的情绪;家长喜怒无常,使孩子也会无所适从,情绪也不稳定。

对孩子的爱,是孩子情绪发展的必需"营养"。过分溺爱,不利于孩子的情绪发展以至整个身心的发展。过分吝惜的爱,使孩子在父母面前过于拘谨,也不利于他的发展。

为人之师,也要学会控制自己的情绪。优秀教师能够做到把自己的一切忧伤留在教室之外,情绪饱满地进课堂。这样,才能使学生保持良好的情绪状态。

教师还要理智地对待每个幼儿的情绪态度,有些孩子容易引起老师的好感,老师对他们的态度也自然较好,并且经常委派给他们任务,孩子得到更多的锻炼机会,也容易进步,跟老师的感情也越来越好;另一些孩子不为别人喜爱,爱哭闹,不专心学习,不听劝说等,由于干扰集体活动,常受到批评,因而他们和老师疏远,学习也不好。上述这两种情况,在师生感情上,前者表现为良性循环,后者则为恶性循环。教师应自觉地控制自己的情绪,切断恶性循环,主动关心孩子,发现其优点,给予耐心帮助。孩子对老师的态度是敏感的,他们或迟或早会和老师亲近起来。

三、采取积极的教育态度

积极的教育态度是应对消极情绪的良方。在具体工作中,我们要注意以下几点:

1.肯定为主,多鼓励进步

许多父母常常对孩子说"你不行!""太笨了!""没出息!"等。经常处于这些负面影响下,孩子情绪消极,也没有活动热情。有个孩子平时画画并不好,当他在幼儿园画画第一次得到奖品——一张小画片时,他把画和奖品带回家,妈妈高兴地说:"太好了! 孩子,我知道你能行,你画的大红花多么漂亮!"从此,孩子对美术产生了兴趣。而每次画完一张,都拿给妈妈看,妈妈总是说他画得好,有进步。孩子果然越画越好了。

2.耐心倾听孩子说话

孩子总是愿意把自己的见闻向亲人诉说。孩子感受到和老师亲、对老师信任时,也总是愿意向老师诉说。可是成人往往由于自己工作太忙,没有时间听孩子说话。有时成人认为孩子说的话幼稚可笑,不屑一听。这些都会使孩子感受到压抑,感受到孤独,因而情绪不佳。有时孩子因此出现逆反心理,故意做出错误行为,以引起成人的注意。

耐心倾听孩子说话,对孩子的情绪培养十分必要。有位妈妈曾记录孩子的话:孩子说,在山上看见太阳落下去,担心太阳掉到河里去了,后来知道山下面没有河,是一条路,他放心了,这位妈妈非但没有笑话孩子的幼稚,反而称赞他心地多么善良。孩子感受到妈妈是朋友,什么知心话都愿意对妈妈讲,孩子的情绪很健康。这位妈妈的态度是正确的,培养孩子的健康情绪是首要的,至于一些无知和幼稚,孩子将会改进的。

3.正确运用暗示和强化

婴幼儿的情绪在很大程度上受成人的暗示。比如,有位家长在外人面前总是对自己的孩子加以肯定,说:"我们小妹摔倒了从来不哭。"他的孩子果真能控制自己的情绪。另一位家长则常常对别人说:"我们的孩子就是爱哭。""他就是胆小。"这种暗示,则容易使孩子养成消极情绪。

孩子的情绪发展也往往受成人强化的影响。例如,妈妈要去上班,婴儿因分离焦虑而哭。妈妈为了解决当时的矛盾,给孩子吃糖果,或尽量满足孩子的其他要求。孩子受到了强化,以后当妈妈出门时,更是大哭。另一种情况是,当孩子摔倒要哭时,大人说:"不怕! 男子汉跌倒了自己爬起来!"孩子虽然泪水在眼眶里打转,但是硬是自己站了起来。类似这样的强化,对于现代儿童抵御挫折、减少焦虑十分必要。

四、帮助孩子控制情绪

幼儿不会控制自己的情绪。成人可以用各种方法帮助他们控制情绪。

1.转移法

2岁、3岁孩子在商店柜台前哭着要买玩具,大人常常用转移注意力的方法,说"等一会儿,我给你找一个好玩的",孩子会跟着走了。可是有时此法不奏效,往往是由于大人只是为了哄孩子,回家后忘记了自己的许诺,以后孩子就不再"受骗"了。对 4 岁以上的幼儿,当他处于情绪困扰之中时,可以用精神的而非物质的转移方法。比如,孩子哭时,对他说:"看这里这么多的泪水,我们正缺水呢,快来接住吧。"这时爸爸真的拿来一个杯子,孩子就破涕为笑。

有个幼儿总是爱哭,大人对他说:"你眼睛里大概有小哭虫吧? 它让你总哭,来,咱们一起捉小虫吧!"孩子的情绪也就转移了。

2. 冷却法

孩子情绪十分激动时,可以采取暂时置之不理的办法,孩子自己会慢慢地停止哭喊。所谓"没有观众看戏,演员也没劲儿了"。当孩子处于激动状态时,成人切忌激动起来。比如,对孩子大声喊叫"你再哭,我打你"或"你哭什么,不准哭,赶快闭上嘴"之类。这样做会使孩子情绪更加激动,无异于火上浇油。有位母亲使用了以下方法:一天,孩子上床睡觉前非要吃糖不可,妈妈说"没有糖了",孩子便用高八度的嗓门哭起来。妈妈冷静地打开录音机,录下孩子的尖叫声,然后放出来。孩子听见声音,停止哭闹,问:"谁哭呢?"妈妈说:"是个不懂事的孩子,他大哭大闹,吵得别人睡不好觉。他有出息吗?"孩子答:"没出息。"妈妈说:"你愿意和他一样吗?"孩子答:"不愿意。"妈妈又说:"那你就不要大嚷了,睡觉时吃糖,牙齿要痛的。等明天买了糖给你吃,好不好?"孩子安静地答应了。

3. 消退法

对孩子的消极情绪可以采用条件反射消退法。比如,有个孩子上床睡觉要母亲陪伴,否则哭闹。母亲只好每晚与孩子做伴,有时长达一个小时。后来父母亲商量好,采用消退法,对他的哭闹不予理睬,孩子第一天晚上哭了整整 50 分钟,哭累了也就睡着了。第二天只哭了 15 分钟。以后哭闹时间逐渐减少,最后不哭也安然入睡了。

五、教会孩子调节自己的情绪表现

儿童表现情绪的方式更多的是在生活中学会的。因此,在生活中,有必要教给孩子有意识地调节情绪及其表现方式的技术。比如,儿童在自己的要求不能满足时,大发脾气、跺脚,甚至在地上打滚,这是不正确的情绪表现方式。在成人的教育下,儿童逐渐懂得,发脾气并不能达到满足要求的目的,他会放弃这种表现方式。

可以教给孩子调节自己情绪的技术,方法有:

1. 反思法

让孩子想一想自己的情绪表现是否合适。比如,在自己的要求不能得到满足时,想想自己的要求是否合理? 和小朋友发生争执时,想一想是否错怪了对方?

2. 自我说服法

孩子初入幼儿园由于要找妈妈而伤心地哭泣时,可以教他自己大声说:"好孩子不哭。"孩子起先是边说边抽泣,以后渐渐地不哭了。孩子和小朋友打架,很生气时,可以要求他讲述打架发生的过程,孩子会越讲越平静。

3.想象法

遇到困难或挫折而伤心时,想象自己是"大姐姐"、"大哥哥"、"男子汉"或某个英雄人物等。随着儿童年龄增长,在正确的引导和培养下,孩子能学会恰当地调节自己的情绪和情绪的表现方式。

咨询辅导

1.孩子到了上幼儿园的年龄,可是一说去幼儿园就哭着不去

这样的情况下我们需要从幼儿园、家长和孩子三方面找原因。首先,家长们在选择幼儿园的时候除了距离上的考虑外,也要对幼儿园的资质、教育理念、教师的能力素质有所了解。其次,选好幼儿园后,应该把孩子的具体情况、需要特别照顾的地方与老师做细致沟通,以便减轻孩子在心理和生理上的不适应。在决定入园前的一个月左右时间里,要有意识地培养孩子自理和自我表达的习惯,如自己穿衣、吃饭、如厕、较为完整地表达自己的需求等,并尽量按照幼儿园的作息时间安排孩子的生活。可以经常带孩子去看幼儿园户外活动的场景,如有可能家长陪伴入园感受一段时间则更好,可以让孩子熟悉幼儿园的生活,引导孩子对集体生活的兴趣。但即便是这样,孩子在初入幼儿园时仍会因为不愿和家长分开而焦虑地大哭(有的表现在刚入园的时候,有的则在入园几天后发生),对此,家长一定要提前做好心理准备。可以告诉孩子爸爸妈妈很爱你,不会离开你。幼儿园里的老师和小朋友也很喜欢你,妈妈会在什么时间来接你。开始可以在午饭前接回家,渐渐延长时间,直到孩子适应。只要家长坚持天天按时接送,通常来说,孩子会在2～4周后把上幼儿园当成生活的一部分,并渐渐喜欢上幼儿园的生活。

2.如何培养孩子健康积极的情绪

幼儿情绪易受内外因素影响。若消极情绪积累过多,会导致幼儿出现情绪障碍,影响幼儿身心健康。因此,著名的幼儿教育家陈鹤琴很早就提出要培养幼儿的积极情绪,他主张从三个方面培养:①让幼儿学会欣赏。欣赏自然之美、艺术之美、心灵之美。成人不仅要为幼儿提供可欣赏的事物,而且要引导幼儿正确欣赏。这些美好事物对幼儿的熏陶不仅可以缓解幼儿的紧张与焦虑,而且能陶冶幼儿的道德情操,丰富幼儿的想象力。②让幼儿快乐。教育的成功之处在于教育不仅能促进儿童全面发展,还会使儿童感到快乐。因此,幼儿教育需要成人的笑口常开、和蔼可亲的态度,成人应以循循善诱的方式让幼儿在教育中体验到真正的快乐。③打消幼儿过多的惧怕。幼儿不必要的惧怕会对其身心造成严重创伤,而幼儿生来所怕的东西不多,惧怕大都是后天养成的。因此,应让幼儿接触万事万物,不能利用其年幼无知而蓄意恐吓以让其听话,而应为孩子提供感情支持,不给孩子任何产生惧怕情绪的机会。

3.如何培养幼儿积极的情绪记忆

成人们都知道,对孩童时期的记忆大多和当时的情绪体验有关,有时记忆的内容忘了,可当时的情绪效果却一直保留在记忆中。情绪记忆是记忆内容的一个重要方面,积极的情绪记忆常伴有愉快、满足、喜悦等情绪体验,而消极的情绪记忆常伴有恐惧不安、痛苦、孤独等情绪体验。

积极的情绪记忆会使人变得乐观、自信、开朗和豁达,而消极的情绪记忆则会给人带来不同程度的消极影响。因此,家长应该注意培养孩子积极的情绪记忆。那么,如何培养孩子积极的情绪记忆呢?

以下的方法可供家长借鉴:

(1)创造一个温馨祥和的家庭环境。这样的家庭能使孩子产生愉快安全的体验;相反,一个充满压抑和吵闹、缺乏温暖和关爱的家庭,会使孩子变得自卑、孤僻、不合群、怕交往。家长为孩子着想,就应努力创造一个好的家庭环境。

(2)尽量少让孩子接触恐怖邪恶的影视节目和图书,当孩子出现害怕不安的情绪时,家长要及时地给予爱抚和安慰,排除消极的情绪记忆。

(3)当孩子对黑暗、灾难、恐怖的音响感到害怕时,家长可以把这些事物与愉快、甜蜜的刺激联系起来,逐渐消除其消极的影响。家长还应通过故事或影视中人物不怕黑暗、战胜困难的事例教育和鼓励孩子,使其逐渐改变胆小、敏感、羞怯等性格。

操作训练

1.活动名称:开火车

活动目标:

能随音乐节奏做动作,体验被邀请做游戏的快乐。

活动准备:音乐《开火车》。

活动指导要点:

(1)请两位家长用手搭成"山洞",做好准备。宝宝和其他家长围成圆圈,开始游戏。

(2)老师当"火车头",走到一个宝宝面前招手邀请"好朋友,请上来,我的火车就要开了"。提醒宝宝拉住前面人的衣服。宝宝和家长都连成一列"火车"后,随着音乐一个一个钻过"山洞"。

(3)开车时,老师要有快有慢,使宝宝体验速度的变化。提示宝宝随音乐有节奏地走,到"山洞"处,蹲下钻过"山洞"。

建议:

由于宝宝小,没有合作意识,因而在游戏中,可以先安排两三个人一组,这样更便于宝宝开心地游戏。

2.活动名称:啄木鸟

活动目标:

培养喜欢在音乐的伴奏下自由表现,有满足感。

活动准备：

大树头饰、塑料夹子、皱纹纸条、小鸟飞的音乐。

活动指导要点：

（1）家长扮演大树，将虫子（夹子）夹在衣服或腿上，高度适中，以宝宝能够得着为准，宝宝手腕上系着皱纹纸条，听音乐学小鸟飞。

（2）音乐停，宝宝也停止飞，到大树上捉虫子（把夹子取下来）。

3.活动名称：蔬菜印画（3岁）

活动目标：

感受颜色，培养宝宝对颜色的兴趣，学习印画，体验成功的乐趣。

活动准备：

调好的广告色、切成段的藕、切成两半的青椒、切成小朵的西兰花、雕刻好的胡萝卜花及白纸。

活动指导要点：

（1）引导宝宝说出蔬菜的名称，并选择他喜欢的蔬菜作为印画。

（2）鼓励宝宝多用几种颜色印画，如："咱们印一个蓝色的藕吧！ 看看蓝色在哪儿呢？"

（3）和宝宝共同欣赏作品，夸赞宝宝"真能干"、"用了这么多颜色"……让宝宝体验成功的快乐。

建议：

通过印画感受颜色的方法还有很多。如利用购买的小印章、乒乓球大小的报纸团、瓶盖、小纸盒、手掌、手指等都可以用来印画，家长可以根据情况选择，活动中要鼓励宝宝多尝试。

4.活动名称：找房子

活动目标：

（1）培养对音乐的兴趣，促进个性发展。

（2）感受游戏的快乐，培养良好的情绪情感。

活动准备：

塑料圈若干，音乐。

活动指导要点：

（1）把塑料圈随意散放到地上。

（2）音乐响起，家长与宝宝随音乐自由走。

（3）音乐停止，家长和宝宝找到一个圈，站到圈里。

建议：

（1）自由走时，家长引导宝宝按照音乐的节奏走。

（2）音乐停止，家长隔离宝宝自己找圈。

（3）开始时，圈的数量与宝宝人数一样，逐渐过渡，减少圈的数量。

学前儿童意志行动的发展

没常性的扬扬

扬扬5岁了,兴趣爱好特别广泛。看到别的小朋友电子琴弹得很好听,他就嚷嚷着要学电子琴;看到别人用五彩的颜料画画很好玩,他也嚷嚷着要学画画;看到别人会溜冰,他也要报溜冰培训班;看到别人会说英语,会唱英语歌,他当然也要去学。看到他积极性这么高,我不忍心打击他,于是就支持他学这学那的。可是孩子没有常性,每次都坚持不了多久就放弃了。最近他又迷上了打羽毛球,天天缠着我要上幼儿园的羽毛球班,我都不知道该不该让他再去了,怎么办呢?

提问:怎样对付没有常性的扬扬?

回答:学前儿童的兴趣容易受周围环境的影响发生改变,目的性不明确,而且自制力较差,需要家长的鼓励、肯定和引导。孩子的兴趣广泛是好事,但培养要有重点。可以在选择特长班之前带孩子一起了解这项技能的学习要经过哪些训练,坚持时间的长短,最好可以带孩子试学几节课。根据孩子的表现和老师的评价引导孩子继续学习或者转向其他学习。对于孩子执意要学的科目,可以提前约定坚持的时间,若孩子没有坚持下来,那么下一次选择的时候孩子就要参考家长的意见。但若孩子坚持要学,家长应尽量配合,鼓励孩子发展自己的兴趣,不可武断拒绝,以免打击孩子学习的积极性。

法国著名生物学家巴斯德有一段名言:"立志、工作、成功,是人类活动的三大要素。立志是事业的大门,工作是登堂入室的旅程,这个旅程的尽头就有个成功在等待着。"这说明意志在人的成材和事业成就中具有重要意义。

第一节 意志的概述

我们经常会说某某人意志坚定、某某人有意志力等,那么究竟什么是意志? 让我们来详细了解一下。

一、什么是意志

意志是一种特性,是人对自己的一种有目的性的自我约束,是一种心理过程。

1.意志的概念

意志是人在行动中自觉地克服困难以实现预定目的的心理过程。

人的行动主要是有意识、有目的的行动。在从事各种实践活动时,通常总是根据目的选择方法、组织行动,对客观现实施加影响,最后达到目的。例如,教师为了达到预定的教学目的,克服遇到的外部困难和内心矛盾,在备课中认真钻研教材并根据学生的身心发展特点、智力发展及个性形成和发展的规律,选择有效的教学方法,设计必要的教学程序,以实现预定的教学目的。这一心理过程就是意志过程。

意志和行动是不可分的,意志总是通过行动表现出来的。人在行动之前,要考虑做什么和怎么做,按照考虑好的目的、计划去行动,并能克服在行动中遇到的困难,作用于客观现实,最后达到目的。这种意志调节和支配下的有目的、自觉的、有意识的行动,称之为意志行动。

2.人的意志有三个特征

每个人的意志力各不相同,但具有一些相同的特质:

(1)明确的目的性。由于人具有根据自觉的目的去行动的能力,因而人就能够调节自己的行动,发动符合于目的的行动,制止不符合目的的行动;人的意志不仅能够调节人的外部动作,还可以调节人的心理状态。例如,一个人有了抓紧时间复习功课的决心,就会一方面付诸行动,另一方面努力抑制外界的诱惑和干扰,达到复习功课的目的;正是这种目的的激励和抑制作用,意志才实现着对人的活动的支配和调节。

(2)以随意动作为基础。人的行动是由一系列的动作组成的,动作可分为不随意动作和随意动作两种。不随意动作是在无意中发生的不由自主的动作。例如,眼受到强光,瞳孔立即缩小;手碰到针刺,立即缩回等。随意动作是受意识支配的动作,它们是实现意志行动的基础。例如,小学儿童练字,就是由一系列随意动作组成的意志行动,人们如果不掌握必要的随意动作,意志行动就无法实现。掌握了随意动作,就可以根据目的去组织、支配和调节一系列的动作,组成复杂的意志行动。随意动作掌握的水平越高,越容易实现意志行动。

(3)与克服困难相联系。在意志行动中,为了达到目的,常常会遇到各种困难,不论克服哪种困难,都需要意志努力。困难,从性质来划分,有内外之分。内部困难主要指人在行动中有相反的要求和愿望的干扰。例如,新教师在教育孩子的过程中遇到棘手的问题,常常产生畏难情绪,意志在这个时候就表现为努力克服内心的障碍,督促自己去做应该做的工作。外部困难是指人在完成预定目的采取行动时所遇到的客观环境中的障碍。例如,在教育工作中,教师会遇到家长的不合作、学生某些问题行为的反复,或者学生智力发育不良或学习习惯不良等,要完成自己

学前儿童心理发展与咨询辅导

的教育孩子的任务,必须克服这些障碍才能顺利完成。内部困难要比外部困难难以克服;同时,内部困难又常常以外部困难的形式表现出来。如果内部困难得到解决,那么外部困难也容易解决。人的意志水平主要表现在克服困难的水平上。

二、意志与认识、情感的关系

意志不是孤立的心理现象,它同认识和情感过程有着密切联系,三者共同构成了人的心理过程。

1. 意志与认识的关系

人的意志行动总是建立在对客观现实的认识基础之上的。在行动之前,人为了确定行动的目的,为了选择方法和步骤,通常要审时度势,分析现实的条件,回顾过去的经验,设想将来的结果,拟订种种方案,编制行动计划,这都要经过认真的观察和细致思考才能实现。在行动过程中遇到困难时,还要深思熟虑,找出有效的方法去克服它,战胜它。另一方面,认识过程也离不开意志的作用。人在进行各种认识活动时,特别是进行系统的学习和独立的探索问题时,总会遇到一定的困难,要克服这些困难,就需要做出意志努力。因此,积极的意志品质如自觉、坚定、毅力、恒心、自制等,会促进一个人认识能力的发展,而消极的意志品质如盲从、独断、执拗等,则会阻碍一个人认识能力的发展。

2. 意志与情感的关系

情感既可以成为意志行动的动力,也可以成为意志行动的阻力,当某种情感对人的活动起推动作用或支持作用时,这种积极的情感就会成为意志行动的动力。例如,幼儿教师对教育工作的热爱、对儿童的热爱,能推动她克服各种困难,努力工作,提高自己的教育质量。当某种情感对人的活动起到阻碍或削弱作用时,这种消极的情感就会成为意志行动的阻力。例如,对所要达到的目标抱漠然的态度、害怕困难的情绪、不切实际的盲目乐观以及高度的焦虑等,都会妨碍意志行动的贯彻,动摇以至削弱人的意志。从另一方面说,意志也使人的情感服从于人的理智的认识。人在日常生活中,常常会发生对工作和学习不利的情感冲动;这时,就需要通过意志努力,冷静地评价自己的情感,克服与理智相矛盾的情感,并自觉地加以控制。例如,我们常常说"不要意气用事"或"化悲痛为力量"等,这都是意志使人的情感服从于理智的例子。

三、意志与意志行动

人的意志与意志行动是有区别的,需要仔细辨别。

1. 什么是意志行动

意志是通过行动表现出来的,受意志支配的行动叫意志行动。

2. 意志行动的特点

人的活动有许多种:与生俱来的本能活动、各种无意识的或后意识的活动、各种习惯性的活动或动作等。例如,眼睛遇到异物会立即闭上,手指碰到灼热会立即收回等,有人说话爱用口头禅,有人走路有一些习惯性姿势等,这些活动都不是意志行动。

(1)意志行动是自觉的、有目的的行动。意志行动是有意识的、自觉的、有目的的行动。它是以行动的明确目的性为特征的。正是由于有了这种目的,人才能发动有机体做出符合目的的行动,并且制止某些不符合目的的行动。意志行动的水平以及效应的大小,是以人的目的水平的高低和社会价值的大小为转移的。一个人的行动越有目的,他的目的的社会价值就越大,那么他的意志水平就越高,行动的盲目性与冲动性也就越少。中外许多著名的科学家、文学艺术家,他们之所以能在自己的领域中取得优异的成绩,一个重要的原因就是他们具有明确的生活目的。爱因斯坦在他的自述中曾写道:"自从引力理论这项工作结束以来,到现在40年过去了。这些岁月我几乎全部用来了从引力场理论推广到一个可以构成整个物理学基础的场论而绞尽脑汁。有许多人向着一个目标而工作着。许多充满希望的推广,我后来一个个放弃了。但是最近10年终于找到一个在我看来是自然而又富有希望的理论。"正是在同一目标上经过40年的艰苦努力,爱因斯坦才成为一位现代最伟大的物理学家和自然科学家。从坚持既定目标这点上看,爱因斯坦是一位意志坚强的人。

(2)意志行动和克服困难相联系。意志行动总是随意行动。但严格地说,并不是所有随意行动都叫做意志行动。意志行动是和克服困难相联系的。例如,每个人都会走路,他们很容易完成这一随意性动作。这种行动不是意志行动。而一个因病长期卧床后、正在恢复走路的人,每迈一步都要遇到意想不到的困难,这时候学会行走就成为一种意志行动了。同样,一个人偶尔参加一两次晨间锻炼,这不是意志行动;而一个人坚持天天锻炼,风雨无阻,就需要坚强的意志努力。

困难有两种。一种是内部困难,指思想上的困难。例如,存在相反的目的与愿望。另一种是外部困难,指客观条件的障碍。如缺乏工作设备、工作和生活环境比较艰苦、存在外在的干扰和破坏等。人的意志既表现在对内部困难的斗争中,也表现在战胜外部困难的努力中。

四、意志的品质

人的意志的强弱是不同的。构成人的意志的某些比较稳定的方面,就是人的意志品质。了解意志品质,对培养优良品质、克服不良品质有重要意义。

1.独立性

意志的独立性是指一个人不屈服于周围人们的压力、不随波逐流,而能根据自己的认识与信念,独立地采取决定,执行决定。独立性不同于武断。武断表现为置周围人们的意见于不顾,不考虑环境中的具体情境,一意孤行。独立性是和理智地分析和吸收周围人们的合理意见相联系的。

学前儿童心理发展与咨询辅导

受暗示性与独立性相反,这是一种不好的意志品质。受暗示性表现在一个人很容易受别人的影响。他们的行动不是从自己的认识和信念出发,而是为别人的言行所左右,人云亦云,没有定见。他们没有明确的行动方向,也缺乏坚定的信心与决心。

2.果断性

果断性表现为有能力及时采取有充分根据的决定,并且在深思熟虑的基础上去实现这些决定。具有果断性品质的人,善于审时度势,善于对问题情境做出准确的分析和判断、洞察问题的是非真伪。这是他们能够迅速采取决策的根本原因。果断性在日常生活中有重要意义。军事指挥员的当机立断,对战争胜败有直接影响。飞机驾驶员、汽车司机的果断性,也能使他们及时排除险情,化险为夷,转危为安。果断性与草率不同。果断性能导致行动成功,而草率是以行动的冲动性、鲁莽为特征,往往使行动碰壁,导致失败。

与果断性相反的意志品质是优柔寡断。有这种品质的人,在决策时常常犹豫不决,冲突和动机斗争没完没了;在执行决定时,常出现动摇、拖延时间、怀疑自己的决定等。在情况复杂时,人们在做出决定以后,根据情况的发展需随时修改决定。这种修改是为了保证决定的正确执行,因而和优柔寡断是不同的。

3.坚定性

坚定性也叫顽强性。它表现为长时间坚信自己决定的合理性,并坚持不懈地为实行决定而努力。具有坚定性的人,能在困难面前不退缩,在压力面前不屈服,在引诱面前不动摇。所谓"富贵不能淫,贫贱不能移,威武不能屈"就是意志坚定的表现。这种人具有明确的行动方向,并且朝着这个方向奋勇前进。

坚定性不同于执拗。后者以行动的盲目性为特征。执拗的人不能正视现实,不能根据已经变化的形势灵活地采取对策,也不能放弃那些明显不合理的决定。如果说坚定性是和独立性相联系的,具有独立性的人不易为环境的因素所动摇,他势必也有坚定性;那么执拗就是和武断、受暗示性相联系的。

4.自制力

自制力指善于掌握和支配自己行动的能力。它表现在意志行动的全过程中。在采取决定时,自制力表现在能够按照周密的思考做出合理的决策,不为环境中各种诱因所左右;在执行决定时,则表现为克服各种内外的干扰,把决定贯彻执行到底。自制力还表现在对自己的情绪状态的调节。例如,在必要时能抑制激情、暴怒、愤慨、失望等。与自制力相对立的意志品质是任性和怯懦。前者不能约束自己的行动;后者在行动时畏缩不前、惊慌失措。这是意志薄弱的表现。

第二节　意志的发展对学前儿童心理发展的意义

意志是人类所特有的高级的心理机能。意志不同于其他心理过程之最重要特点，是始终保持着清醒的意识。意志的发展使学前儿童心理的发展趋向更高级的阶段。

一、意志的发生、发展使学前儿童认识过程的有意性发生和加强

意志在认识过程的基础上形成。意志过程从确定行动目的时开始，就要有对所面临事物的感知活动。在执行过程中，甚至在确定行动目的和计划时，要运用记忆和想象，要进行分析综合的思维活动。在克服困难的过程中，还需要更多的判断推理，等等。因此，意志过程以认识过程为前提。同时，认识过程的有意性也是意志过程的成分。比如，原始的感觉可以是人所意识不到的，但是在意志过程中，人必须清楚地意识到自己面临的事物，依赖于意识到的感知。同样，在意志过程中，所依赖的记忆、想象、思维等认识过程，也必须是自觉意识到的。反过来说，和意志相联系的认

识过程必然是有意的，所谓有意的感知（观察）、有意记忆、有意想象等，这些"有意性"，是认识活动中的意志成分。因此，儿童意志的发生、发展意味着认识过程的有意性的发生和加强，这也就是认识过程发展水平的提高。

二、意志的发生、发展使学前儿童对心理活动的支配调节能力提高

意志是高度发达的主观能动性的表现。意志参与认识过程，就使认识过程有了目的性，使目的支配认识，这样，意志就能对认识过程起支配和调节作用。

意志和情感的关系也是如此。一方面，由于情感是人对客观事物的一种态度的体验，而意志行动是要改变客观事物以达到预定目的，那么，在意志行动中，无论是遇到了外部障碍，还是克服内部障碍，以及目的能否实现，都会引起人积极争取的态度或消极拒绝的态度，即产生情感。另一方面，当在情感过程中所释放的能量受到意志过程支配时，即可变成行动的动力，去促进人们克服困难和坚持实现目的。

可见，意志又是意识的调节方面。意识使人自觉地提出行动目的、组织行动过程、排除外来干扰。它指引和控制着有目的的行动，支配着其中的各种心理过程。

学前儿童心理发展与咨询辅导

它充分表现了人的心理的积极性和主动性。因此,意志的发生发展使学前儿童能够支配和调节自己的各种心理过程,提高心理活动的主观能动性。

三、意志的发生、发展促进学前儿童心理活动系统的形成

意志是成体系的活动。意志的产生和进行过程,包含着复杂的心理结构,这些心理活动成分是成体系的。体系之形成主要决定于行动动机的组织程度。推动人去行动的各种动机,在人的意识中组成一定的等级,其中有较强的动机和次强的动机,有较重要的动机和次要的动机。正是动机的体系决定着人的行动所遵从的目的方向,即按照某种方向行动,而不按其他方向行动。

动机体系不是一成不变的,在不同年龄和不同场合下,动机的等级可以发生变化,主要的动机可能退居次要地位,而其他动机则可能从次要变为主要。但无论如何,意志活动总是与动机的体系相联系,各种动机的斗争以及最终形成的动机主从关系,决定着意志行动的目的和方向。动机主从关系的形成也意味着学前儿童心理活动系统的形成。

第三节　学前儿童意志的发生

由于意志是复杂的高级心理机能,因而儿童的意志发生在其他心理过程之后。又由于意志总是表现在行动之中,意志要以语言为工具,因而儿童意志的发生发展与动作及语言的发生发展有着密切的联系。

一、儿童有意运动的发生

儿童有意运动的发生是有规律的,我们要掌握这些规律,并遵循规律开展对儿童的教育,才能真正达到教育目的。

1. 有意运动在无意运动的基础上发生

有意运动又称随意运动,它是意志的基本组成部分。有意运动是在无意运动(即不随意运动)的基础上发生的。

无意运动是指由事物变化直接引起的肌肉运动。无意运动是天生就会的,它是无条件性的反射运动。比如,初生的孩子就有吸吮动作反应,那就是简单的不随意动作。成人也有许多无意运动,如因灼烫而缩手、因灰尘接触眼睛而眨眼等。

无意运动是被动的运动。它是人没有意识到的。这种运动没有明确的计划。人处于激动、不安、恐惧或惊奇状态时,往往会出现无意运动。

2. 有意运动的特点

有意运动是人为了达到某种目的而主动去支配自己的肌肉运动。例如,伸手去拿杯子,用脚去踢球等,它是意识到的运动。

有意运动具有两个特点：

（1）人在完成某一有意运动时，在头脑中预先产生了运动的目的。

（2）有意运动是后天学会的。有意运动是条件性的动作反应。人之所以能够做出某种有意动作，是因为过去在无意运动的基础上学会了这种动作。原来纯粹由外部刺激引起的被动运动，通过暂时联系的建立，转化为由内部的言语动觉刺激所引起的主动运动。

3.手的动作和行走的发展

人所特有的手的动作和直立行走都是有意运动，是儿童在人类社会生活环境影响下，由成人教育而逐渐掌握的。

从儿童的手的动作和发展过程看，8 个月的孩子，出现无意识的抚摸动作。当手偶然地碰到被褥或别的东西时，会无意识地去抚摸。3 个月的孩子有时用自己的一只手去抚摸另一只手。到 4 个月、5 个月左右，当儿童出现眼手协调动作后，就不再是被动地等待东西的到来，而是能够主动地用手去准确抓住眼前的物体，即出现了手的有意动作。以后，孩子不但能用一只手去拿东西，还能用两只手同时去拿东西，出现双手同时进行的动作。1 岁以后，儿童逐渐学会模仿成人拿东西的动作，开始进入人类使用工具的有意运动阶段。

从儿童学习走路的过程看，新生儿的转头只是无意性的，2 个月以后，孩子才学会主动地转头。儿童 3 个月能抬头和抬肩，逐渐开始会翻身，5 个月、6 个月左右学坐，8 个月、9 个月左右学爬，10 个月左右学习扶着站，然后学会扶着东西走，再经过一段时间，才学会独立行走。2 岁左右的孩子能够学会跑、跳、爬高等比较复杂一些的动作。

二、儿童意志行动的萌芽

意志行动是一种特殊的有意行动，其特点不仅在于自觉意识到行动的目的和行动过程，而且在于努力克服前进中的困难。因此，儿童行动的自觉意识性的发展要经过比较长的过程。

1.最初的习惯动作

刚出生的孩子只有本能的反射性运动，如奶头碰到中嘴唇或面颊，就会做出吃奶的吸吮动作。在多次吃奶之后，当奶头从嘴里滑落时，他能够比第一次吃奶时更容易找到它。这种动作虽然没有脱离本能的范围，但是由于得到了练习，它比最初的本能的吃奶动作已进了一步。又如，新生儿最初只是偶然性地吸吮自己的拇指，以后，逐渐形成了手臂、手和口的联合运动，经常把拇指放嘴里。类似这些动作，可以说是最初习惯的形成。

最初的习惯性动作，似乎有了目的，实际上引向目标的，只是一系列固定了的连续动作。例如，儿童伸手去摸索、抓握，放开手，退回去；然后又伸出手，再次去摸索、抓握，放开手，又退回去；第三次伸出手去摸索、抓握，放开手，退回去；这种重复循环的动作是由于他的动作本身反馈和强化,并不是动作开始时已确定了目的及寻找达到目的之方法。这时,动作方法只是来自习惯。也可以说,动作既是目的,又是方法,动作的目的和方法并没有分化。比如,视线跟踪某个物体,似乎物体是看的目标,但是,当物体从视野消失,看的动作也就停止了。

2.最初的有意性和目的性

4个月左右,儿童的行为出现了最初的有意性和目的性,这时的新动作主要有以下三个特点:

(1)动作的重复循环不再是由于动作本身的反馈和强化,而是有了自己的最初的目的。比如,儿童用手去打或用脚去踢挂在小床上方的玩具娃娃,不只是出于获得肤觉和动觉的经验,同时也是为了看娃娃摆来摆去。

(2)动作超出了身体的界限,指向外在环境,开始对外部世界进行最初的探索。例如,当眼前的物体从视野中消失后,儿童继续注视该物体的方向,用视线去追踪。

(3)初步预见到自己的动作所造成的影响。重复动作是一种使有趣的事情发生的行动,但是,这种有意性还是很微弱的,当儿童寻找从眼前消失了的东西时,寻找活动的持续时间很短,并且局限于单一感觉范围,当一个触摸到的物体掉落的时候,他可以用手做出摸索动作,但是不把视线转到这个物体掉落的方向。

3.意志行动的萌芽

8个月左右,儿童动作有意性的发展出现了较大质变,可以说是意志行动的萌芽。这时儿童能够坚持指向一个目标,并且用一定努力去排除障碍。例如,儿童看见了一个物体,因隔着一个坐垫而拿不到手时,他会做出一定努力去挪开那个坐垫,把东西拿到手。

这种动作明显是作为方法或手段而出现的。有时,儿童抓住成人的手,向想要而又不能取得的物体的方向拉动。在这里,动作的目的和方法不仅有明确的区分,而且有一定的协调,但是,所用的动作方法仍然是已有的习惯动作。

1岁以后,在儿童的动作中,意志行动的特征更为明显。这时,儿童能够设法探索各种新方法,通过"尝试错误"去排除向预定目的前进中所遇到的障碍。例如,当物体在毯子上离开儿童较远处,儿童拿不到手,他试图直接取得而又失败后,偶然抓住了毯子一角,于是似乎发现了毯子的运动同物体运动之间的关系,逐渐开始拖动毯子,使物体移近自己,然后拿到手,这就是说,儿童能够有意识地用行动引起一些事物的变化,并用各种方法去摆弄物体,以便发现新方法。在重复的摸索中,抛弃无效的方法,只把有效的方法保留下来。

1岁半到2岁,儿童在意志行动中,不但有了较明确的目的,而且有了明确的根据目的而决定的行动方法,儿童在力图达到预定目的而去克服困难时,不再采用"尝试错误"或所谓"摸索性调节"去创造达到目的的方法。例如,某个1岁的女孩推着一辆小娃娃车向前走,穿过房间,直接撞到对面的墙壁时,才拉着车向后退着走,当她发现这样做不容易时,就停下来,走到小车的另一头,又改为原来的推车动作,推着车向前走。

言语的发生对儿童意志的发生有重要意义,1岁半至2岁,正是儿童言语逐渐发生和真正形成的时期。这时,成人的言语和儿童自己的言语在儿童最初的意志行动中起着调节作用,1岁半的孩子常常模仿大人的言语来控制自己的行动。例如,面对被禁止去拿的东西,自己大声说:"不要动,不要动。"摔倒以后,自己爬起来,拍拍身上的尘土,说:"勇敢,不哭。"

儿童的意志运动,就是在出生后头两年的成长过程中,在儿童本身有意运动实践的基础上,随着言语和认识过程的发展,经过成人的教育指导而逐渐形成的。

第四节　幼儿意志行动的发展

在生理发育的基础上,随着表征过程以及各种心理过程的发展,言语系统调节机能的增强,幼儿期意志行动也进入了一个新的发展阶段。

总的来说,由于生理水平和整个心理活动发展水平的限制,入学前儿童的意志活动处于发展的低级阶段,意志内化水平仍然不高,意志过程往往表现为直接外露的意志行动,因此,当我们论及幼儿意志的发展时,常常称之为"意志行动"。

我们可以从下列三个方面看幼儿意志行动的发展。

一、行动目的和动机的发展

从心理学意义上说,目的是指自觉地预想到的结果。前面说过,行动目的和行动动机有密切联系。动机决定行动目的和行动方法,幼儿意志行动的目的和动机发展的趋势和特点是:

1. 自觉的行动目的开始形成

2~3岁儿童的行动往往缺乏明确的目的,其行动带有很大的冲动性,他们常常不假思索就开始行动,因而行动是混乱而无条理的;由于行动之前不能预先提出行动目的,其行动往往是由外界的影响和当前感知到的情景所决定,因而已开始的行动或易停止或易改变方向。

幼儿初期,成人外加的目的在儿童的行动中仍然起着相当重要的作用。在这一时期,往往是由成人提出行动要求,用具体示范和语言指示,为幼儿确定行动目的,指导幼儿按照目的去行动,并且使幼儿在活动中反复实践,从而得到了强化。

幼儿中期,儿童自觉的行动目的逐渐形成。在成人组织下,幼儿逐渐学会提出行动目的,开始尝试着在某些活动中独立地预想行动的结果,确定行动任务。例如,在游戏、绘画等各种活动中,幼儿能够确定自己的活动主题内容,自己选择方法。只是所提目的有时还不够明确,还有赖于成人的帮助。

到了幼儿末期,儿童已经能够提出比较明确的行动目的。在其熟悉的活动中,甚至善于确定行动任务和行动计划。

受暗示性强,是幼儿期的年龄特点,这种特点在幼儿初期尤为突出,成人一方面要照顾到幼儿心理的这个特点;另一方面,要及时引导,培养幼儿意志行动的独立性。

从年龄特点看,幼儿期是自觉的行动目的逐渐形成的时期。但是从意志品质形成的个别差异的角度看,幼儿末期儿童意志行动独立性品质形成与否、独立性程度的高低,依赖于成人的教育和指导,如果在教育工作中,成人注意启发幼儿自己提出行动目的,鼓励他自己选择行动方法,那么幼儿意志行动的独立性能较迅速形成并且提高。

在培养幼儿自己确定行动目的时,还必须注意引导其意志行为目的,使之具有正确方向。要用机智的技巧和方法避免幼儿提出不合理的行动目的,使他从意志萌芽开始,养成良好的习惯,在确定行动目的时"考虑"到行动结果的合理性和道德要求。换句话说,从意志行动开始发展的时候,就使幼儿把意志能力和良好意志品质结合起来,防止任性等不良意志品质产生。

2.动机和目的关系出现间接化

幼儿行动的动机和目的往往是一致的。幼儿的主要活动是游戏。在游戏中,动机和目的的关系,就是直接一致的关系。幼儿进行游戏活动,其动机是为了游戏,他要求达到的目的,也就是游戏过程本身。比如,幼儿玩"开汽车"游戏,其动机是反映开汽车的过程,其目的也只在于反映这个过程,他并不追求那个"汽车"真正的开动。

但在幼儿的行动中,动机和目的有时也不是一致的。学习和劳动活动就属于这种情况。幼儿参加学习或劳动的动机,常常不是为了学习知识或获得劳动成果,而是为了得到成人的称赞,或者为了避免受人责备,也有时是想要获得学习或劳动的用品。有的幼儿争着擦桌子,翻来覆去擦不完,行动的目的是把桌子擦干净,动机却在于进行擦的动作。

根据动机和目的关系之不同,可以将动机分为直接动机和间接动机。和目的直接联系的称为直接动机,与目的不一致、只是间接联系着的称为间接动机。

幼儿行动动机和目的关系所发生的变化,是从直接动机为主向间接动机为主的方向变化,当儿童正式入学以后,学习成为他们的主要活动,在严肃的学习活动中,动机和目的的关系是间接的,学习是目的,是行动的预期结果,但是学生并不是为了学习而学习,学习的动机是成为建设祖国的人才。在人的劳动实践中,动机和目的的关系都是间接的,幼儿期是动机和目的关系开始出现间接化的时期。

3.各种动机之间主从关系逐渐形成

人的行动总是不免出现各种各样的动机。意志行动的特点是动机之间形成主从关系,婴儿的各种行动动机之间常常不发生主从关系,正因为如此,婴儿的行动极不稳定,看见别人做什么,他立刻去做什么,一会儿玩这个,一会儿又玩那个。实验结果表明,婴儿甚至在完成选择一个玩具这样简单的任务时,也难以形成动机之间的主从关系。他们翻来覆去看每样玩具，拿起一个放回去，又拿起另一个，似乎觉得每个玩具都好，都想要，不能决定到底选择哪一个。如果告诉他们：选定一个玩具之后，就要离开选择玩具的地方，到另一个屋子里去，那么婴儿听到指示之后，马上又将手里的玩具放回原处，继续挑选，如果不去制止其选择，则婴儿会没完没了地挑选下去，将时间拖得很长。可见，在婴儿的行动中，各种动机往往是互不相干，婴儿行动动机的主从关系，常常需要在成人的言语或行动指导下才能形成。

婴儿的行动动机不易形成主从关系，是因为行动动机主要是以感知为表现形式，受当前感知的情境所左右。

幼儿初期，行动动机开始过渡到以表象为主要的表现形式。也就是说，由指向于直接感知的物体或情境的动机，过渡到指向于表象中的物体或情境的动机。由于这种表现形式，幼儿的行动动机之间可以形成主从关系。

实验证明，幼儿初期已经能够用表象形式的动机去激励自己的行动，实验中要求3～4岁幼儿去收拾一大堆旧玩具，即完成一项他们不感兴趣的任务，并告诉他们，完成任务以后可以获得新玩具，实验在三种条件下进行：第一种条件，口述任务；第二种条件，将新玩具向幼儿展示后立即收起；第三种条件，将新玩具放在幼儿看得见的地方，但规定在任务完成前不许去拿它。

实验结果，在第一种情况下，全部幼儿都能完成任务，这就是说，当获得新玩具的动机是以表象形式出现时，幼儿能够完成不感兴趣的任务，这也说明，幼儿初期，以表象形式出现的主要动机已能制约从属动机。但是在第二、第三种条件下，他们完成任务的人数较少。这是因为，在第二种条件下，幼儿看见过新玩具，在第三种条件下，他们一直可以看见新玩具。这些动机在3～4岁幼儿的头脑中起了激励作用，因而妨碍了收拾玩具这个任务的完成，可见，在幼儿初期，以感知形式出现的具体动机仍然起着重要作用。

在年龄稍大的幼儿的行动中，动机的主从关系逐渐趋向于稳定。有一个实验，要求幼儿设法把放在远处的东西拿到手，但是不许从自己的位子上站起来。为了查明幼儿自觉执行任务的情况，实验者在幼儿开始去完成任务时，走进了暗室，通过专门安装的光学装置进行观察。有的幼儿在多次尝试失败以后，站起来走到那东西面前，拿到它，又悄悄地回到位子上，这时，实验者立即回到幼儿身边，故意表扬他的成功，并奖给他糖吃。但是，幼儿拒绝接受糖果。当实验者坚持要给他时，幼儿竟然哭泣了。这种情况表明，这个幼儿的行动中包含两种不同的动机：一是对实验者的，即遵守规则的动机；二是对物体的，即要获得东西的动机。当幼儿在行动之后再次看到实验者时，两种动机之间的关系和冲突明显表现出来。结果是：糖果似乎是"苦"的，这是一种自己主观上的苦。说明幼儿在活动开始时起主要作用的动机，始终在他的行动中起主要作用，行动中间虽然有所动摇，但行动之后这种主从关系仍然没有改变。

学前儿童心理发展与咨询辅导

4.优势动机的性质逐渐变化

幼儿意志行动的发展与动机体系的形成有关,动机体系形成的程度又与动机之间主从关系的稳定性有关,而动机主从关系的稳定性则与优势动机的性质和特点有关。

幼儿优势动机变化的趋势是:从被动地受外来影响而产生,向主动地自觉形成的方向变化;从直接的、具体的、狭隘的动机,向间接的、较长远、较广阔的动机变化。

(1)自觉形成的动机逐渐占优势。幼儿初期的行动动机,主要由外来影响所引起,其产生是被动的。所谓外来影响,包括外界新出现的事物的影响,以及成人的指导、鼓励或禁止。幼儿中期、末期逐渐能够根据自己的经验,借助自己的言语,主动地自觉形成行动动机。当动机之间发生冲突和斗争时,在幼儿初期往往也是外界影响所产生的动机占优势,例如前面所说的实验中,3～4岁儿童,是眼前的新玩具占优势。成人的影响或所谓权威,在幼儿初期的行动动机中,无疑也是起着绝对重要的作用。随着幼儿的成长,自觉形成的动机逐渐占优势。

有一个实验,要求幼儿在规定时间内控制自己,不去看所指定的有趣物体。实验研究幼儿在不同限制性动机影响下,抑制自己的直接愿望的情况,结果见表10-1。

表 10-1　在不同限制性动机的影响下,幼儿抑制直接愿望的百分比

限制性动机的性质	3～5 岁 (5 分钟之内)	5～7 岁 (10 分钟之内)
成人的禁止	46.7	67
奖　励	66.7	100
惩　罚	60.0	80
个人言语	46.7	80

实验结果表明,对 3～5 岁幼儿来说,在动机斗争中,主要靠外部强化来抑制自己的直接愿望,表现为奖励和惩罚(取消参加游戏的权利)的动机作用很强,而"个人言语"(即自己答应不看主试者所指定的有趣物体)只是开始发生影响,作用还很弱。对这些幼儿来说,直接愿望与"限制性的"动机斗争时间愈长,则直接愿望获胜的机会愈多。在没有成人或集体监督的情况下,大多数年幼儿童往往不能抑制自己的直接愿望。5～7 岁儿童的情况则有很大变化,表现为奖励和惩罚的动机作用虽然仍较强,但个人言语的调节作用显著提高,自觉控制自己的直接愿望虽然仍非容易之事,但不少幼儿已经能够初步控制自己。这个实验再次证明,幼儿动机主从关系的形成,是由被动的、外部的关系,逐渐过渡到主动的、内部的关系。

动机发展变化的这种趋势,体现了高级心理机能形成的一种规律。高级心理机能开始是在两个人之间的交往活动中产生的,以后成为儿童一个人自己内心的活动。比如,婴儿最初伸手指向某个物体,但因眼手不协调而不能抓住时,成人往往伸手帮助,后来婴儿拉着成人的手,示意让成人帮助他去拿放在远处的东西。成

人多次进行帮助之后,示意的手势就在婴儿头脑中固定下来,变成意识到的交往符号用以影响别人。可见,儿童自觉意识到的指示机能,是在两个人之间的交往中实现的。同样,儿童的意志行动,开始也是在两个人的交往中实现的。成人在交往中指示儿童,儿童按成人的语言指示去行动,以后,儿童用成人说过的言语,仿效成人的样子,对自己做指示,并按自己的指示去行动。这样,逐渐把两个人的活动变成了自己个人的高级心理机能活动。

(2)有社会意义的动机逐渐占主要地位。在幼儿初期,儿童的意志行动往往是直接的、具体的、狭隘的动机占优势。这一类动机也可以概括地称为"个人的动机"。它包括儿童对活动本身的直接兴趣和需要所激起的动机,也包括与儿童个人切身利益有直接关系的动机。

在成人的教育影响下,幼儿逐渐形成更多间接的、较远的、较广阔的动机,这一类动机包括儿童对事物的间接兴趣和需要所引起的动机,也包括与所进行的活动对集体的意义相联系的动机。这种动机追求较长远、较广阔的社会意义,可以称为"有社会意义的动机"。

对幼儿做值日生的动机的实验研究发现,幼儿园小班孩子做值日生的动机往往属于"为个人的动机",中班、大班幼儿则逐渐以"有社会意义的动机"占优势。小班幼儿喜欢做值日,是因为值日生可以穿戴围裙。他们值日往往是由于对活动本身感兴趣。小班的值日生甚至拒绝别人的帮助。他们对主动来帮助的小朋友说:"今天不是你值日,我是值日生。"别人帮助摆好的碗和勺子,他们自己重新摆一遍,有的值日生总是去洗抹布,抹布不脏也去洗,老师告诉他:"已经洗干净了。"他硬说:"没有洗干净。"有的幼儿直截了当地说:"老师,我想洗抹布。"中班、大班幼儿做值日生时,有社会意义的动机逐渐占主要地位。他们比较注意值日工作的成果和质量,明确做值日生是要为别人做好事,并能互相帮助。

有社会意义的动机是否占主要地位,与幼儿的理解有关,如果幼儿能够理解活动动机与活动内容之间的社会性联系,明确活动的价值,那么,这种社会性动机甚至在幼儿初期也起积极作用。

在一个为别人制作小旗的实验里,用两种不同的理由去要求幼儿完成任务,一种是为其他儿童做小旗,另一种是为自己的妈妈做小旗,通过实验了解不同年龄幼儿能否产生社会性动机,以及他们在活动过程中的实际动机,实验结果见表10-2。

表10-2 幼儿为别人制作小旗完成任务的百分比

任　　务	为其他儿童制作			为妈妈制作		
实际动机	为制作过程	为自己	为别人	为制作过程	为自己	为妈妈
3~4岁	0	21.4	78.6	71.4	28.6	0
4~5岁	0	0	100	42.8	42.8	14.4
5~6.5岁	0	0	100	13.3	66.7	20

从表 10-2 可知，各年龄幼儿为其他儿童制作小旗完成任务的比例，要比为妈妈制作小旗完成任务的比例高得多，其原因在于，幼儿能够懂得为其他儿童做小旗的实际意义，也就是说，为其他儿童的社会性动机与制作小旗之间有着现实的联系，这种联系是幼儿容易理解的。因此，为其他儿童的社会性动机明显地起着激励的作用。只有 21.4% 的 3～4 岁幼儿为自己制作小旗，其他幼儿都能以它作为活动的实际动机。但是，为妈妈做小旗使幼儿难以理解，为妈妈的这种社会性动机与制作小旗这种内容之间，一般地说，并不存在必然的联系。所以在这种情况下，社会性动机的作用不明显，只有 14.4% 的 4～5 岁幼儿和 20% 的 5～6 岁半幼儿在为妈妈做小旗，其余大部分 4～5 岁和 5～6 岁半的幼儿，以及 100% 的 3～4 岁的幼儿，由于不理解为什么妈妈需要小旗，而以为自己或为制作过程本身（为削小旗杆）作为实际活动动机。

成就动机对意志行动有重要的影响，但是学前儿童的成就动机的发展水平还不高。研究表明，成就动机在 5～9 岁粗略形成，从学前到小学阶段，成就动机有重要变化。学前儿童较多定向于对工作的操作过程所得到的愉快，而较少定向于成就的社会意义。在任意选择不同难度的任务的实验中，9 岁儿童大多选择中等难度任务，因为它最容易表现出自己的力量。学前儿童被试中，则没有人选择中等难度的。另一研究表明，幼儿对奖励自己的标准，不如大孩子那么重视。但是也有研究表明，幼儿对任务价值的认识，影响他们意志行动的坚持性。

二、行动过程中坚持性的发展

行动过程中的坚持性，是学前儿童意志发展的主要指标。因为坚持性是指在较长时间内连续地自觉按照既定目的去行动。在坚持性中，既可以看到行动目的和动机的发展水平及其作用，又可以看到儿童克服困难的能力和状况。

1. 幼儿的坚持性随着年龄的增长而提高

研究证明，1 岁半至 2 岁的儿童，已经出现坚持性的萌芽。阿诺列塔的研究，通过录像观察 18～31 个月婴儿的坚持性，了解这个年龄的婴儿能否较长时间摆弄一些游戏材料。观察发现，婴儿坚持摆弄某种玩具的时间达 3～9 分钟以上，把连续坚持 3～9 分钟的时间段累积起来，作为每个儿童的坚持时间，结果，10 个儿童中有 7 个坚持时间占被观察的 90 分钟的 50% 以上，从婴儿所用的玩具材料看，玩具的数量也是相当恒定的。

史蒂文森的研究，向 2 岁、4 岁、6 岁儿童提出任务：按指定要求分拣和折叠 33 种堆在一起的布料，主试者除指导语和开始时的具体示范以外，不再作任何强化或其他指示，结果发现，2 岁儿童已经能够接受坚持性任务。

研究也证明，从 2 岁到 6 岁，坚持性随着年龄的增长而提高。

上述研究说明，4 岁和 6 岁儿童在时间过程中，用于完成任务的时间多于 2 岁儿童，而用于任务以外的时间少于 2 岁儿童。从完成的任务数量来看，6 岁儿童比

2岁儿童和4岁儿童多,其差异有显著的统计学意义。

苏联的马努依连柯曾对3～7岁幼儿进行一系列的坚持性实验,要求儿童在空手的情况下保持哨兵持枪的姿势。5个实验的要求相同,但实验的条件不同:

实验一　在实验室内,对幼儿逐个个别进行。没有告诉被试者动作的名称,只要求维持主试者示范的动作。

实验二　在幼儿园的活动室内进行。其他条件同实验一,即只增加了分心因素,因为活动室内有小朋友们玩耍。

实验三　以游戏方式提出要求,使被试者感到不是在完成成人交付的任务,而是在游戏中担当站岗哨兵的角色。小朋友们扮演工人,坐在桌旁包装糖果,哨兵则在旁边为保护工厂而站岗。

实验四　要求被试者在游戏外担当角色。告诉被试者让大家看看他是否能持久地维持哨兵的姿势,但是没有让他加入游戏。

实验五　让被试者在大门外离开集体的地方当哨兵的角色。

实验结果表明,无论在哪一种条件下,幼儿有意保持特定姿势的时间都是随着年龄增长而增长(见表10-3)。

表10-3　幼儿在不同条件下有意保持姿势的时间

年龄(岁)	试验一	试验二	试验三	试验四	试验五
3～4	18″	12″	—	—	—
4～5	2′15″	41″	4′17″	24″	26″
5～6	5′12″	2′55″	9′15″	2′27″	6′35″
6～7	12′	11′	12′	12′	12′

2.幼儿坚持性发展的关键年龄

各种研究材料表明,儿童虽然从2岁、3岁开始出现了坚持性,但是3岁幼儿的坚持性发展的水平是很低的。他们在某些条件下虽然能够开始有意控制自己的行动,其行动过程仍然不完全受行动目的的制约,他们时常违背成人的语言指示,或者难以使自己的行动服从成人的指示。他们坚持的时间很短。在实现目的的过程中,如果遇到小小的困难,或者任务比较单调枯燥,就失去坚持完成任务的愿望和行动。比如,在"哨兵姿势"实验中,3岁幼儿能保持所要求的姿势的时间只有18秒。有的幼儿在自己姿势已经改变时还没有察觉。比如,原来持枪的姿势是右手肘弯着,左手垂直在身旁,站着不动,而幼儿已经出现了转头、换脚、挥动左手、右臂放下、手握成拳的姿势,他还认为自己正在很好地遵从着主试者的要求。

在许多场合下,3岁幼儿根本不能接受坚持性任务,如"哨兵姿势"实验中的第三、四、五个实验中,3岁幼儿都不能按要求行动,以致完全不能得到统计数据。

4～5岁是幼儿坚持性发生明显质变的年龄,从"哨兵姿势"实验结果看,5岁幼儿与4岁幼儿相比,坚持性有明显提高。韩进之等(1985)对学前儿童自制力的研究和李秀湄(1985)对日本幼儿的坚持性实验,也证明4～5岁变化最大。

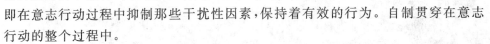

坚持性发展变化最迅速的年龄,也是它受外界影响而波动最大的年龄。坚持"哨兵姿势"在不同实验条件下的变化是很好的证明。4～5岁的幼儿是坚持性发展最快的年龄。也正是在这个年龄,外界条件对幼儿坚持性的影响最大,因此可以说,4～5岁是幼儿坚持性发展的关键年龄,成人应抓紧对这个年龄的幼儿坚持性的培养。

三、自制的发展

自制是意志的重要方面,因为意志主要是一种抑制行为。坚持可以说是一种推进性的自制,即在意志行动过程中抑制那些干扰性因素,保持着有效的行为。自制贯穿在意志行动的整个过程中。

幼儿在日常生活中经常遇到自制或不能自制的矛盾斗争,自制是幼儿的一种重要的意志品质。我们着重谈谈幼儿自制的两种表现形式。

1. 抗拒诱惑

抗拒诱惑是指抑制自己,不去利用机会从事能够得到满足但是社会禁止的行动,它表现为无论在有人或没有人在场的情况下,都拒绝具有诱惑力但被禁止的愿望和行动。博顿等的研究,考察了70名4岁儿童抗拒诱惑的能力。结果表明,幼儿的这种能力受到父母训练方式的影响。一种用心理训练的方式,如说理、取消抚爱、父母对痛苦的描述、隔离等。另一种则用"肉体训练"的方式,如打屁股、打耳光、推搡等。在抗拒诱惑的实验中,接受"肉体训练"方式的幼儿更能抵抗诱惑。看来,4岁儿童由于年龄小,还不能理解父母的说理和父母态度上的细微变化。因此,"肉体训练"即体罚较为见效。但是,随着年龄的增长和认识能力的发展,心理训练即教育的方式效果更好。

体罚是不文明的行为,也为多数家长和教育工作者、心理学工作者所反对。体罚对幼儿可能一时有效,但是不利于儿童未来个性的形成。一个对4岁幼儿、5岁幼儿的实验证明,那些看过历时只有两分半、内容为成人欺侮及抽打儿童的电影片段的被试者,比那些没有看过这种电影的被试者更倾向于侵犯。父母的体罚实际成为儿童侵犯行为的坏榜样。

事实证明,不依赖体罚,也完全可以引导儿童遵守行为规则,抗拒诱惑。许多研究证明,幼儿可以学会一些自我控制的方法。例如,要求学前儿童完成长时间的单调重复的工作任务。对实验组,事先告诉他们工作过程有声音干扰,教他们用自言自语"我不听那声音"来抗干扰。结果,实验组比控制组进行得好。

2.延迟满足

延迟满足是为了长远的利益而自愿延缓目前的享受。儿童为了更好的结果或得到更大的满足而去选择并忍受当前的挫折或不安,这种能力的形成,是自制发展的一种表现。

对幼儿园儿童实际等待行为的观察表明,小班幼儿已经具有为等待长远目标而抑制即时满足的能力。米斯切尔等的实验,告诉幼儿想要得到喜欢的东西,必须等待实验者回来。如果不能等待,可以随时发信号把实验者叫回来,那么实验者就立刻回来,幼儿可以得到东西,但只是得到他不大喜欢的东西。结果,平均年龄为4岁半的幼儿,有许多人能等待很长时间,有时甚至长达一个小时以上。在这个实验中,没有一个人违反规则,在实验者回来以前把自己喜欢的但必须是延迟得到的点心吃掉,这说明,该年龄大多数幼儿能够等待延迟的满足。

总的来说,学前儿童意志行动的发展水平不高。他们的意志行动受各种具体条件所左右,例如:

(1)分心因素。意志行动过程中出现的新异刺激或其他如视觉刺激等分心因素,对意志行动有严重影响。在抗诱惑实验中,要求幼儿等待15分钟作为取得好吃的糖果的条件;否则只能得到不好吃的糖果。结果,幼儿的表现依实验条件不同而变化:糖果不在眼前时,幼儿坚持等待的时间最长;有一种糖果(好吃的或不好吃的)在眼前时,幼儿能等待的时间减半;两种糖果都在眼前时,幼儿能够等待的时间最短。这说明,幼儿对眼前的诱惑物不易抵制。

(2)活动的特点。坚持性活动的性质和特点,对幼儿完成任务的情况有显著影响。4~6岁幼儿在运用兴趣性强的玩具进行游戏时,与在兴趣性弱的手工操作活动中的坚持性行为相比,其差异达到显著水平。幼儿在智力活动和非智力活动中的坚持性行为也存在着显著差异。

(3)同伴间的比较。同伴间的比较,对学前儿童的意志行动起干扰作用或促进作用,山特洛克等的实验研究表明,社会性比较(和小朋友的行为及其所得结果相比较)影响学前儿童本身的自我强化,从而影响其意志行动。在该实验中,"消极比较组"(所得奖品总是比同伴少)完成任务的自信心降低,注意的集中也显著减弱,然而坚持的时间较"积极比较组"和控制组都长。研究者认为,这种坚持性的延长可能是应激的作用,是"消极比较组"的幼儿由于高度害怕进一步失败和成人进一步责备的行动表现。

(4)成人的强化。成人的态度对学前儿童完成坚持性任务有明显影响。克兰茨等对28~54个月儿童的研究表明,成人的亲近和语言强化,包括对于提出要求、提示、建议、称赞或责备等的综合运用,有利于儿童坚持性的提高。

(5)儿童的自身态度。儿童对完成意志行动的强化物所持态度及对强化物的价值观,影响强化物的作用。阿荣森等的研究说明,改变儿童对某个被禁止去玩的玩具的价值观,可以提高儿童的自制力。他们提出:降低价值是成功地保持自制的一种方法。

学前儿童心理发展与咨询辅导

第五节　影响学前儿童动作和意志行动发展的因素

儿童动作和意志行动的发展受许多因素的影响。这些因素不是孤立地起作用的，它们互相影响。在儿童生长的不同时期，各种因素对儿童动作和意志行动发展所起的作用又不完全相同。为了促进学前儿童动作和意志行动的发展，必须认真分析各种因素的影响作用，并加以引导。

一、遗传因素

遗传因素对儿童动作发展起着相当重要的作用。儿童身体发展是以遗传素质为基础的。动作是神经系统支配的骨骼、肌肉系统的活动，也与呼吸系统等有关，因此，动作的发展与整个身体的发展有密切关系。研究资料表明，在体格发育上，遗传因素占有相当大的比例。比如，在身高的增长方面遗传因素为63％。遗传因素的作用在胸围增长方面占64％，在肺活量的增长方面占65％。男女儿童动作能力发展的关系，在一定程度上也是遗传决定的。比如，男孩在长肌肉协调动作方面比女孩强些，如抛球、跳上跳下、上下楼等，男孩一般胜于女孩；而在短肌肉协调上，如单足跳、跳跃步和手的精细动作等，女孩则比男孩强。体型在相当程度上与遗传有关。而体型又影响动作和运动能力的发展。比如，体型肥胖的儿童，动作的灵活性不如一般的儿童。遗传带来的身体个别部位的特征或缺陷，对相应动作的发展也有影响。如下肢过短影响赛跑速度、手指过短不利于弹钢琴等。

二、成熟因素

儿童动作发展受生理成熟的影响是显而易见的。比如，当婴儿生理上没有成熟到会坐时，要他学坐是无效的，也不利于他的身体的发育。儿童动作发展有关键期和敏感期，如果抓住时机，在儿童最容易掌握某种动作的时候，促进其发展则可达到事半功倍之效。

三、教育和练习

儿童的各种基本动作，似乎是自然成熟，事实上，都要经过练习。成熟只是提供了一种生理上的可能性。在成熟的时间范围内，练习起着十分重要的作用。对婴儿来说，在学习各种动作时，练习与不练习，使动作发展有很大区别，许多人的某种运动能力终生处于初级阶段，未能发展到成熟阶段，缺乏练习机会是原因之一。

指导孩子掌握各种动作，要求一定的技术。婴幼儿动作的发展，主要依靠把着手教，通过小步子的学习和练习，以及儿童不自觉的模仿，而不是依靠上课式的讲解。比如，有位母亲要训练其婴儿用手指拿东西。她的孩子总是用手大把抓，她向孩子表演用手指拿的动作,不见效。但是,当专家把玩具轻轻地放在孩子的大拇指和食指之间,并引导他慢慢地用两只手指拿东西时,在短短几分钟内,孩子就不再大把抓了。

把动作分解为小步子,逐步指导是方法之一。教孩子爬行也可以用此法。比如,有研究认为,婴儿爬行的发展可分为14个步骤:①一个膝盖和大腿贴着自己身躯向前移动。②膝盖和大腿向前移动,脚内侧着地。③四肢以身躯为中心前后移动。④腹部初步地稍离地面,用手和膝爬行。⑤腹部离地较低,用手和膝爬行。⑥匍匐爬行。⑦腹部离地较高,用手和膝爬行。⑧向后爬行。⑨左右摇摆。⑩用手和膝匍匐爬行。⑪用手和膝爬行。⑫近似用一只脚一步一步地爬行。⑬能用一只脚一步一步地爬行。⑭四肢爬行前进。

可以根据这些步骤,指导孩子学爬。要注意的是,每个孩子的情况不同,其学爬行的步骤也不会是绝对公式化的。

有的幼儿园老师教孩子穿衣服也用分步训练的方法。比如,孩子双手先拿衣领,向后披在身上,然后伸一只手,再伸另一只手;把衣襟对齐,从下向上按顺序系扣子。有的老师还配上顺口溜或小歌曲,让孩子边唱边练习。

四、激发动机

婴幼儿自身的积极性,是促进其动作发展,特别是意志行动发展的主要力量。

1. 兴趣

兴趣是激起活动动机的手段。当孩子在练习抬头时,用发声的玩具吸引他;当孩子学爬行、学走路时,用诱人的玩具吸引他向玩具的方向爬去或走去,都是很有效的。对4~6岁幼儿的研究表明,幼儿在运用玩具进行游戏时,由于兴趣性较强,其坚持性行为显著地高出兴趣性较弱的手工操作活动。

2. 鼓励和增加信心

成人的态度对婴幼儿动作和意志行动的发展至关重要。孩子自发地有活动的需要,有尝试着进行各种动作的需要。在尝试的探索中,孩子获得各种成就感。比如,1岁多的孩子走路还摇摇晃晃,他却喜欢到处走,到处站,见东西就扯,见小洞就抠,他爬上高处,四处张望,显现一副自豪感。有个4岁的女孩,十分喜欢荡秋千,她双手紧抓住铁链,蹲在秋千上,要求奶奶推她,荡得高高的。她有时还把双手上移,站了起来。奶奶一旦发现,就急忙喊道:"快些坐下,别摔着!"可是当奶奶稍不注意,她又偷偷地站了起来。对孩子的尝试和探索,应持鼓励态度,过多的担心或责备,都会挫伤孩子的活动积极性。最忌讳的是嫌孩子动作慢、动作笨拙、错误百出、成果不好看等,这些都会挫伤孩子的活动积极性。

增加自信心,是孩子发展各种动作和意志行动的有力的内部力量。肯定和鼓励可以增强孩子的自信。当孩子得到点滴进步时,成功感可以使他增加自信心。当孩子在活动失败时,更需要成人的支持,成人的亲近和语言强化,包括提出要求、提示、建议、称赞等,鼓励他再接再厉。有些家长当孩子跌跤稍有碰伤时,冷静地帮助他,告诉他如何对待,让孩子感到这是正常的事,孩子就会信心十足地继续练习,跑跑跳跳;另一些家长在类似的情况下则大惊小怪,责备孩子不该奔跑。实际上,孩子最初愿意自己做事,只是出于某种自发性。比如,大人要替孩子穿衣服,有的孩子不让,甚至当别人帮他穿上了一只袖子,他还要脱下来重新穿。但是,如果大人坚持包办代替,就会打击孩子的积极性,使他渐渐丧失活动的愿望,也丧失自信心。

3. 幼儿自己的态度

幼儿对于行动的态度,影响到他的意志行动。研究表明,改变儿童对某个被禁止去玩的玩具的价值观,可以提高他的抗诱感力。在生活中也有这样的情况,当一个诱人的玩具突然出现时,大多数孩子都去抢着玩,可是个别孩子不去争,因为他说他玩过这个玩具,觉得"没有意思"。因此,降低价值是成功地保持自制的一种方法。

幼儿对意志行动的理解,也有助于其水平的提高。对自我控制方法和其他意志行动方法的认识,也有助于提高意志行动的水平,如转移注意,采用唱歌、活动手脚、打瞌睡,或把厌恶的刺激变为愉快的东西,回忆有趣的事情等方式,这些对排除内心障碍都是有益的。

同伴间的比较,对幼儿的意志行动起着干扰或促进作用。有个实验研究表明,社会性比较(和小朋友的行为及其所得结果相比较)影响幼儿本身的自我强化,从而影响其意志行动。在实验中,"消极比较组"(所得奖品总是比同伴少)完成任务的自信心降低了,注意力集中也显著减弱了,然而坚持的时间则比"积极比较组"和控制组都长。研究者认为,这种坚持性的延长可能是由于幼儿害怕进一步失败、畏惧成人进一步责备的行动表现。可见,儿童的心态对意志行动也有重要的影响。

咨询辅导

1. 如何培养孩子具有坚强的意志力

培养孩子具有坚强的意志力可采取以下措施:

首先,向儿童提供一定的榜样。研究表明,向儿童提供良好的示范榜样,如家长与成人战胜困难的决心与行为,可以激发儿童锻炼意志的愿望。

其次,引导孩子进行适当的游戏活动。意志总是与意志活动联系在一起的。引导儿童进行适当的游戏活动,尤其是需要意志努力和克服困难才能完成的游戏活动,可以锻炼儿童的意志品质。

再次,培养儿童的意志品质一定要针对儿童的个性特点进行教育。教育实践证明,只有针对不同儿童的个性特点进行教育,才能有效地锻炼儿童的意志力。

最后,注意引导儿童进行自我意志锻炼,如自我克制自己上课不讲话、回家先做作业后玩等。父母应启发儿童认识到意志锻炼的意义,使儿童产生进行自我意志锻炼的愿望,帮助儿童制订切实可行的意志锻炼计划,并督促孩子完成计划。

2.五种培养幼儿意志力的有效方法

(1)目标导向法。家长应该指导和帮助孩子制订短暂和长远的目标,使孩子有努力方向。幼儿心中有了目标,有了"盼头",他就会为实现目标而去努力,表现出坚毅、顽强和勇气。但目标一定要恰当,应该使孩子明白这个目标不经过努力是达不到的,但稍经努力便能达到。太难或太易达到的目标都不能使孩子的意志得到锻炼。另外,目标如果是合理的,那就应当要求孩子坚决执行,直到实现为止,不可迁就,更不能半途而废。

(2)独立活动法。应尽可能让幼儿独立活动,如让孩子自己穿衣、自己收拾玩具,自己完成作业等。幼儿在进行这些活动时,要克服外部困难和内部障碍,他正是在克服这些困难的过程中,使意志得到锻炼。倘若孩子不能完成这些活动,也不必急忙去帮助,而应该"先等一会儿",让他自己克服困难去解决。当他战胜了困难,达到了目的,会显示出一种经过努力终于胜利的满足感。在这个过程中,孩子克服困难的勇气和信心也就随之增强。

(3)克服障碍法。坚强的意志是磨炼出来的,越是在困难的环境中越能锻炼人的意志力。家长应该有意识地给孩子设置点障碍,为他们提供克服困难的机会,使他们在生活的道路上有点小小的坡度。倘若把孩子前进道路上的障碍全部清扫干净,他现在可能平平安安,日后他就会逐步失去走坎坷道路的能力。

(4)自我控制法。幼儿的意志品质是在成人严格要求下养成的,也是他们在日常生活中经常自我控制的结果。家长应经常启发孩子加强自我控制。自我鼓励,自我禁止,自我命令以及自我暗示等都是意志锻炼的好形式。比如,当孩子感到很难开始行动时,可让他自己数"三",或自己给自己下命令:"大胆些!""不要怕!""再坚持一下!"等。

(5)表扬法。赞扬、鼓励可以鼓舞勇气,提高信心,有利于意志的锻炼。对幼儿在活动中表现出来的意志努力和取得的点滴进步,家长要适时、适度地给予肯定和赞许。在孩子完不成计划时,家长要进行具体分析,切记不可说"我就知道你完不成任务","我早就说你没长性"等丧气话。否则,只能使孩子一次次增加挫折感,而最终失去自信心。

最后,要提请父母注意的是,人的意志品质与性格特征有着一定的关系。因此,家长在培养孩子意志力时,还应该充分考虑孩子的不同心理特点。对性格内向的幼儿应加强果断性和灵活性的锻炼,培养他大胆、勇敢、坚毅的意志品质。对外向型的幼儿则应加强培养他们的自制力,同时有意识地培养他们的忍耐、沉着、克制的品质。

学前儿童心理发展与咨询辅导

操作训练

1.木头人不许动

游戏目的:可以训练孩子对自己身体的控制能力,锻炼意志力和自制力,培养规则意识和幽默感。

游戏方法：

爸爸、妈妈和宝宝围成一圈坐下，然后一起讲口令："我们都是木头人，不许说话不许动！"口令完毕，三个人立即保持静止状态，无论本来是什么姿势，都必须保持不动。如果一个人先忍不住说话，或者笑，或者行动，这个人就违反了游戏规则，另外两个人打他手心作为惩罚，并且喊口令："你为什么欺负木头人，木头人不许说话不许动！"

随后开始下一轮木头人游戏。

注意事项：

大人可以让宝宝摆出较高难度的动作，然后不让动。看看宝宝能够把一个动作坚持多长时间。

2.坚强的小松树

游戏目的：

（1）教育幼儿学习小松树挺拔、不动摇的精神。

（2）培养幼儿自我控制能力。

游戏准备：

带宝宝在公园里观察、认识松树。

游戏方法：

幼儿和妈妈戴上小松树的头饰，扮演小松树，面对面站好，中间保持一定距离。爸爸戴上"北风老虎"的头饰。

"游戏开始啦！"幼儿和妈妈各自站在自己的位置上不动，口里朗诵儿歌："北风老虎脾气大，吹起大风呼啦啦！可是我们都不怕！"

父亲扮演的"北风老虎"在"小松树"中间穿行，走来走去。充当小松树的幼儿和妈妈谁也不能动，如果谁动了一下，就算被"北风老虎"吹倒了，游戏结束，重新再来。

等"小松树"朗诵过三遍儿歌之后，如果还没有被"北风老虎"吹倒，这一次游戏就结束，"小松树"可以被称为勇敢的"小松树"。然后，再换个人来充当"北风老虎"，游戏重新开始。

3.二人三脚走

游戏目的：

（1）提高幼儿与家长的合作能力和肢体协调能力。

（2）培养幼儿合作意识和坚韧不拔的意志。

游戏方法：

将家长的左腿和孩子的右腿绑在一起。

游戏开始，家长和幼儿一起配合迈步前进，从屋子的一头走到另一头。

还可以用这种方法带着一个球走，把球从屋子的一边运送到另一边，反复进行。家长适时给幼儿以鼓励。

注意不要让宝宝摔倒受伤。

4. 运果果

游戏目的：

(1)提高幼儿的合作能力。

(2)培养幼儿的耐心,使幼儿学会共同克服困难,完成任务。

游戏方法：

家长和孩子面对面或背对背,把一只球夹在中间,共同把球从屋子的一头运送到另一头。可以多准备几个球,反复多次运送。

注意事项：

(1)在运球的过程中,手不许碰到球。

(2)途中如果球掉下,则返回起点,重新开始。

5. 翻大山

游戏目的：

锻炼幼儿的身体灵活性,培养幼儿不达目的决不罢休的耐力。

游戏方法：

(1)妈妈俯卧在床中间,让宝宝从妈妈的一侧爬到另一侧。

(2)可以增加难度:爸爸俯卧在床中间,让宝宝从爸爸的脚这头,踩着爸爸的腿、后背走过来,一直到爸爸的肩膀这里下来,妈妈则从旁边牵着宝宝的手做保护。

每当孩子成功翻越了"大山"之后,父母都表扬孩子:"宝宝真棒,你翻过了这座大山!"

6. 搭高楼

游戏目的：

(1)培养幼儿的专注力、做事情的耐心和持久性。

(2)让幼儿能够承受失败,不气馁。

游戏方法：

家长和幼儿用若干相同的积木来搭建高楼,层层递增。可以根据幼儿的年龄及能力搭建不同形状和不同样式的高楼。搭建过程中先倒的为输,或者当材料用完后,看谁搭得更高。

7. 给娃娃系扣子

游戏目的：

(1)练习手的小肌肉群运动,锻炼手眼协调能力。

(2)培养幼儿独立解决困难的能力。

游戏方法：

妈妈和孩子每人一个娃娃、一件小衣服,看谁先给娃娃穿好衣服,并扣上扣子,先完成者为胜。

学前儿童心理发展与咨询辅导

第十一章
学前儿童个性的发展

不一样的孩子

小亮是个活跃的孩子,活泼好动,表现欲强,外向,做事敢想敢干,但遇事容易冲动,缺乏毅力和耐力,他喜欢各种活动量大的游戏。他的邻桌小丽则是个安静内向的孩子,她的胆子很小,不喜欢活动,反应较为迟缓,有依赖性,但她做事很专注,情绪稳定,注意力不容易分散,坚持性较好。

琪琪是个爱生气的孩子,早晨起来看到妈妈给她准备了红色的裙子,她小嘴一撅生气了:"我不喜欢这个!"到了幼儿园,看到小朋友们在一起玩,她又不高兴了。手工课上,老师教大家折纸,她没做好,又不开心了。晚上妈妈来接她晚了,琪琪又把小嘴一撅,头一甩,很不高兴。

提问:如何看待孩子们的不同行为表现?

回答:孩子们的行为表现是和他们的气质特点分不开的。气质是在个体生命早期就出现的,幼儿的气质特点不同,就会有不同的行为和情绪表现,在强度、速度、稳定性、灵活性和指向性上均有差异。气质是人的天性,无好坏之分。每种气质都有利有弊。气质只是给人的行为涂上某种"色彩",不能决定人的社会价值。因此,在幼儿的心理健康教育中,我们首先要考虑根据幼儿的气质差异来因材施教,不能千篇一律,父母和教师的教育也要与幼儿的气质特点相匹配,这样才会收到良好的教育效果。

第一节　个性的概述

生活中我们常说,教育要保护孩子的个性,担心管教太严会束缚了孩子的个性;同时,又担心孩子的个性太强,以后难以适应社会……但心理学中所说的个性比上面提到的个性的含义要宽广得多。

一、什么是个性

个性是指一个人全部心理活动的总和,或者说是具有一定倾向性的各种心理特点的独特结合。前面各章分别介绍了人的认识、情感和意志等各种心理活动。这些心理活动都是在具体的个人身上进行的，因此表现出每个人各不相同的心理特征。

个性包括个性心理特征和个性倾向性。其中个性心理特征反映在能力、气质和性格几个方面。例如，每个人的认识能力各不相同，有的人善于观察事物的细节，而有的人却忽略细节；有的人考虑问题仔细，有的人则表现得粗心大意。每个人情绪产生的速度和强度也因人而异：有的人脾气暴躁，一触即发，有的人却是慢性子，不容易发脾气。人们在意志活动中也表现出各不相同的特征：有的人工作独立性强，有自制力；有的人则缺乏独立性，盲目性和冲动性较大。不同的人在活动中做什么、怎样做也表现出各不相同的心理特征：有的人好公忘私，助人为乐；有的人则损公肥私，以个人利益为重；有的人勤劳、勇敢；有的人则懒惰、怯懦。总之，人的各种心理现象都表现出许许多多的心理特点。上述心理特点有的属于能力方面，有的属于气质方面，有的属于性格方面。

个性心理特征是个性的组成部分，但它们不是独立存在的，而是受个性倾向性制约的。个性倾向性指需要、动机、兴趣、信念和世界观等。倾向性是个性的潜在力量，在人的活动中占优势的倾向性决定着个性的所有心理活动。例如，一个人有了认识某种事物的需要，这种占优势的倾向性就会引起一个人与满足该种需要有关的意志活动，并使人处在一定的情绪状态之中，也使智力积极活跃起来；反之，如果一个人没有这种需要，他就会表现出冷淡的态度，也不会积极努力地去追求它。

每一个人都有这样或那样的个性心理特征，也有这样或那样的个性倾向性，个性的两个方面不是孤立存在的，而是错综复杂地交织于一个人的身上，构成人不同的个性。个性既然包括个性心理特征和个性倾向性两个方面，那么，在研究个性时就必然重视这两个方面，以及它们之间的制约关系。忽视其中任何一方面或看不到这两方面的相互关系，都不能揭示人的个性实质，也不会了解一个人在一定条件下为什么会有这样的心理特征，而不是另外的一些特征，不会了解一个人为什么在这种条件下采取这种行动，而在另外的条件下采取另外的行动。

二、个性的特定性和可变性

任何一种个性特征都不是在某一短时期内形成的，它是儿童受家庭和社会潜移默化的影响，受幼儿园教育的熏陶以及在个人实践活动中逐渐塑造而成的。正因为如此，个性一经形成，就显得比较稳定，至于在一个人身上偶然出现的心理方面的特点，则不能算是这个人的个性特征。例如，一个人做事总是严肃认真、一丝不苟，偶尔也有粗心大意的表现，这就不能说马虎、草率是他的个性特征；任何人都会偶然把某种事情忘掉，但不能说一切人都有健忘的个性特征，但如果一个人经常丢三落四，则可以说他是健忘的人。

正是由于个性具有稳定性的特点，我们才说人有各不相同的心理面貌，也才能预料一个人在某种情况之下，他将会做些什么。

个性具有稳定性，并不是说个性是一成不变的。任何一个人生下来并没有什么个性特征可言，他们都有可能成为一个热情的人或成为一个冷漠的人，成为一个勇敢的人或者成为一个懦夫。个性特征是在生活过程中形成起来的，随着社会生活条件的变化而变化。例如，当一个人在生活中遇到重大的挫折，在他的心灵深处就会留下印记，从而也会引起个性的变化。教育的目的就在于培养每个学生于社会有益的个性特征，培养共产主义的理想、道德、信念。各种个性特征的变化速度也不尽相同。受人的生物组织制约的某些个性特征，比较不容易变化，如气质（平常所说的脾气）虽然不是一成不变的，但不太容易改变。其中受社会生活条件所决定的某些个性特征，如性格比较容易变化。例如，对一个粗心大意的人，要求他认真、细致地去做事的时候，他可以逐渐改变原来的心理品质，而表现得谨慎起来。教育和环境的要求，生活中的重大变化，都可能改变一个人的性格。

三、个性的共性和个别性

人的个性总是受一定的社会历史条件制约的。因此，人的个性有共性，但也因人而异，具有个别性。

所谓个性的共性，是指某一部分人的个性有共同的典型特性。如民族性、阶级性特征即是如此。这些共同的个性特征，是由于人们受到共同的社会经济、政治和文化生活环境影响而形成的。

所谓个性的个别性，是指在每个人身上表现的独特的个性特征。俗语所谓"人心不同，各如其面"，就是指人们的个性千差万别。个性的个别性主要是由各个人的不同生活环境和教育条件造成的。儿童的家庭经济状况、政治地位、家庭教育、家庭的生活方式和生活习惯、学校教育以及本人的实践活动等都给儿童个性形成以重大影响。

四、个性的社会制约性

个性受生物特性制约，但对个性起决定作用的是社会生活条件。实验证明，神经系统类型的特点既影响着个性特征形成的难易，也使得个性某些特征表现出一定差异，但它不能决定个性发展的方向。人的个性不是遗传决定的特征的成熟过程。初生婴儿只是一个自然实体，他们没有形成人的个性特征。

人的个性多样性是和人的社会生活的多样性分不开的。在一定的社会中，本阶级、本民族的人们在某些共同的社会条件下生活和活动着，逐渐地掌握这个社会的风俗习惯和道德信念，以及形成了某些共同的个性特征。在资本主义社会，牟取暴利、剥削别人、挥霍无度的生活方式，对资本家心理品质的形成起很大作用。在社会主义社会同志式的团结友爱、勤劳朴实等，则是工人阶级的典型心理品质。

社会生活条件除作为一般的存在影响人之外，它又总是通过个别的家庭、具体的教育机构以及个人的具体实践在人的个性形成中起作用。这些因素就像人们呼吸空气一样，每时每刻都在影响着人们。人们就是在如此多种多样的事物影响下形成各自的不同心理特点，形成个人独特的个性特征。比如，不同的家庭对儿童就有不同的教育方法，有的父母以身作则，重视对子女进行文明礼貌和道德风尚的教育，而有些家长对儿童百依百顺，过分溺爱，以致让儿童养成各种不同的习惯和个性特征。在儿童时期，教育和教学是个性形成的起主导作用的因素。

在幼儿园教育中，教师对儿童来说有极大的权威性。儿童不仅听从教师的话，而且也以教师的举止动作为榜样。教师对儿童个性的形成有直接影响。儿童进入小学、中学，从少年逐渐过渡到青年，个人的独立见解越来越增强，他们与同学、朋友之间的关系往往是亲密无间的，当他们和成年人发生意见分歧时，往往认为同年龄的人更了解自己，喜欢在他们之中寻找支持和帮助。这一年龄段，同学和校外的伙伴对他们的个性形成起重要作用。特别是，随着生活领域的扩大，他们广泛地接触到社会现实，社会影响在他们个性特征的形成上越来越起重要作用。

第二节　个性倾向性

个性倾向性是由需要、动机、兴趣、信念和世界观等构成的，它们与个性特征密切联系，相互制约，对于心理品质的自我教育具有重要意义。

一、需要

需要是人的一切积极性的源泉。人的活动从饮食、工作到交友、旅游都是需要推动的。

1.需要的概念

人们要生存和发展必须依赖一定的条件，当条件不足时心理上就会出现不平衡状态，力求消除这一状态的内部驱动力就是人们的需要。

2.需要的特点

需要的特点主要体现在对象性、紧张感和驱动性、起伏性和周期性、多样性和差异性、社会性和发展性等方面。

（1）对象性。需要总是指向一定的对象。比如：我们需要看书，书就是对象；我们需要听音乐，音乐就是对象；我们需要旅游，旅游产品及服务就是旅游需要的对象;如此等等。没有对象的需要是不存在的。

（2）紧张感和驱动性。当某种需要产生之后.便会形成一种紧张感、不适感或烦躁感,直到需要满足了,这种紧张感才会消失。人为了消除生理或心理上的紧张,就会采取有效措施以重新获得生理和心理的平衡,这就体现了需要的驱动性。比如,一个人觉得饥饿难耐,当然就不能再集中精力工作或学习,而是四处寻找食物。当他找到食物并且吃下去之后,需要得到满足,他又可以专心工作或学习了。人们常言:"饥不择食,寒不择衣",就体现了需要的紧张感和满足需要的急迫性。

（3）起伏性和周期性。人一旦产生某种需要,就会推动行为的进行,只要满足了这种需要,这种需要对人的驱动作用就会减弱,人转而注意并试图满足其他需要,这就是需要的起伏性。但是一次满足的需要,以后还是可能出现。需要不会因满足而终止,一般都具有周而复始的周期性的特点。比如,一个饥饿的人吃了一个面包之后,他对食物的需要就会减弱,可能会转向对于饮水的需要,或者是休闲娱乐的需要。但是,过了几个小时之后,进食的需要又产生了。

（4）多样性和差异性。人所需要的对象具有多样性,有生理的需要、安全的需要、社交的需要、尊重的需要、自我实现的需要等,满足需要的对象包括物质产品和精神产品。人类社会创造的琳琅满目的产品都是为了满足自己的需要。人的需要由于受到职业、年龄、文化、道德、个性等因素影响表现出差异性。对于不同的人而言,满足自己需要的对象是不同的,如同样是为了满足进食的需要,有人会吃米饭,有人会吃水饺,有人会吃汉堡包。

（5）社会性和发展性。人和动物都有需要,但人满足需要的对象和方式与动物有很大的不同。一些高层次的需要,如尊重的需要、自我实现的需要是动物所没有的。人具体需要什么、如何满足自己的需要,是受到社会经济发展水平、个人在社会中所处的地位、生活经验等因素的影响的。例如,古人对于实现空间转移的需要表现为对马车、船等交通工具的需要,而现代人满足这个需要则表现为对汽车、飞机、火车或轮船的需要。一般工薪阶层坐飞机时选择乘坐经济舱已经足够了,而富裕阶层则会选择乘坐头等舱,这是需要的社会性。

人的需要永远没有止境,表现出发展性。低层次的需要满足后又会产生高层次的需要,一种需要满足之后又会出现新的需要。由此促使人们为了满足需要而创造物质和精神财富,从而推动社会的进步。反过来,社会的进步又会进一步推动需要的发展。

3.需要的类型

人类的各种需要并不是孤立的,而是相互联系并且重叠交叉的。人类的需要是一个整体结构,各种分类仅仅具有相对的意义。通常按照需要的起源,把人的需要分为自然需要和社会需要;按照需要的对象,把人的需要分为物质需要和精神需要。

（1）自然需要和社会需要。人既是自然人又是社会人，这决定了人的发展需要从两个方面进行，既要满足自然人的生命机体的生存需要，也要满足社会人的社会需要。

自然需要也叫生物学需要或生理需要，它起源于生命现象本身，是对维持自己生命和延续后代的必要条件。如对食物和睡眠、防寒和避暑等方面的需要。这些需要对维持有机体的生命、延续后代有重要的意义。

社会性需要是人类在社会生活中形成、为维护社会的存在和发展而产生的需要。如交往的需要、成就的需要、求知的需要等。社会性需要是在生理性需要的基础上、在社会实践和教育影响下发展起来的。它是社会存在和发展的必要条件。

社会性需要是人类特有的。它受社会生活条件所制约，具有社会历史性。不同的历史时期、不同的阶级、不同的民族和不同的风俗习惯，使人们的社会性需要有所不同。当人的社会性需要得不到满足时，虽然不会威胁到机体的生存，但会产生不舒服的感觉或不愉快的情绪。

（2）物质需要和精神需要。需要的指向对象也就是人们的需要得以满足的客观存在物。物质需要指的是满足人们需要的对象是一定的物质或物质产品，人们由占有这些物品而获得满足。例如，满足人们衣、食、住、行需要的生活物资；满足人们劳动、科研等需要的工具、仪器等。在物质需要中既包括生理性需要，又包括社会性需要。

精神需要是对精神生活和精神产品的需要，它是人类所特有的需要。如对知识和知识产品、对审美和艺术、对交往和道德等方面的需要。

需要注意的是，人们的物质需要和精神需要不是完全分开的，两者关系密切。精神需要以物质需要为基础，对物质的追求中也包含一定的精神要求。人们在追求美好的物质产品时，同样表现了某种精神的需要。例如，人们对衣物的要求不仅要防寒保暖还要款式新颖漂亮；同样，精神需要也离不开物质。例如，满足阅读的需要不能没有报纸、杂志、书籍等物质条件。

4.马斯洛的需要层次理论

美国著名犹太裔人本主义心理学家亚伯拉罕·马斯洛（Abraham Maslow）在1943年出版的《人类动机的理论》一书中提出了著名的"需要层次论"。他把人的需要归纳为五大类，并按照它们发生的先后次序和强度，将需要由低到高分为五个层次：第一个需要层次是生理的需要；第二个需要层次是安全的需要；第三个需要层次是社交的需要，即归属和

学前儿童心理发展与咨询辅导

爱的需要;第四个需要层次是尊重的需要;第五个需要层次是自我实现的需要,如图 11-1 所示。

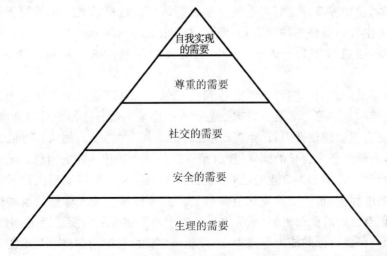

图 11-1 马斯洛需要层次

（1）生理的需要。这是指维持生存及延续种族的需要。例如,对食物、饮水、氧气、性、排泄和睡眠的需要,这是人类保存个体生命和种族延续的基本需要。如果没有这些需要,人的生命就无法存在,更无法去谈其他需要。一个缺少食物、爱和自尊的人会首先要求获得食物,只要这一要求还未得到满足,他就会无视或掩盖其他的需要。马斯洛说:"如果一个人极度饥饿,那么,除了食物之外,他对其他东西毫无兴趣。他梦见的是食物,记忆的是食物,想到的是食物。"人的需要中最基本、最强烈、最明显的就是生理的需要,这是其他需要产生的基础。同生理需要相对应的产品有健康食品、药品、健身器材等。很多旅游者选择去森林地区旅游,因为森林浴可以产生减压、放松的效果,并且鸟的种类越多、树种越丰富的森林,越有让人放松、减压的效果。可见,旅游也是人们满足生理需要的一种方式。

（2）安全的需要。这是指希望受到保护和免遭威胁从而获得安全感的需要。引申的含义包括职业的稳定、一定的积蓄、社会的安定和国际的和平等。典型的安全需要:一是生命安全,每个人都希望自己的生命不受到内外环境的威胁,希望在一个安全的环境中成长和发展。即使那些喜爱探险的旅游者也会采取各种措施保证自己的生命安全。二是财产安全,每个人都不希望自己的财产受到他人的侵害,一旦遭到他人的侵害就会寻求保护。三是职业安全,人们希望自己的职业有安全感,不固定的职业往往使人焦虑不安。跟安全需要相对应的产品有保险、养老投资、社会保障、保险箱、汽车安全带、烟火报警器等。

（3）社交的需要。社交的需要就是归属与爱的需要。它是指每个人都有被他人或群体接纳、爱护、关注、鼓励和支持的需要。这种需要是人类社会交往需要的表现。人是社会性的动物,因而都具有团体归属感。处于这一需求阶段的人,把友爱看得非常可贵，希望能拥有幸福美满的家庭，渴望得到一定社会团体的认同、接受，并与同事建立和谐的人际关系。如果这一需要得不到满足，个体就会产生强烈的孤独感、异化感、疏离感，产生极其痛苦的体验。这里的爱不能等同于性爱。性爱虽是人生理和心理的共同需要，但它仅仅是爱的一部分。人类爱的需要既包括给别人爱，也包括接受别人的爱。与这类需要相对应的产品包括个人饰品、服装等。

（4）尊重的需要。主要包括自尊和被人尊重。自尊是指个人渴求力量、成就、自强、自信和自主等。满足自尊需要会使人变得更相信自己的力量与价值，在生活中变得更有能力和创造力，产生"天生我材必有用"的感受。如果自尊的需要得不到满足，人就会产生自卑的感觉，没有足够的信心去处理面临的问题。被人尊重的需要是指个人希望别人尊重自己，希望自己的工作和才能得到别人的承认、赏识、重视和高度评价，也就是希望获得威信、实力、地位等。被人尊重的需要的满足会使人相信自己的潜能与价值，从而进一步产生自我实现的需要。否则，个人就会丧失自信心，怀疑自己的能力和潜力，不可能产生更高层次的需要。尊重的需要会使人追求地位、优越感、声望和成就感，与这一需要相对应的产品有高档服装、贵重家具、名酒、名车、豪宅、艺术收藏品等。

（5）自我实现的需要。人类最高层次的需要就是自我实现的需要。它是指个人渴望自己的潜能能够得到充分的发挥，希望逐渐成长为自己所希望的人物，完成与自己能力相称的一切活动。人有实现自己潜能的需要，所以一个人能够成为什么，他就渴望成为什么。与这一需要相对应的产品体现在教育、嗜好、运动、探险、美食等方面。自我实现的需要具有复杂性和多样性。每个人自我实现的需要和满足自我实现的需要的方式不大一样。有的人是在体育方面一显身手，有的人却是在艺术方面获得成功，还有人是在厨艺方面技艺超群。此外，自我实现的需要具有阶段性，可分为阶段性目标的自我实现和终极目标的自我实现。阶段性目标的自我实现，如一名高中生升入了自己最理想的大学，学习自己最喜欢的专业；一名歌手在某晚的演唱会上获得了自己梦寐以求的巨大成功；你第一次做了一锅鲜美的鱼汤，一家人将它吃得精光，等等。终极目标的自我实现是一个人一生所追求的目标的实现。有的人在退休或即将辞世时说："我这一生很失败"，或"我这一辈子是成功的，没有虚度"，这讲的就是终极目标的自我实现是否达到。

二、动机

动机不同于需要，但又同需要紧密联系。动机是在需要的基础上产生的。

1. 什么是动机

动机是直接推动人进行活动的内部动力。

当人有了萌芽状态的需要，有机体就会产生某种不安之感，但它还不能在意识中明显地反映出来。当需要进一步增强的时候，人很快就明确地知道是什么东西使自己感到不安,并开始考虑用什么手段去满足需要。这时人的需要是以愿望的形式存在着。例如,当人饥饿时,开始觉得身上有不适之感,随着不适之感的增强,在意识中就产生了寻找食物的愿望,并出现与食物有关的形象。当人有了明确的需要和满足需要的手段,还不等于为满足需要而去行动,也就是说以愿望的形式表现的需要还不能成为实际行动的动机。只有当这种愿望十分强烈,成为一种不占有某种对象就无法平息内心的紧张状态,并推动自己去行动的意愿时,这种愿望就变成了实际行动的动机(见图 11-2)。人的动机常常是由一定客体所引起,但由对象直接引起的动机仍然以对该客体的需要为基础。例如,一个人有吃食物的愿望,是由于饥饿的需要引起的,特别是当食物这一客体存在的时候,这种愿望就会变成去寻找食物的动力。

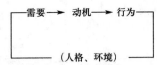

图 11-2　需要和动机、动机和行为之间的关系

不只是简单活动的动机在需要的基础上产生,复杂活动的动机也是从社会的客观现实向人提出要求、变为人的内部需要之后才产生的。例如,随着我国四个现代化建设对人才的需要,广大青少年认识到为了适应国家的建设,必须提高文化知识水平,因此,越来越多的人积极、主动地要求学习。

动机推动人的活动好像物体运动受力的推动。但是人的动机比物体的力学作用复杂得多。在物理界中,物体在相同条件下经常产生相同的变化,从物体的运动就可知道它的原因。可是人的有机体受刺激时,在相同条件下,其活动并不是千篇一律的,这是由人的活动动机的复杂性造成的。

2.动机的分类

活动动机是非常复杂的,不同的人对同一种活动可能有不同的动机。有的时候,同一个人的活动是由几种动机同时支配的。根据动机的性质和它在活动中的作用和意义,可以把动机分为以下几类。

首先,按动机的社会意义,可以分为正确的和错误的两种。在社会主义制度下培养起来的,为人民、为集体牺牲个人利益的动机是高尚的、正确的动机;只为自己或损人利己的动机则是低级的、错误的动机。正确的动机可以调动一个人的社会主义积极性,错误的动机会使人意志消退,甚至误入歧途,做出危害社会秩序的事。

其次,在复杂的活动中,也常常可以区分出起主导作用的动机和起辅助作用的动机。在学习动机方面,由于儿童心理发展阶段不同,在学习上起主导作用的动机可能有差异。

最后,还可以从复杂的活动中区分出长远的、间接起作用的动机和短暂的、直接起作用的动机。长远的动机来自对活动意义的高度认识,来自对祖国的义务感和责任心。这种动机一旦形成,就具有比较稳定的性质,不受偶然情境变化所左右,可以在相当长的一段时间内指导活动。例如,为祖国繁荣富强而学习,就是一种间接的、长远的学习动机,它可以引起、维持和调节整个学习活动。在这种动机支配下,不会因为学习中遇到困难、挫折而灰心丧气,也不会由于学习上取得成绩而骄傲,产生松劲情绪。这是一种长期推动学习活动的动力。短近的动机往往是由对活动本身的兴趣引起的,它和活动本身直接发生关系。这种动机不够稳定,易受情绪影响,起作用的实际效能比长远动机小,但也不能低估它的作用。

这两类动机在活动中相互补充,共同发挥动机的动力作用。长远的、间接的动机可以推动人们坚持不懈地完成活动任务,短近的动机可以直接刺激人们去执行活动。

一般来说,幼年儿童的行动动机是从直接的、短近的动机逐步向自觉的、远大的动机发展,从不稳定的动机逐步向稳定的动机发展。

三、兴趣

兴趣在人的生活和活动中的意义是巨大的。当一个人对生活有兴趣的时候,他就会觉得生活内容丰富多彩,鼓舞着人去获得有关的知识、技能,丰富着心理生活内容,表现出积极的个性。

1.什么是兴趣

兴趣是指一个人经常倾向于认识、掌握某种事物,并力求参与该种活动的心理方面。人有了某种兴趣就会对该事物或活动表现出肯定情绪态度。例如,对音乐感兴趣的人,对有关音乐方面的消息总是给以很大的注意,他会为报章杂志报导音乐方面的消息所吸引,在剧场或收音机中听乐曲时,表现出津津有味,走在路上嘴里常常哼哼几句,业余时间有意无意地也要试音练唱。

兴趣不是对事物的表面关心。任何一种兴趣都会使人由于获得这方面的知识或从事该种活动而体验到情绪上的满足。

2.兴趣的形成

人的兴趣不是生来就有的,它是在一定需要的基础上,在社会实践过程中形成与发展起来的。由于人的需要的多样性以及人的社会实践活动的多样性,因而人的兴趣也是多种多样的,既有经济、社会、政治方面的,也有生产技术、科学、文学艺术、体育运动方面的。教育对儿童兴趣的形成和发展起主导作用。

兴趣既然是在社会实践过程中形成和发展起来的,当然也可以在社会实践过程中得到改变。因此,教师必须依据社会实践要求培养幼儿具有良好的兴趣和改变不良兴趣。

3.兴趣的分类

依据不同的标准,可以把兴趣划分为不同的种类。

(1)根据兴趣的内容和它的社会价值,可以把兴趣分为高尚的兴趣与低级庸俗的兴趣。在社会发展的不同阶段上,人们除了具有对科学、艺术、运动等普遍的兴趣外,还表现出带有阶级色彩的兴趣。在资本主义制度下不少受剥削阶级意识毒害的青少年,对纸醉金迷的生活怀有浓厚的兴趣,这就是庸俗的兴趣;而社会主义教育下成长的青年,则有志于献身社会主义建设事业,并对与之有关的一切事物产生兴趣,这就是高尚的兴趣。当然,在社会主义制度下,由于旧社会腐朽的生活方式及旧意识的存在和渗透,其影响在某些意志薄弱的青少年身上也有不同程度的反映,养成一些低级庸俗的兴趣。因此,教师要教育培养幼儿养成有益于社会主义社会和个性全面发展的广泛兴趣。

(2)根据兴趣的目的性可以把兴趣分为直接兴趣和间接兴趣。所谓直接兴趣是对活动本身的兴趣。这往往是由于有意义的客观事物引人入胜而使人对它发生兴趣,如看电影,由于故事情节的吸引而对它发生直接兴趣。间接兴趣是对活动结果的兴趣。这种兴趣的产生不是由于某种事物过程本身的激发,而是意识到它的后果对我们有重要意义。例如,学习外语,我们对记生词和学语法并不感兴趣,但学好了外语能阅读外文书籍,对增长知识、扩大眼界有好处,因对学习外语深感需要而产生了兴趣。

直接兴趣和间接兴趣对人的工作和学习都很重要。直接兴趣可以使人们轻松自如地集中注意力,从而不用很大的意志努力关注该种事物。这对获得知识具有重要意义。但并非一切事物都是引人入胜的,关心活动的结果也会使人对工作和生活本身产生最大的热情,并力求有效地去完成它,因此形成间接兴趣也是非常重要的。总之,这两种兴趣对活动都是必要的。

(3)依据兴趣的效能可以把它分成积极的兴趣和消极的兴趣。积极的兴趣是有效能的兴趣。这种兴趣使人对有兴趣的事情总是采取积极行动,并有助于克服在活动中遇到的各种困难,成为掌握知识、形成熟练和发展能力与性格的动力。

消极的兴趣是停留在"心向往之"的静观状态的兴趣,这种兴趣也会给人以喜悦,但它使人只局限于对感兴趣的事物表面的认识,而不深入地掌握和研究它们,更没有积极行动的表现,当然也就不能产生实际效果。这是一种消极的无效能的兴趣。

(4)人们的兴趣范围的广阔程度是不同的。有些人对一切事物都有去熟悉、去理解它们的要求,这是具有广泛兴趣的人;有的人的兴趣则比较单调,陶醉于一种事物或活动之中,这是兴趣狭窄的人。具有广泛兴趣的人,就会经常关注和钻研许多方面的新问题,从而扩大了眼界,领会和掌握更多的科学知识和生产技术。许多科学家、文学家和艺术家都有渊博的知识,这和他们有多方面兴趣分不开。德国大诗人歌德不仅对语言、文学很有研究,熟练地掌握拉丁文、希腊文、法文、英文和意大利文,而且对历史、地理、自然科学、数学、修辞学都很热爱,也学过美术、音乐、舞蹈、骑马和击剑,还会弹一手好钢琴,会吹一口好笛子。由于丰富的知识和广博的兴趣,使他得到全面发展的机会,这也是他成为著名诗人的条件。兴趣狭窄的人则会影响到他们个性的多方面发展。

有广泛的兴趣,并不意味着他们的深度都相同,一个人只有在广泛兴趣的背景下发展中心兴趣，才有可能达到"既博且专"的境界。上面所说的歌德就是具有这种优秀品质的人。有一些人，兴趣虽然广泛，但样样都不深入，只是表面上一掠而过，这是缺乏中心兴趣的表现。这种"博而不专"的人难以取得重大成就。当然，兴趣"专而不博"，对人的发展也是不利的，我们应提倡人们向广阔而有中心兴趣的方向发展。

（5）人们兴趣的稳定性各有不同。兴趣的稳定性是指对某种对象或活动能够长期地保持比较浓厚兴趣的一种品质。一个儿童具有稳定的兴趣，这对他现在和将来从事这方面的学习和工作有积极的意义。如果儿童缺乏稳定而持久的兴趣品质，那么他对任何事情都可能发生浓厚的兴趣，甚至达到狂热和迷恋的程度，但却不巩固，一种兴趣很容易为另一种兴趣所代替，这对于学习和工作都是不利的。缺乏稳定而持久兴趣的人，也是没有恒心的人。当他还没有深入地了解某种事物时就又产生了新的兴趣，这种见异思迁的倾向必定会影响他们深入地去掌握知识。为此，我们不仅要培养儿童具有广阔而有中心的兴趣，同时也应培养他们有稳固而持久的兴趣品质。

第三节　学前儿童能力的发展

我们常常说，这个人的某种能力比较强，另外一个人则比较弱。究竟什么是能力？它又是如何形成起来的呢？

一、能力的一般概念

能力是一种个性心理特性，是顺利完成活动的一种必备的心理条件。

1.什么是能力

几个幼儿赛跑，有人快有人慢；几个幼儿唱歌，有人歌声嘹亮，悦耳动听，有人声音沙哑，节奏不明；把同一项制作玩具的任务交给几个幼儿去完成，效果不同，有的幼儿制作得又快又好，有的幼儿却根本做不出来。有的教师讲课清楚生动，既能引起学生的兴趣，又能启发学生的思维；有的教师虽然也认真备课，有足够的知识，但在表达上总是不大流畅，条理不分明，甚至组织不好课堂秩序。这种在人们完成活动中所表现出来的可能性方面的心理特性叫做能力，或者说，能力是顺利完成某种活动必备的心理条件。

能力和活动紧密相连。由于人们从事不同的活动，在活动中就形成和发展了不同的能力，并且在活动中得到表现。儿童只有在参加小乐队的活动中，他的辨音能力和节奏感才能得到提高。

人的生理条件在完成活动中也起作用，腿长的人一般跑得快，跳得高，体胖的人行动不便，这些对于顺利通过体育锻炼标准无疑是有影响的，但它们不是心理特性,不算能力差异。人与人之间的个性的差异也很多,但只有那种对于成功地完成活动所必需的心理特性,才叫做能力。如活泼、热情、沉静、谦虚等属于个性心理特性中的气质和性格特性,它们虽然与完成活动有一定关系,但它们不直接决定活动的完成,不是顺利完成活动的必备的心理条件,因此,也不能算是能力。

完成任何一种活动都需要个人多种能力的结合。例如,儿童画画,都必须有完整的知觉能力、识记与再现表象的能力,使用线条表现实物的抽象力与想象力、目测长度比例的能力、估计大小或亮度关系的能力、透视能力和灵活自如的运笔能力等。教师要顺利地完成教学任务,就需要有敏锐的观察力、清晰而准确的言语表达能力、逻辑思考力、丰富的想象力、良好的记忆力和情绪感染力等。一个人具有某些突出的能力并能将各种能力结合起来,出色地完成有关的任务,我们就说他有某方面的才能。才能就是各种能力独特的结合。

一个人的能力不可能样样突出,甚至还会有缺陷,但是人可以利用自己的优势或发展其他能力来弥补不足,同样也能顺利地完成任务或表现出才能。这种现象叫做能力的补偿作用。例如,盲人缺乏视觉,却能依靠异常发展的触摸觉、听觉、嗅觉及想象力等去行走、辨认币值、识记盲文、写作或弹奏乐曲,有时表现出惊人的才能。又比如,有些人机械记忆能力比较薄弱或在成年后有所减退,但仍然可以依靠或发展自己特有的理解力、判断力去掌握各种知识,或做出有分量的决策,并不比其他人逊色。所有这些都表明,才能并不取决于一种能力,而有赖于各种能力的独特结合。

2.能力的种类

在人们适应环境改造环境的过程中,不同性质和不同水平的能力交织着起作用。总括起来至少包括三种不同性质的能力。首先是认识能力,它是人们在完成活动中最基本最主要的心理条件。不能感知颜色和形状的双目失明者,不可能成为画家,分辨不清颜色的色盲或色弱者,也不易在绘画方面取得成就。其次是包括体育活动能力和劳动能力在内的运动能力,它是人们为了适应或改变环境、协调自己的动作、掌握和施展技能所必备的心理条件,这种能力是随着儿童的发育成熟,以及参加力所能及的活动,逐步得到提高的。最后是社会交往能力,它是人们参加社会集体生活、与周围人保持协调所不可缺少的心理条件。幼儿参加上课、游戏、劳动这些活动都会使幼儿能力逐渐得到发展。

在人的能力中还可以区分出一般能力和特殊能力。一般能力是在各种活动中都存在和表现出来的认识能力,如观察力、记忆力、想象力、思考力、创造力等。它的水平高低对各方面活动都有影响。通常所谓一个学生的智力高低或是否聪明能干,就是指一般能力而言的。

特殊能力指对某一专业领域的活动有特殊意义并在其中显示出来的能力。如画家的颜色辨别能力和空间想象力,音乐家的音高辨别能力和节奏感,数学家所需要的数字记忆广度和计算能力,教师或理论宣传工作者必备的语言表达能力、分析问题解决问题的能力和组织工作的能力等。这些都是对顺利完成某一专业领域的活动起重要作用的心理条件。

一般能力与特殊能力并不是对立的。一般能力总是在特殊能力之中表现，而特殊能力的发展也使一般能力有所提高。一个完全没有能力的人是不存在的。教师要善于发现幼儿的各种能力并加以引导，使之更好地发展。

能力还可分为主导能力和非主导能力。主导能力又称优势能力，非主导能力又称非优势能力。在一个人各种能力的有机结合中，往往有一种能力起主要作用，另一些能力处于从属地位。

3. 智力与知识、技能

在人的认识过程方面所表现出来的能力，可以使用另一种名称，称为智力或智能。构成智力的因素包括各种感觉能力（如感受性的大小）、观察力、记忆力、想象力和思考力（如理解力、判断力、抽象概括能力和推导能力）等很多方面，其中以思维能力为核心，可以说，智力是认识活动的综合能力。通常人们评论某个孩子聪明、某个孩子愚笨，都是指智力水平高低的表现。

知识是人类社会历史经验的总结和概括，每个人在生活过程中都不断地掌握人类已有的知识经验使之能转化成为自己主观世界的部分内容并在以后的行动中发生作用。技能是在活动中由于练习而巩固了的，并在活动中应用的基本动作方式。

可见，能力和知识、技能虽然有所不同，但它们又是密切联系着的。

能力是掌握知识技能的必要前提，不具备感知能力的人，就无法得到感性知识，缺乏抽象概括能力的人就很难获得理性知识；同时，能力的大小也会影响掌握知识的深浅和技能的高低。比如说，某个幼儿理解力和计算能力比较强，他在掌握数概念、解答数的加减运算方面就比较迅速而正确。从另一方面说，掌握一定的知识和技能也会促使能力的发展。如我们掌握一定的汉语语法知识就能提高写作能力，掌握了系统的社会科学知识也会提高对社会的观察力和理解力。由于能力与知识技能既有区别又有联系，教师的任务就不仅是传授知识和培养技能，而且也必须设法通过教学和有关活动去发展幼儿的智力。运用填鸭式的教学方法，让幼儿死记硬背，虽然也会使他们增加一些知识或学会某些技能，但它未必能使幼儿深入理解和灵活运用这些知识技能并使他们的能力得到迅速而全面的发展。假若教学能采用启发式，使幼儿通过独立思考去理解和掌握基本规律，它就会促进幼儿思维能力的发展，使以后的学习变得更容易，更有效。可见，能力与知识、技能是相辅相成，共同促进的。

二、能力的个别差异及其形成

人们的能力的不同，既表现在倾向或性质方面，也表现在水平或强弱方面。

1. 一般能力和特殊能力的差异

人们在一般认识能力如观察力、记忆力、思考力、想象力等方面都有各自不同

学前儿童心理发展与咨询辅导

的特点。如有的幼儿观察问题时容易抓住细节，但不善于对整体形成概括而深刻的印象，另一些幼儿则富于概括性，易忽略细节。在记忆方面，有的幼儿记得快，记得牢，表现出较强的记忆力，有的幼儿记得慢，但保持得久，有的幼儿用长时间才能记住，即便记住了，也很快遗忘了。在特殊能力方面也有差异。如有的幼儿绘画能力较强，有的长于音乐、唱歌、跳舞，有的有数学能力，有的组织能力较强，等等。

2. 超常儿童与低常儿童

人的智力按常态曲线分配，大多数属于中常。所谓超常儿童即指他们的智力发展很快，超过了同龄儿童的水平。所谓低常儿童是指他们的智力明显地低于同龄儿童的水平。超常儿童和低常儿童在全部儿童中占极少数，一些研究认为，这两类儿童在全体儿童中所占比例大约都是 3/1000。

（1）智力超常儿童与能力的早期表现。智力超常儿童在认识能力方面有许多优异之处。不少研究表明，他们在知觉的全面、细致、准确、迅速方面，在注意的集中和广度方面，在记忆的速度、准确和巩固方面，在思维广度、深度和灵活方面都有着较好的发展。也正是这些认识能力的比较完备的结合，才使他们显示出某些才能。如一般 4 岁、5 岁的儿童，视听辨别力并不精细，且以具体形象思维为主。但有一个超常的 4 岁儿童能识汉字 2000 个，认英语单词 300 个，说 100 多个英语短句，会心算 15×16，会解四则运算、开方和简单几何图形的面积等数学题。

儿童的智力超常往往从小就表现出来，引人注目，所以人们就称之为"早慧"、"神童"。我国古代大诗人李白"五岁通六甲，七岁观百家"；奥地利古典音乐家莫扎特 3 岁发现 3 度音程，能谱写小步舞曲；近代控制论创始人维诺 4 岁阅读大量书籍，9 岁入高中，14 岁入大学。在我国，目前也不断涌现出小音乐家、小画家、小书法家、小数学家，中国科技大学少年班的学员平均年龄只有 14 岁，其中不少人已表现出学术上的显著成就。能力的早期表现在音乐、绘画等文艺领域最为常见。据调查，在成名的音乐家中 5 岁以前有表现的约占一半，其中在 3 岁以前就有表现的约占 1/4。

能力的早期表现是智力优异的标志之一，但这并不意味着能力没有得到早期表现的人就缺乏优异的智力。人们的能力除"早慧"者外，也还有不少"晚成"的。如大科学家爱因斯坦，少年时智力迟钝，在 23 岁时却提出了"相对论"；大发明家爱迪生，少年时被学校视为低能，30 岁后发明了留声机、电灯、有声电影等。我国著名画家齐白石到 40 岁才表现出绘画的才华，在他生活的后 50 年表现出特别优异的艺术才能。这些都是非"早慧"者不妨碍才能"晚成"的突出事例。教师的职责是注意发现人才和培养人才。因此，我们一方面应及早去发现超常儿童，加以精心培养；另一方面也要运用适当的方法去启发和教育全体幼儿，使每个幼儿的能力都得到发展。只注意抓"尖子"，而对能力表现一般的幼儿失去信心，放弃对他们的教育和培养，这种做法也会妨碍人才的成长与选拔。

（2）智力低常儿童。智力低常儿童也称智力落后儿童。智力落后多数是由于大脑机能发育不全或神经系统慢性病所造成，少数是由外伤或其他疾病的后遗症引起的,属于病理现象。研究表明,智力低常儿童的认识能力特点有:知觉敏锐度差,难以辨别细节,缺乏辨认空间关系的能力;对词和直观材料的识记能力都较差,只会机械识记,不能意义识记,在回忆中发生大量的歪曲和错误,思维的概括力极低,利用词分析他所观察的事物极其困难,他们在语言方面也有障碍,词汇贫乏。

对智力落后的儿童只靠教育工作很难使他们赶上一般智力水平,但教师不能对他们采取厌恶的态度。如果早期发现,对他们加以诊断和治疗,可能有所帮助;即使是不能治疗的,如果放在特殊教育机构中,给一些基本的教育培养,特别是行为训练,使他们获得一些独立生活的能力,也不会成为社会负担。至于那些智力有稍许落后,还能够参加正常学习的幼儿,只要教师和家长密切配合,热诚关怀,耐心帮助,多做些练习,也是能够取得进步的。

3.能力差异的形成

能力是人在先天素质的基础上,在后天生活条件和教育的影响下,通过一定的活动或实践而形成和发展起来的。由于上述几个方面条件的不同,就造成了人们能力上的多种差异。下面分别说明一下这些条件在能力形成中的作用。

(1)素质。一个人天生就有的解剖生理特点叫做素质。素质包括各种感觉器官、运动器官以及神经系统和大脑结构和机能的特点,其中以大脑神经活动的特点最为重要。

素质是个人能力发展的自然前提,没有这个前提,就不能发展相应的能力。生来的盲人难于发展绘画能力,生来的聋哑人,也不可能成为歌唱家。某些研究发现,同卵双生子的智力之间比一般兄弟姐妹之间有更高的相关(相关指两种心理因素之间存在一定关系,相关有正、负之分),这说明遗传素质对能力差异有影响。

近年来心理学的研究表明,神经系统的特性对于能力的发展具有一定的制约作用。神经系统能经受住强刺激的类型(强型)不仅有充沛的精力,还能集中注意,而弱型则相反,但却有较高的感受性。兴奋和抑制过程平衡类型的人能善于分配注意,能较准确地形成动作熟练;而不平衡的类型则不易做到这一点,他们在形成技能时出现的多余动作较多,而且不易消失。神经系统灵活的类型有较大的知觉广度和思维灵活性,在解决问题时比不灵活类型要快2~3倍。

然而,素质不等于能力。素质只是为能力的发展提供了可能性,要把这种可能性变成现实性,必须有后天的环境影响、教育和个人的实践活动。例如,一个人的发音器官再好,如果没有音乐的环境,不学习音乐技巧和认识旋律,就不可能成为优秀的歌手。又如,一个人生来腿长个子高,这虽然为赛跑时步伐大、速度快和打篮球时便于阻挡对方、抢篮板球提供了有利条件,但是如果没有教练的指导和自己的刻苦锻炼仍然很难成为优秀运动员;反之,身材较短的人,如果善于利用自己灵活的特点,勤学苦练,也能够在运动上取得出色的成绩。这都证明了素质不是能力发展中的决定因素。

(2)环境和教育。人的能力的发展受社会历史条件所制约,这种制约性体现在一定的社会环境和教育对人们提出不同的要求上。现代人具有制造与使用汽车、飞机、电器、计算机及激光武器等能力,而这些对于古代人或中世纪人都是不可想象的事情。这是社会生产力的发展对人类能力提高的影响。在旧社会,体力劳动与脑力劳动分离,广大劳动人民深受压迫与剥削,并失去受文化教育的权力,因此他们的能力也不可能得到正常或全面的发展;而在社会主义社会中,人们的生活有了保障,从小普遍受到文化教养,懂得工作是在为人类造福和推动社会前进的意义,并且能运用集体的智慧与力量去进行创造性活动,于是人的能力也就得到了比较充分的发展。这是社会生产关系或社会制度对人类能力发展的决定性影响。环境对人的能力的影响是指每个人从出生到成长期间所处的具体环境对个人所施加的影响。儿童出生后有人照顾和经常跟他说话,言语交往能力就发展得快,如果被放到一个照顾不周的孤儿院中,这种能力的发展就迟缓。生长在农村的儿童,对于野生植物或昆虫的观察辨别能力或劳动能力往往胜过城市儿童,而后者适应现代化生活的某些能力或在灵活性等方面又往往发展得更早。

环境对儿童的影响也总是通过教育来发挥作用的。心理学中有过一个实验,研究者为了鉴定学生的绘画才能,让学生去测定亮度比例和目测垂直线与水平线。结果发现,10个会画画的学生比另外10个不会画画的学生的平均误差少4.5倍。后来他对误差较大的被试者进行概念与方法的指导和测定技能的训练,结果他们的误差由10.4下降到4.9。这就说明,绘画能力是可以通过教育与练习而提高的。

教育的影响不限于学校和教师的指导,从小开始的家庭早期教育,常常对于儿童能力的发展有着重要的影响。早期教育既包括环境的熏陶,也包括有意的培养教育。例如,很多小音乐家、小画家、小书法家都出身于音乐世家或爱好艺术的家庭。我国一位11岁就创造了速算法的青年学生,是由于自幼就受到家长的严格珠算训练而取得成就的。现代许多研究指出,要抓住儿童心理发展的关键时期进行教育,如果在儿童4岁、5岁时就开始教他们学外国语,就可以收到事半功倍的学习效果,并且他们对所学的外国语终生难忘。这些都有助于我们正确理解能力差异形成的原因和更有效地去培养儿童的能力。

(3)实践活动。人的能力虽然是在后天环境与教育影响下产生的,但这种影响并不是一种机械的决定。人经常面临社会生活向自己提出的各种任务要求,它一旦被接受而成为个人的需要,就会与自己能力的欠缺或薄弱发生矛盾。这种矛盾的发生与解决都有赖于人们去参加实践。人的某些能力正是在不断发生与解决这些矛盾的实践中形成和提高的。历史上的许多杰出人物、创新能手之所以表现出惊人的才能与成就,无一不是应社会历史的要求,参加变革实践的结果。儿童的认识能力、特殊才能也都是应生活、学习的要求,经过积极活动、认真锻炼而逐渐发展起来的。人们参加的活动范围越广,解决的上述矛盾越多,能力的发展也就越迅速、越完善。正是从这个意义上,我们说参加实践活动是能力发展的最主要途径,正像恩格斯所说的:"人的智力是按照人如何学会改造自然界而发展的。"

人的能力和他们从事不同的职业活动相联系。不同的职业活动对人们提出了不同的要求,从而也发展了相应的能力。一般来说,一个人只要没有缺陷,在实践中自觉地接受锻炼,努力掌握知识和技能,也都能发展起各自实践领域中所需要的能力。实践活动越多样,劳动分工越精细,人们能力的个别差异也就越明显。染料工人能够精细地辨别颜色,车工能准确地目测产品的误差,建筑工人能无误地进行垂直判断,炼钢工人能依据炉火的色度估量炉温等,无不是他们在不同的实践活动中逐渐形成和发展起来的专业能力。

某些有生理缺陷或外伤致残的人,由于有正确的世界观作为动力,能够放眼未来,克服病残,勤学苦练,往往发展了很多人们想象不到的特殊能力。例如,一位失去双臂的人,忍受着极大的痛苦,以肩扛笔练字,终于成了书法家;一位 13 岁的手残儿童,坚持以脚练字,被选为省市优秀少年。这些都充分地说明了人的自觉能动性,包括顽强的性格和不懈的劳动,在能力的发展中起着重要作用。

三、入学前儿童智力的发展

著名心理学家布鲁姆提出了儿童智力发展的理论曲线。所谓儿童智力发展曲线,涉及不同年龄儿童智力发展的速度,发展的加速期、高原期等问题。人生头几年是智力发展非常迅速,甚至是最迅速的时期。由此形成先快后慢上升的儿童智力发展曲线。

布鲁姆(Bloom,B.,1960)搜集了 20 世纪前半期多种对儿童智力发展的纵向追踪材料和系统测验的数据,进行了分析和总结,发现儿童智力发展有一定的稳定规律。经过统计处理,得出了一条儿童智力发展理论曲线。

布鲁姆以 17 岁为发展的最高点,假定其智力为 100%,得出各年龄儿童智力发展的百分比,说明:生后头 4 年儿童的智力发展最快,已经发展了 50%,获得了成熟时的一半。4～8 岁,即生后的第二个 4 年,发展 30%,其速度比头 4 年显然减缓,以后速度更慢。

布鲁姆用数量化方法说明学前期智力发展的速度和重要性,他的理论常被引用。但是应该指出:第一,布鲁姆所提曲线只是假设的、理论的曲线。第二,智力数量化只在一定程度上有参考价值,不能绝对化。

学前儿童心理发展与咨询辅导

四、婴幼儿智力测定

智力测试由来已久,随着时间和环境的变化,智力测试的目的性越来越弱化了,我们并不希望通过智力测试给儿童贴标签,而是希望通过测试,找到更好的教育途径和手段。对很多人来说,尤其是家长,一直认为智力测试很神秘,其实不然,而且人的智力,尤其是婴幼儿的智力是一直变化的,并且遵循用进废退的原则,所以,恰当的教育方式非常重要。我们先来看看什么是智力测验,常用智商来表示:

智商＝心理年龄/实足年龄×100

下面介绍婴幼儿测评体系的常用量表。

1.国际婴幼儿测评体系

测评量表名称	测评量表简介
韦氏幼儿智力测评量表(WPPSI)	由美国医学心理学家韦克斯勒编制,是国际上通用的权威性智力测验量表。每个量表由言语和操作两个分量表构成,能够同时提供总智商分数、言语智商分数和操作智商分数以及十个分测验分数,能较好地反映整体的幼儿智力水平和各分项的水平 测评时间:1~2小时
CDCC中国儿童发展量表	用于0~6岁亚洲儿童身体和智力发育水平的综合评估 测评时间:0.5~2小时(视儿童年龄不同而定)

2.0~6岁婴幼儿各项能力家长自测系列(部分)

表11-1　0~1岁幼儿运动能力

年龄	指导卡编号	行为目标
0~1	1	把手伸向前面约20厘米处的物体
	2	抓住前面8厘米左右的物品
	3	伸手抓住前面的物品
	4	把手伸向喜欢的物品
	5	把手中拿着的物品放进嘴里
	6	俯卧时,用两臂支撑头和胸部
	7	俯卧时用一只手臂,把头和胸挺直
	8	用嘴来感觉和试探某种东西
	9	由俯卧位转向侧卧位,在两次中有一次保持侧卧姿势
	10	从俯卧位翻到仰位
	11	约向前爬身体长度的距离
	12	由仰卧位翻向侧卧位
	13	由仰卧位翻到俯卧位
	14	让孩子拉着你的手指从仰卧位坐起来
	15	当身体被支撑时,头可以自由转动
	16	维持坐姿2分钟

年龄	指导卡编号	行为目标
	17	为了再拿一件东西,要把手里原有的东西放下
	18	有意识地拾起或丢下物品
	19	用力支撑身体,让孩子站立
	20	在支撑身长相当站立的情况下,用脚跳跃
	21	爬行一段与身长相当的距离去取物品
	22	在自己手臂的支撑下坐着
	23	用手和膝支撑着身体,从坐位转向爬的姿势
	24	从俯卧转向坐位
	25	不用支撑也能一个人坐着
	26	胡乱扔东西
	27	用双手和膝盖支撑着身体前后晃动
	28	坐着时把手里拿着的东西从一只手中换到另一只手中
	29	用一只手拿两块2.5厘米正方形积木
0~1	30	自己抓住东西跪起来
	31	扶着东西自己站起来
	32	用拇指和食指捏东西
	33	让孩子腹部离开地板爬行
	34	成爬行姿势,一只手去够东西
	35	在大人用手指等的支撑下站立
	36	常舔嘴边的食物
	37	独立站立1分钟
	38	把物品从容器中倒出来
	39	一次翻开两三页画册
	40	用勺或铲子舀东西
	41	用动作和话语要求孩子把小物品放入容器中
	42	从站立的姿势坐下
	43	模仿拍手
	44	仅在大人的手指等的支撑下学步
	45	不扶什么东西走两三步

学前儿童心理发展与咨询辅导

表 11-2　1～2 岁幼儿语言能力

年龄	指导卡编号	行为目标
1～2	11	说 5 个词
	12	用声音表示要求
	13	说"没有了"
	14	遵从口头指示,做 3 个简单动作
	15	听从"给我"、"给我看"等指示
	16	按照指示说出 10 个以上熟悉的物品名称
	17	按照指示说出 3～5 张图片或照片的名称
	18	指出自己的 3 个部位
	19	当别人问到时,能说出自己的名字或小名
	20	当问"这是什么"时,能说出该物的名称
	21	用话语和动作表达需求
	22	说出除自己以外的家人的名字
	23	说出 4 个玩具的名称
	24	以动物的叫声教动物的名称
	25	看到喜欢的食品,要求孩子说出其名称
	26	在提问题时,提高语尾的声调,表示同意、许可等
	27	说出娃娃或人体的 3 个部位的名称
	28	用"是"、"不是"回答问题
	29	能够表达"漂亮"、"好吃"等
	30	理解"多"和"少"的意义

表 11-3 2～3 岁幼儿认知能力

年龄	指导卡编号	行为目标
2～3	25	指导孩子找出特定的书
	26	把圆形、正方形、三角形的插块插入拼图板中
	27	说出图片上画的 4 件身边物品的名称
	28	模仿画竖线
	29	模仿画横线
	30	模仿画圆
	31	把手感相同的东西配对
	32	按要求指出大小
	33	按要求指出多和少
	34	模仿画十字
	35	颜色配对
	36	按要求把东西放在其他东西之中、之上或之下
	37	只要听到声音,就能说出物品的名称
	38	把 4 个一组的套装玩具按顺序套在一起
	39	说出画片或照片上的动作
	40	把圆形、正方形和三角形等跟与其形状相同的图片配对
	41	按顺序将 5 个以上大小不同的套圈套在柱子上

表 11-4　3～4 岁幼儿生活自理能力

年龄	指导卡编号	行为目标
3～4	52	用筷子夹东西吃
	53	自己吃饭,不剩饭
	54	穿套头衫或运动衫
	55	按要求擦鼻涕
	56	一周内至少有两天不尿床
	57	男孩站着小便
	58	不用指导也能自己穿脱衣服
	59	穿上有摁扣或有钩环的衣服
	60	按要求擤鼻涕
	61	避开危险品
	62	把上衣挂在衣架上
	63	按要求刷牙
	64	戴连指手套
	65	把未穿在身上的上衣的大扣子解开
	66	把未穿在身上的上衣的大扣子扣上
	67	穿鞋

表 11-5　4～5 岁幼儿社会行为能力

年龄	指导卡编号	行为目标
4～5	64	需要帮助时,能求助于近旁的人
	65	能加入与大人的谈话
	66	在众人面前唱歌、跳舞
	67	独立做 20～30 分钟的家务事
	68	不用提醒,基本上会向人道歉(4 次中可有 3 次)
	69	与 8～9 个孩子一起做需要按次序玩的游戏
	70	与 2～3 个孩子合作玩 20 分钟左右
	71	不在人前做使人讨厌的事
	72	使用别人的东西,要先得到别人的允许

表 11-6　5～6 岁幼儿认知能力

年龄	指导卡编号	行为目标
5～6	88	数 20 以内的数,边数边说出东西的数目
	89	读出数字 1～10
	90	说出自己身体的左右
	91	按顺序说汉语拼音字母
	92	写自己的名字
	93	利用拼音字母说出 5 个字
	94	以宽度和长度为顺序排列 10 件东西
	95	按顺序排列数字 1～10
	96	理解并运用"第一"、"第二"、"第三"的意义
	97	指出你说的数字 1～25
	98	按照样子模仿画菱形
	99	解开如图所绘简单迷宫
	100	按顺序说出星期几
	101	利用 3 件物品做加减法
	102	说出自己的生日
	103	念 10 个字
	104	预测在日常生活中接下来要做什么事
	105	区别整个和半个东西
	106	数 1～100 个东西

学前儿童

心理发展与咨询辅导

第四节　儿童气质的发展

人与人之间的个别差异主要表现在能力、气质、性格等方面。研究气质具有多方面的意义。教师要做好教学和教育工作也必须了解幼儿的气质。

一、气质的一般特征

近代的研究表明,气质与人的认识能力也是密切相关的,比如,不同气质类型的人具有不同的注意力、感受性、知觉的广度和思维的灵活性等。

1.什么是气质

如果我们有机会去妇产医院参观,就会看见有的新生儿比较活泼多动、哭声响亮,有的比较安详宁静,声微胆小。在我们周围,有的人精力充沛,生气勃勃;有的人沉默寡言,举止安详;有的人情感热烈,爱激动而难自制;有的人心平气和,活泼开朗;有的人庄重冷静,不露声色;有的人多愁善感,郁郁寡欢;有的人思维灵活,行动敏捷,善于适应;有的人反应迟钝,动作缓慢,不善应变,等等。人的这些特点都是气质的表现。

气质是表现在人的情感、认知活动和言语行动中的比较稳定的动力特征。

一个人的心理活动或行为有许许多多方面和特征,而气质所指的是心理活动发生时力量的强弱、变化的快慢和均衡的程度等特点,即所谓的动力特征。

每个人的心理活动或行为都有这种动力表现。一般来说,人在遇到顺境或获得成功时,总会精神振奋,情绪高涨,干劲倍增,思维、言语、动作的速度加快,而一旦遇到不幸,也都会变得精神不振,情绪低落、反应减速变慢。但是,我们所说的气质不是指这种一时的情况,而是指人们在许多场合一贯表现的比较稳定的动力特征。正是因为这样,气质的差异也就给各人的全部活动涂上一层独特的色彩。

气质的这种动力特征在人的情绪和言行上表现得最显著,所以过去大都认为它只是情绪和行动方面的特有表现。

2.气质的类型与生理机制

公元前5世纪希腊著名医生希波克拉底在古希腊医生恩培多克勒(公元前495～前435年)"四根说"的基础上,提出了气质的体液说。他认为:人体含有四种不同的液体,即血液、粘液、黄胆汁和黑胆汁。它们分别产生于心脏(血液)、脑(粘液)、肝脏(黄胆汁)和胃(黑胆汁)。希波克拉底认为,四种体液形成了人体的性质,机体的状况取决于四种液体的配合。在体液的混合比例中,由于四种体液在人体内所占的比例不同,便形成了多血质、胆汁质、粘液质和抑郁质四种不同的气质类型。

血液占优势的人属于多血质,粘液占优势的人属于粘液质,黄胆汁占优势的人属于胆汁质,黑胆汁占优势的人属于抑郁质。希波克拉底认为,每一种体液也都是由寒、热、湿、干四种性能中的两种性能混合而成。血液具有热—湿的性能,因此多血质的人温而润,好似春天一般;粘液具有寒—湿的性能,粘液质的人冷酷无情,好似冬天一般;黄胆汁具有热—干的性能,黄胆汁的人热而燥,如夏天一般;黑胆汁的人具有寒—干的性能,因此抑郁质的人如秋天一般。四种体液配合恰当时,身体便健康;否则,就会出现疾病。希波克拉底的理论后来被罗马的医生盖伦所发展。

希波克拉底对气质的分类在现在看来是缺乏科学依据的,但事实上这四种类型划分与巴甫洛夫四种神经活动类型的划分相符合,也比较符合实际,心理学上对这种气质分类法一直沿用至今。

巴甫洛夫通过动物实验的研究,并结合日常的观察,对气质的生理机制做了新的解释。他发现神经系统具有强度、平衡性和灵活性三种基本特性。所谓强度,是指神经细胞和整个神经系统受强烈刺激或持久工作的能力;这里有强弱之分。所谓平衡性,是指神经系统兴奋与抑制两种过程的力量是否相当,这里有平衡与不平衡之分,而不平衡又有兴奋占优势或抑制占优势之分。所谓灵活性,是指兴奋与抑制两种神经过程相互转化的速度与能力,这里有灵活与不灵活之分。所有这些特性都在条件反射形成或改造时得到表现。比如,强者可以在强刺激的作用下形成条件反射并能持续地活动,弱者则做不到这一点而易于发生疲劳或超限抑制;平衡者能以同样的速度形成阳性的(或兴奋性的)和阴性的(或抑制性的)分化性条件反射,不平衡者在形成这两种反射时有难易、快慢之分;灵活者能根据环境的变化迅速地改造原有的反射或动力定型,不灵活者则很难做到这一点。由于这种特性在个体身上存在着差异与不同的组合,于是就出现种种神经系统的类型,其中最显著的四种类型是:

(1)强而不平衡的类型:兴奋占优势,阳性条件反射比阴性条件反射形成得更快,是一种易兴奋、易怒而难于控制的类型,所以也叫做"不可遏制型"或"兴奋型"。

(2)强、平衡而灵活的类型:容易形成与改变阳性或阴性条件反射,爱动而且行动迅速,一旦缺乏刺激就很快入睡或显得无精打采,所以叫做"活泼型"。

(3)强、平衡而不灵活的类型:条件反射容易形成而难于改造,是一种庄重、行动迟缓而有惰性的类型,所以也叫做"安静型"。

(4)弱型:由于兴奋与抑制的力量都很弱,两种条件反射的形成都显得吃力,接受不了强刺激,但有较高的感受性,是一种胆小而神经质的类型。

巴甫洛夫认为上述四种神经系统的显著类型,恰恰与古希腊希波克拉底提出

学前儿童心理发展与咨询辅导

的四种气质分类,即胆汁质、多血质、粘液质与抑郁质相当(见表 11-7)。正如气质有许多过渡的类型一样,神经系统也有许多混合的类型。因此,神经系统的类型也就是人的气质的生理机制。换句话说,气质也就是神经系统类型所决定的心理表现。

表 11-7　气质与高级神经活动类型对照表

神经类型	气质类型	心理表现
弱	抑郁质	敏感,畏缩,孤僻
强,不平衡	胆汁质	反应快,易冲动,难约束
强,平衡,灵活	多血质	活泼,灵活,好交际
强,平衡,不灵活	粘液质	安静,迟缓,有耐性

3.气质的稳定性和可塑性

儿童生来就有某些气质表现,显然,这跟神经系统先天的特性或类型有关。尽管气质作为个性的一种表现比较稳定,但也不是绝对不可改变的。我们应当注意到巴甫洛夫的另一个重要的论点:神经系统的最大特点是可塑性。他们在动物实验中证明,神经系统的先天特性和类型都会由于后天生活环境与教育的影响而发生改变或掩蔽,所以最后的或现存的神经活动,很可能是先天类型特性和由于后天环境所引起的各种变化之间的一种"混合物"。有的心理学家发现气质也有类似的情况。一个生来是活泼型的孩子,由于家庭、学校长期对他采取冷淡、漠视的态度,渐渐变得对学习缺乏兴趣、对集体疏远、对自己缺乏信心,显出委靡、冷漠、迟钝、胆怯等弱型气质的特点,后来经过帮助、培养,又恢复了原来被掩蔽的活泼、有生气等类型特点。这个研究表明,气质具有稳定性,原来类型特点的恢复就是证据。它也表明,气质是可塑的,在这里主要表现为掩蔽现象。所谓掩蔽,就是后天形成的某些条件反射所起的作用远远胜过原有类型特性的作用。掩蔽现象不等于神经系统特性的根本改变,所以一旦去除掩蔽物,原有类型的本色也就可以再现。当然,长期的掩蔽现象也可能多多少少改变着神经系统的特性。

二、气质研究在生活、教育上的应用

气质并不决定一个人的社会价值和成就的高低,但是在人的一切实践领域都不能不考虑到气质这个因素。

在文艺作品中,如果人物的描写一模一样,毫无气质上的差别与特色,它就不能真实地反映现实生活的多样性,从而失去艺术的魅力。因此文艺家们懂得一点气质的研究材料,善于观察与体验人们的气质特点与表现,对于搞好创作或表演是不可少的。

各种职业也往往对从事者提出气质方面的要求,如交通部门要求驾驶员、体育部门要求某些运动员、重工业部门要求调度员及技术操作工人具有经受高度紧张、灵敏等气质特点；医疗单位要求护理人员具有安静、沉着、敏感、细致等气质特点；纺织部门要求女工有注意的稳定性或动作的灵活性等气质特点，等等。工作性质固然也可以改变人的气质，但毕竟是个缓慢的过程。为了加速提高各种事业的工作效率和减少人员淘汰率，在选拔与培训中做好气质的测定工作就成为必要的环节。

无论是思想工作者还是医生、护士，应该更多地了解各自对象的气质类型的特点，采取适当的态度和工作方式，可以减少与工作对象的摩擦，减轻他们的精神负担，增加信任感，增强

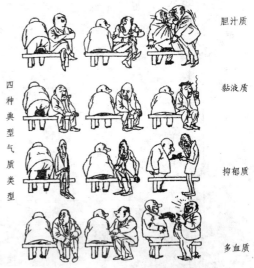

四种典型气质类型

胆汁质
黏液质
抑郁质
多血质

（［丹麦］皮特斯特鲁普）

合作的气氛，从而有利于更好地调动他们的积极性。所以研究气质的现象、探讨其应用，具有现实意义。

气质问题与教育工作有很密切的关系，掌握气质方面的知识不仅可以帮助教师进一步了解自己，加强自我修养，以及对学生有更好的影响，而更主要的是能帮助教师更深入地了解幼儿的类型特点，以便做到"一把钥匙开一把锁"，提高幼儿园教育、教学工作效果。

了解幼儿气质类型有以下几个方面的意义：

第一，气质类型本身不能从社会意义上评价其好坏，因为各种气质类型的幼儿都可以成为品学兼优的人才。但是，每一种气质类型都存在着有利于形成某些积极或消极的性格品质的可能性。比如，胆汁质的幼儿容易形成勇敢、坦率、热情、进取等品质，但也容易养成粗心、粗暴、冒失、刚愎自用等缺点，多血质的幼儿容易形成活泼、机敏、开朗、善交往、富于同情心等品质，但也容易形成轻浮、不踏实、感情不深挚、无恒心等缺点，粘液质的幼儿容易形成稳重、冷静、实干、坚忍不拔等品质，但也容易变得冷漠、固执而拖拉，抑郁质的幼儿容易形成细心、谨慎、自爱、谦让、温和、有想象力等品质，但也容易出现怯懦、多疑、孤僻、无自信等缺点。教师掌握了这一点，就可以在了解幼儿气质类型之后更有预见性、针对性地去帮助各类幼儿发展积极的品质，防止或克服消极的品质。

第二，气质类型不是一朝一夕就能改变的，其实也不一定都需要改变。既然如此，在教学、教育过程中照顾幼儿的气质类型特点，采取适合这些特点的方法不仅必要，而且也会使工作进行得更顺利，更有成效。大量的教育经验表明，对胆汁质的幼儿不要轻易激怒他们，耐心启发和协助他们养成自制，对多血质的幼儿不要放松要求或使他们感到无事可做，让他们在有意义的活动中养成扎实、专一和克服困

学前儿童心理发展与咨询辅导

难的精神；对粘液质的幼儿不要以冷对冷或求之过急，要允许他们有考虑问题和做出反应的足够时间；对抑郁质的幼儿切忌公开指责，要加倍关怀、体贴他们，要根据他们的精力、体力与能力适当降低或调整要求，鼓励他们勇敢前进，这样就会大大提高教育效果。这些经验在幼儿园中随时随处都可以加以运用。例如，在上课时，不少幼儿总是把手举得老高，甚至不等老师指名就擅自开腔回答或所答非所问；而另一些幼儿从不举手或很少举手，被叫起来时又往往一时答不出或脸红心跳。前者大多是胆汁质或多血质的幼儿，后者又往往是粘液质或抑郁质的幼儿。机智的教师处理这类问题时就要讲究教育艺术，比如对于胆汁质的幼儿并不每次都让他们先发言，示意他们耐心等候或想好再回答，答错了不过分训斥以免引起强烈的对抗情绪，对于多血质的幼儿既要发挥他们的发言积极性，还要对他们的回答提出更高的要求；对于粘液质的幼儿可以后叫，让他们有思考余地，或让他们订正其他幼儿答案中的缺点；对于抑郁质的幼儿最好事先帮助他们做好准备，有意提出简单的或他们回答有把握的问题，只要他们敢于发言，即使答得不理想也给予鼓励。这样做，既适应了他们的特点，也帮助了他们克服各自的弱点。

第三，根据临床经验，两种极端不平衡类型往往是精神病的主要候补者。因为强烈的愿望、过度的紧张与不知疲倦的劳累，常常使胆汁质者的抑制过程更加减弱，于是容易出现神经衰弱或发展为时而狂暴时而忧闷的躁郁性精神病。困难的任务、社会的冲突、个人的不幸遭遇，都会使本来脆弱的抑郁质幼儿，感到无法忍受，易于转入慢性抑制状态，于是容易出现易受暗示和富于情绪的歇斯底里，或发展为精神分裂症。为了保护儿童的身心健康，教师应更多地去关心这两种类型幼儿的情况和问题，除做好具体问题的思想工作外，分别采取一些特殊措施，如使第一类幼儿多得到工作与休息的交替机会，使后一类幼儿在集体中获得真正的友谊与生活的乐趣。

三、婴幼儿气质的变化与发展

在人的各种个性心理特征中，气质是最早出现的，也是变化最缓慢的。因为气质和儿童的生理特点关系最直接。

1. 气质的变化

气质也不是一成不变的。人的高级神经活动的特点是有高度的可塑性。儿童天生带来的活动或行为模式是可以改变的。神经系统正处在发育过程中，其气质的形成也往往是先天和后天的"合金"。

有时，气质类型并没有变化，但是受环境影响而没有充分表露，或改变其表现形式。这在心理学上称为气质的掩蔽。年龄越小的儿童，气质掩蔽的情况越少。

2. 研究儿童气质的意义

气质无所谓好坏。但是由于它影响到儿童的全部心理活动和行为，如果不加以正确对待，将会成为形成不良个性的因素。

研究儿童气质的意义在于:第一,使成人自觉地正确对待儿童的气质特点。第二,针对儿童的气质特点进行培养和教育。

成人对儿童的抚养教育措施,必须充分考虑到每个儿童的气质特点(见表11-8)。

表 11-8　3 岁前儿童气质表现

年龄\维度	2 个月	1 岁	2 岁
活动水平	换尿布时移动速度	穿衣、吃饭速度	在家具上爬上爬下的活动水平
生理节律	睡眠时间、进食量是否有规律	入睡时间长短是否有规律	上、下午睡眠时间,每日大便时间是否规律
注意分散度	哭闹时换尿布是否停止哭闹	玩耍时,用其他物品吸引他是否分心	没给他想要的东西是否哭闹
趋避性	初次用奶瓶是否喜欢	接近陌生人是否喜欢	在别人家第一次过夜是否睡得好
适应性	换尿布是否愿意	以前没吃过的食物是否愿意吃	理发时是否每次都哭闹
注意广度和持久性	想吃奶时是否接受喝水	对喜欢的玩具是否玩很长时间	是否玩智力玩具直到最后完成
反应阈限	对声音反应是否迅速	喜欢和不喜欢的食物放在一起是否在乎	走路被别的小朋友超过是否计较
心境	吃完奶后是否无缘无故烦恼	母亲离开是否哭	情绪是否经常愉快

第五节　学前儿童性格的形成

在人的个性中与气质非常相似的现象是性格。因此,人们往往把一些气质特征说成是性格,而又把一些性格特征用来描述气质的类型。其实,性格是不同于气质的一种心理现象。

一、性格的一般概念

性格作为个性的一个方面,它跟能力、气质一样都指的是人们之间存有差别的比较稳定的心理特点。

1.什么是性格

我们常常听到人们说:有的人勤奋、正直、慷慨、谦虚,有的人懒惰、自私、吝啬、骄傲,有的人赤胆忠心、见义勇为,而有的人见异思迁、见利忘义,如此等等。这里

学前儿童心理发展与咨询辅导

所说的一些特点就是人的性格特征。每个人都有这样或那样的一些性格特征,其中有积极的,也有消极的,有跟别人相似、相同的,也有自己所独有的。性格就是存在于一个人身上的这类特征的总称。在现代心理学中,性格是指由人对现实的态度和他的行为方式所表现出来的个性心理特征。由于性格特征的多样性及其组合的复杂性,世界上性格完全相同的人是不会有的。正是从这个意义上,我们说性格是个性差异的一个方面。

那么,性格特征的特殊性表现在什么地方呢?

(1)性格特征主要是指表现在个人对现实的态度和行为方式中的一种倾向。例如,一个青年人,他多次奋不顾身地机智地去抢救落水或处于险境的儿童,他见到强者欺侮弱者能挺身而出伸张正义,他碰到坏人、坏事敢于并善于斗争,他还勇于承认并批评自己的缺点或错误,如此等等。我们说这个青年人具有"见义勇为"或"英勇顽强"的性格。这种性格特征不同于能力的强弱,也不同于气质的动力特征,他是在一个人如何对待社会、对待劳动、对人、对己的态度中和如何采取行动中所体现出来的某种共同的倾向。

(2)性格特征是一种社会化的倾向,是个性中具有核心意义的部分。人对事物之所以会产生某种态度和采取某种行为方式,都是后天获得的一定的思想意识及行为习惯的表现,而它们是现实的社会关系在人脑中的反映。有的人爱助人,这是现实生活中协作关系和道德规范要求的结果。有的人冷酷无情,这是私有制社会和旧意识形态影响的结果。如果说人的能力有大小,各种气质类型的人都有可能成为德才兼备者,而性格则往往标示着一个人的为人方向,它是有好坏之分的。在性格特征中占主要地位的是政治品质与道德品质,因此凡是有助于社会进步、符合于多数人利益的性格特征,都属于好的品质;反之就是坏的品质。至于性格中存在的一些中性的特征(如顺从、固执、粗犷、细致等)则不能作孤立的评价,其好坏要看它们依从于哪些主要的品质而定。性格由于具有社会评价的意义,因而,它在个性中占有一个核心的地位。

(3)性格特征是一种比较稳定但又可变的倾向。性格表现在人的态度和行为方式中,但一种偶然的态度和一时的举动并不一定是性格特征的标志。例如,一个勇敢的人偶尔也会出现震惊或后怕,但不能因此说他是一个怯懦者。同样,一个畏首畏尾的人,在被激怒的情况下也可能一反常态地做出冒险的行为,也不能因此就认为他具有勇敢的性格特征。而只有像前面所述的青年人那样,由于他具备经常的、一贯的明智而勇敢的表现,因而,他才称得上是一个见义勇为的人。

当然性格也不是不可变的。一个胆小的人,由于特殊的情境,或出于锻炼的意愿可以做出一次果敢的行动(如走夜路),尽管还不能说他已经有了勇敢的品质,但这件事也可能成为他性格改变的开端。性格的改变不是一朝一夕就可以实现的,需要通过长期的实践锻炼才能做到。

根据上面的分析,我们可以给性格下一个定义:性格是表现在个人对现实的态度和行为方式中的比较稳定而有核心意义的心理特征。

2.性格的生理机制

一个人在社会中生活,不论是为了满足个体的需要,还是为了实现外界社会的要求,他都会意识到自己和外界现实的关系,知道该做什么和怎样做,于是也总要以一定的态度与行为方式对各种事物做出应答。这些应答时而成功或得到肯定,时而失败或受到否定。人在这种不断适应和改变现实的过程中,在头脑中以需要、观念为核心的态度体系和应答行为体系之间会形成一定的联系系统。由于不断地重复,这个按一定模式形成的系统就会固定起来,成为一种自动化了的、比较稳固的暂时神经联系系统,即动力定型。有了它,人在特定的情境下就总是以习惯了的态度和行为方式去对待一定的事物。因此可以说,这个后天形成的自动化了的动力定型就是性格发生的生理基础。

3.性格与气质、能力的关系

性格与气质是个性中既有区别又有联系的两种心理现象,两者的区别主要表现在:第一,气质的生理机制是神经系统的特性及由此组成的类型,它受先天影响多些,变化较难,较慢;而性格的生理机制主要是动力定型,它是后天形成的,比气质变化容易些、快些。第二,相同气质类型的人可以形成互不相同的性格特征,如同是胆汁质者,有的骄傲,有的谦虚,有的慷慨,有的吝啬等,而不同气质类型的人又都可以形成同一性格特征,如形成爱祖国、守纪律、负责任、勤劳、勇敢、助人为乐等好品质或奢侈、自私、无礼貌等坏品质。第三,气质类型无所谓好坏,而性格却有好坏之分。

性格与气质密切联系着,表现在:第一,每一种气质类型都具有易于形成某些积极的或消极的性格特征的条件。第二,各种气质类型的人即使形成同一种性格特征,也还会保留有各自的气质色彩。比如,四种气质类型者都可形成"爱助人"的品质,胆汁质者常常是满腔热情、急切豪爽地助人;多血质者往往是兴高采烈、能说会道、利索地去助人;粘液质者经常是不动声色、从容不迫地去助人;而抑郁质者又可能是带着怜悯焦虑的心情默默地去助人。第三,人的气质的某些特征,如热烈、敏捷、沉着、细心等一旦在实践中为人们自己的经验所补充、所巩固(如认为它们是自己的好品质),它们也往往成为与性格难以区分的特征。

性格与能力之间的联系也是非常密切的。坚强的性格可以促进能力的发展或弥补能力的不足。俗话说"勤能补拙",这是一种例证。同样,缺乏自信、急惰的性格也往往成为能力表现和发展的障碍,使聪明人往往变得一事无成。人的能力总是在实践中、在不断解决实践所提出的问题的过程中得到发展的,而在这一过程中人们也同时会形成如组织性、首创性、严格、认真、坚毅等性格特征。不少有成就的活动家、科学家、发明家、作家不仅有较高的智力、创造力,同时也都具有不屈不挠的坚强性格,这就进一步说明,性格与能力是相互制约、相互影响、彼此关联的现象。教育者要想培养学生的能力,则必须同时注意性格的培养。而性格的培养也

学前儿童心理发展与咨询辅导

应当结合学生在实践中提高解决问题能力的过程来进行。

二、性格结构的心理学分析

性格是由各种各样的心理特性构成的。例如,我们说某某诚实、单纯,某某勇敢、果断。这些特点代表了一个人的性格。研究性格的结构就是要了解组成性格的心理特性,以及它们在整个性格结构中的相互关系。这样,一种特性就不是个别孤立的现象,而是整个结构的一个有机的组成部分。

性格是表现在人对事物的态度和相应的行为方式中的个性心理特性。根据对性格的这种理解,我们把人的性格结构分成以下几个方面:

1. 对现实的态度的性格特征

对现实的态度的性格特征主要体现在对社会、对集体、对他人的态度,对劳动、劳动产品的态度及对自己的态度等方面。

(1)对社会、对集体、对他人的态度。属于这方面的性格特征有:关心社会、关心集体,愿意履行对社会、集体的义务,或对社会、对集体不关心,不热情;待人诚恳、坦率,或待人虚伪、狡诈;有同情心,能体贴人,或对人冷淡、冷酷无情;善于交际,有礼貌,或洁身自好、孤僻、傲慢,使人不敢亲近等。

(2)对劳动、劳动产品的态度。属于这方面的性格特征有勤奋或懒惰,工作负责或不负责,细致或粗心,首创精神或墨守成规,节俭或浮华浪费等。

(3)对自己的态度。属于这方面的性格特征主要有谦虚或骄傲,自尊、自信或自卑,严于律己或放任自己等。

2. 性格的意志特征

人的意志表现为对自己行为的调节和控制。与人的意志相应的性格特征叫性格的意志特征,具体包括以下几个方面:

(1)自觉性。对自己行动的目的和意义具有明确的认识,并且使自己的行动服从于自觉确定的目的。与此相反的性格特征则为冲动性、盲目性、举止轻率、独断专横等。

(2)果断性。指在紧急的情况下,能判明情况、做出正确的决策。与此相反的性格特征,则为武断或优柔寡断等。

(3)坚毅性。具有这种性格特征的人常常表现为不怕挫折与失败。他们坚持预定的目的,百折不挠地克服一切困难与障碍,不达目的誓不罢休。与此相反的性格特征,常常表现为行动的摇摆,经不起挫折和困难的考验,在困难面前灰心丧气一蹶不振,因而在事业上往往一事无成。

(4)自制力。这是表现在支配和控制自己行动方面的性格特征,如冷静、沉着等。与此相反的特征表现为任性、怯懦、易冲动等。

3. 性格的情绪特征

人的情绪活动具有不同的品质。如情绪的强度、稳定性、持久性等。有些人情绪很强烈,他们容易受情绪的支配;有些人情绪比较微弱,他们的活动受情绪影响较小;有些人情绪稳定,而另一些人的情绪容易起伏波动;一些人的情绪比较持久,而另一些人的情绪很容易减弱或消退。人们的这些情绪品质,不仅影响到人们的气质,而且影响到人们的性格。假定有两个人,一个人对集体的事业有稳定而持久的情感,而另一个人的情感却容易起伏波动。由于情感上的明显差别,他们的性格特征也是不同的。

4.性格的理智特征

与人的认识活动相联系的性格特征叫性格的理智特征。例如,在观察事物时,有人注意细节,有人注意整体;在解决问题时,有人倾向于冒险,有人倾向于保守;有人爱独立思考,有人爱照搬别人的结论;在回忆往事时,有人很准确,有人却总是粗枝大叶等。

人的认识活动具有各种各样的特点,并不是所有这些特点都叫性格的理智特点。如视力的好坏,即视敏度的大小,各种感觉阈限的高低、记忆保持的久暂、智力的高低等。这些特点没有构成人对事物的态度及特定的行为方式,因而不能叫性格特点。另外,像知觉的选择性、记忆的准备性、注意的稳定性与紧张性、思维的广度与深度等,当它们没有成为人的稳定的特点时,也不能叫做性格的理智特点。

三、性格的形成与发展

性格是人在适应和改造环境的过程中不断得到塑造的结果,是人与环境相互作用的产物。

1.性格形成的条件

外界环境虽然不能机械地决定人的某些性格特征的形成,但它的确是性格形成的最重要因素。

幼儿的生活环境,具体来讲,就是他的家庭、幼儿园和他所接触到的一部分社会环境。这里有他们的父母、亲属、老师、小朋友和广大的人民群众,他们在这里生活、学习,劳动、相互交往,形成一定的社会关系。正是这些生活条件和实践活动给他们性格的形成以深刻的影响。下面,我们分别地做一些具体的阐述。

（1）家庭的作用。家庭是构成社会的基本单位,社会的要求、社会意识、道德观念等往往是通过家庭而起作用的。家庭在社会中所处的地位,它的生活条件与生活方式,家庭中所遭遇的各种事变,家庭成员尤其是父母的思想作风、待人接物的态度以及对孩子有意无意的教育、要求等都会在儿童的性格上留下深刻的印痕。在旧社会,一个生活在饥寒交迫、备受欺凌、享受不到文化成果的家庭中的人,往往从小就学会了对剥削者、压迫者的仇恨,养成独立性、坚忍、反抗及对苦难者的同情心等性格特点;好逸恶劳、依赖性、骄横或冷酷等性格特点则是一个人长期过着奢华息惰、娇生惯养和有佣仆可供役使的家庭生活的结果。父母总是按照自己的希望或"理想的模式"去培养子女,他们言传身教、赏罚褒贬,所有这些对于一个具有

学前儿童心理发展与咨询辅导

高度模仿性而缺乏选择能力的幼儿来说,起着性格上的奠基作用。所以在儿童的性格中,有些是父母或家人性格的写照,有些是家庭教育方式的副产品,有些则是社会影响的结果。比如,儿童的怯懦、不诚实等性格特点可能是家长对子女过分严厉的结果,而任性、娇气、执拗、骄傲等性格特点也可能是家长对子女过分的溺爱、迁就和夸奖的结果。成年人对子女的不公正态度或偏爱往往是儿童忌妒形成的起因。有时候,儿童在兄弟姐妹之间所处的地位也常常影响到性格的形成。有心理学家研究了一对同卵双生的女大学生,她们外貌相似,在一个家庭长大,在同一所中学和大学受教育,可是性格迥异。姐姐比妹妹好交际、果断、豪放、主动,而妹妹却带有追随性和顺从性,显得被动。究其原因是在她们童年时,由祖母决定,父母附和,确认其中的一个为姐姐,责成她照管和监护妹妹,做妹妹的榜样,要求她处处首先执行被委派的任务,等等。结果一个以监护者自居,一个以被监护者自居。由于父母对她们的态度不同,她们在家庭中所处的地位不同和所受锻炼不同,因而也就使得两个先天素质相近的孪生姐妹形成了不大相同的性格。这一事实表明,性格是后天形成的,家庭,特别是父母的态度在子女性格的形成中起着相当重要的作用。

(2)幼儿园和学校的作用。幼儿园、学校是按照社会或阶级的旨意有目的、有计划、有组织地培养下一代的场所,也是一个模拟的"小社会",这里有一定组织形式的学习、游戏、体育活动、劳动等集体活动,有人与人的关系,有规章制度,有各种要求,有舆论与奖惩、有传统与风尚等。幼儿园、学校一方面把人类所积累的知识、技能和一定社会的政治观念、道德规范传授给儿童;同时,也总要通过集体的活动,借助集体的力量使儿童逐渐意识到生活的目标、人与人的关系,产生符合集体和社会要求的态度与行为,从而也就对他们的意志性格进行着定向的培养。对幼儿来说,他们在幼儿园中一方面习染和发展着集体所赞同或默许的各种性格特征,如勤奋、守纪律、坚韧、互助等品质,另一方面也会制止和改变着与集体不相容的行为、态度,如怠惰、任性、不礼貌、无组织无纪律等。但是事实上又并非全都如此。儿童在幼儿园及学校中出现问题行为或滋长坏毛病也是司空见惯的现象,这是因为性格的形成或变化取决于一系列复杂的内外因素的缘故。不仅幼儿园、学校的教育方针、教育内容、校风、园风与班风、教师的教育方法与楷模、知己同学的思想作风、课内外的读物以及团队生活等都直接或间接地影响着年轻一代性格的形成,而且年轻一代的主观状态如对学校与教师的固定看法、认识水平、自我评价能力和已经形成的思想意识、个性特点等也在自己性格形成中发挥着作用。

有威信的教师在幼儿的心目中总是可亲可敬的人物,是一切都得仿效的楷模。每当家长指出幼儿的一些缺点错误时,不少幼儿常常理直气壮地拒绝说:"这是我们老师说的。"在这种情况下,他们不仅会无条件地听从老师的教导,也会无条件地模仿老师的举止与风格。当然,幼儿的性格并不一定是教师性格的翻版,但是教师的好性格、坏性格却必定会在幼儿的性格上打下烙印。一般来说,教师都想把幼儿教好,并注意自己的言行影响。因此,教师做好自己的性格修养工作很有必要。

幼儿在集体中逐渐意识到个人与集体的关系,学会服从集体的意志,遵守纪律,搞好团结互助,建立友谊,还会主动积极地为争取集体荣誉而努力。正是在集体活动和集体要求下,幼儿才能形成许多良好的性格品质,如义务感、责任心、集体荣誉感、纪律性、谦让、互助等,同时也发展起彼此相容的各种个人独有的性格特征。

(3)社会实践的作用。社会实践主要指生产劳动、阶级斗争、政治生活、科学和艺术等活动。人们在实践中形成一定的社会关系、社会制度和社会意识,它们制约着或者最终决定着每个人的性格发展。如果说社会实践对人的性格形成的影响最初是更多、更间接地通过家庭与学校起作用的话,那么当学生从学校毕业走上工作岗位后,这种影响就更直接、更大量地发生作用了。人们在实践中会根据现实的要求巩固或改变自己的性格特征,也会形成许多新的性格特征。比如,工人阶级先进分子的进步性、原则性、斗争性、团结性、组织纪律性等性格特征主要是在他们参加革命活动或现代化生产过程中由于实践的要求和进步思想的教育逐渐形成的。解放军战士的团结、紧张、严肃、活泼、敏捷性、纪律性、勇敢机智、自我牺牲等性格特点是在部队生活、训练、教育和战斗过程中锻炼出来的。此外,幼儿园教师的活泼、冷静、机智、敏感、条理化、教育事业感等特点,医护人员的整洁、安静、沉着、耐心、同情心等特点,商业服务人员的和气、耐心、细致、热情等特点,文艺工作者的灵活、开朗、易感性与创造性等特点,科研人员的钻研性、严密性、客观性与独创性等特点,矿工的坚韧性,仪表工人的细心、精确性等特点,都是跟从事的具体职业分不开的,是适应职业要求、不断实践的结果。社会上的种种意识形态,包括哲学、道德、政治、法律、艺术及宗教等也都要以各自的形式影响人的性格发展。在我国,社会主义的意识形态正在通过报刊、电台、戏剧电影、文艺作品、社会教育、社会舆论等渠道来帮助人们获得各种积极向上的新思想、新观点,使人们形成符合社会主义建设需要的多样化性格。但是残存的旧意识形态并没有消失,它们还在顽强地表现自己,特别是那些带有颓废倾向或掺杂不健康情节的电影、歌曲和文学读物等对于缺乏批判能力的青少年常常起着腐蚀作用,损害着他们性格的健全发展。为了消除旧意识形态的影响,教师应当引导学生参加思想领域的斗争,展开评论,在跟恶劣的环境、坏的社会倾向作不屈不挠的斗争过程中,培养他们刚强、正直的性格。

环境对人的性格有很大的作用,但是人的性格并不都是消极地为环境所决定。人们一旦掌握了正确的观念、观点,有了辨别是非、判断恶善和拒腐蚀的能力,他们就会有分析、有选择地去接受或抵制外界的影响,或者通过改变环境来能动地发展自己的性格。所以,自我教育在性格形成与发展中也起着巨大的作用。

2.儿童性格的发展

儿童的性格不是与生俱来的,也不是出生后在环境的影响下马上出现的,它有一个逐渐形成与发展的过程。不了解这个事实,就会在性格教育中犯急性病或出现成人化的倾向。

一些心理学家的研究表明,性格形成、发展的过程大体上可分为三个阶段:第一阶段是学龄前儿童所特有的、性格受情境制约的发展阶段,这时儿童的行为直接取决于具体生活情境,直接反映外部影响,还未形成稳固的态度;第二阶段是学龄初期和学龄中期儿童所特有的、稳定的内外行动形成的阶段,这时稳固的行为方式正在形成中,性格在被塑造,改变已经形成的不良习惯需要花一定力气;第三阶段是学龄晚期所特有的、内心制约行为的阶段,这时稳固态度和行为方式已经成型,因此性格的改造就比较困难。

儿童的性格是在儿童与周围环境相互作用过程中形成的。在婴儿的环境中,最主要的客体是照顾他的成人。一般来说,母子关系在婴儿性格的萌芽过程中起着最重要的作用。

气质差异对婴儿性格的萌芽有所影响。成人的抚养方式和教育在儿童性格的最初形成中有决定性意义。

2岁左右,随着各心理过程、心理状态和自我意识的发展,出现了最初性格的萌芽。幼儿对人、对事、对物开始形成一定态度,也显露出相应的行为举动,表现出某些性格特征。例如,在游戏活动中,可以看到有些幼儿表现了友好、爱集体、大胆、坚持性、自制、创造精神等性格特征,也可以看到幼儿在参加某些力所能及的劳动或自我服务活动中,表现出热爱劳动、认真负责、关心集体、富于责任感等性格特征。在正确的教育影响下,幼儿逐渐学会对行为评价以及控制行为的能力。幼儿逐渐懂得什么是"好",什么是"坏",什么是"可以的",什么是"不行的"。由此形成了义务感,有组织行为和自制力。

幼儿的行为评价能力是逐渐发展的。3岁、4岁的幼儿对某些行为开始只能做出没有论据的简单评价,而且带着很大的具体性和受暗示性,只要成人说好的,或他感到有兴趣的,就认为是好的,但却说不出好的理由。到幼儿晚期,才能自己独立进行评价,学会了怎样估计自己的行为和其他儿童的行为,开始从社会意义上做出"有理由的评价"。

幼儿期儿童控制自己行为的能力很差,到幼儿晚期,才有相当稳定的行为控制能力。

四、幼儿性格的年龄特点

幼儿期的典型性格也就是幼儿性格的年龄特点。幼儿最突出的性格特点是:

1.活泼好动

幼儿总是不停地做各种动作,不停地变换活动方式。一般情况下,幼儿并不因为自己的不断活动感到疲劳,而往往由于活动过于单调和枯燥感到厌倦。健康的幼儿如果在活动方面得到满足,他们总是情绪愉快。好动的性格特征,在幼儿期逐渐和其他品质相结合。如好动的特征本身,使幼儿较易形成勤快、爱劳动的良好性格倾向。

2. 好奇好问

幼儿的好奇心很强。他们什么都要看看摸摸，许多事物对幼儿来说都是新奇的。他们对新鲜事物非常感兴趣。在好奇心的促使下，幼儿渴望试试自己的力量，试验去做大人所做的事情。一些被禁止的事情，幼儿往往要去试试看。幼儿好奇心强的原因和他们的知识经验贫乏有关。

好奇心导致思考和探索的倾向。好问，是幼儿好奇心的一种突出表现。幼儿好奇、好问的特征，如果得到正确引导，很容易发展成为勤奋好学、进取心强的良好性格特征；反之，如果指责或约束过多，甚至对幼儿的提问采取冷漠或讥讽的态度，则会扼杀良好性格特征的幼芽。

3. 易冲动，自制力差

情绪易变化、自制力不强，是幼儿性格的情绪和意志特征。

和好冲动的特征相联系的是缺乏深思熟虑。

幼儿的思想比较外露，喜怒形于色。

4. 缺乏自信心，模仿性强

好模仿是幼儿突出的性格特点。幼儿最喜欢模仿别人的动作和行为。幼儿好模仿的特点和他们的能力发展有密切关系。幼儿的模仿和他们的受暗示性有关。幼儿的好模仿也和他们的自信心不足有关。

利用模仿作为一种教育手段，获得了良好的成效，也证明幼儿具有好模仿的特点。

以上列举了幼儿性格的一些典型特点。在这里，我们再次强调，独特性是个性的基本要素。随着年龄的增长，性格的典型性将发生变化。

五、婴幼儿性格的发展与培养

婴幼儿的性格开始发生和初步形成，虽然没有定性，但它却是未来性格形成的基础。在一般情况下，性格比较容易沿着最初的倾向发展下去。例如，性格比较顺从的婴幼儿，容易遵照成人的吩咐和集体规则行事，以后将稳定成为与人和睦相处、守纪律的性格；而最初形成的任性的萌芽，别人处处依从儿童个人的意愿，承认如果迁就他，事情就似乎顺利进行，否则，则会发生许多麻烦和不愉快。成人在"无可奈何"中纵容这种性格的发展，人性的性格特征就将日益巩固而最终定型。

一些对儿童性格发展的长期追踪表明，学前儿童的性格因为处于开始发生和初步发展的阶段，因此，既具有相对的稳定性，又有一定的变化、发展。性格发展的稳定性更多的是受遗传的影响，是比较稳定的。

但是，如果环境和教育条件发生重大变化，幼儿的性格也会发生变化。许多事例反复证明，性格是随外界环境和教育的影响而产生和变化的。周围环境使儿童形成某种性格特征，而儿童初步形成的性格特征又反过来影响周围成人，由此形成

学前儿童心理发展与咨询辅导

儿童性格与周围环境相互的循环性影响,使最初形成的性格特征不断得到加强而逐渐稳固。因此,我们必须重视对儿童性格的培养。关键在于努力创造良好的环境、教育条件,以积极、恰当的方式要求、对待儿童,以促使幼儿积极性格特征的形成,并改变其已经显露的消极性格特征。

第六节　学前儿童自我意识的发展

 案例二

"我最厉害"

牛牛最近很"牛",他认为自己比谁都强。有一次,牛牛和妈妈一起去看一个儿童画展,妈妈指着一幅画说:"牛牛,你看,这个小朋友画得真好!"没想到牛牛顿时不高兴了,他大声地说:"这有什么好,我画的比她棒多了,我才厉害呢!"

不知从什么时候开始,牛牛经常挂在嘴边的一句话就是"我最厉害!"要命的是,当老师和家长要求他把一件事情做得更好一点的时候,他总是说:"做得够好的了。"妈妈开始担心。她该怎么办呢?

儿童自我意识的发展是和所处环境与教育密切相关的。

一、自我意识的产生

自我意识是意识的一种形式。自我意识是特殊的认知过程,是主体对自己的反映过程。自我意识表现在对自己的认识、态度和行为的调节。它包括三种形式,即自我认识、自我评价和自我调节。自我认识的对象包括自己的身体、自己的动作和行动、自己的内心活动。

二、自我认识的发展

自我认识的发展主要体现在对自己身体的认识、对自己行动的意识和对自己的心理活动的意识三个方面。

1. 对自己身体的认识

对自己身体的认识是儿童自我认识发展的第一阶段。儿童从最开始不能意识到自己的存在,到认识自己身体各部分、认识自己的整体形象、意识到身体内部状态,最后能把自己的名字与身体联系。

2. 对自己行动的意识

动作的发展是儿童产生对自己行动的意识的前提条件。1岁左右,婴儿出现了最初的独立性。培养儿童对自己的动作和行动的意识,是发展其自我调节和监督能力的基础。

3.对自己的心理活动的意识

对自己内心活动的意识,比对自己身体和动作的意识更为困难。

儿童从 3 岁左右开始,出现对自己内心活动的意识。4 岁以后,开始出现对自己的认识活动和语言的意识。

学前儿童往往只停留在意识到心理活动的结果,而不能意识到心理活动的过程。学前儿童甚至不能意识到自己判断中的矛盾。掌握"我"字是自我意识形成的主要标志。

三、自我评价的发展

自我评价是自我意识的一种表现。它可以包括三种形式:掌握别人对自己的评价;社会性比较,即从与别人比较中对自己作出评价;自我检验,或狭义的自我评价。

自我评价从 2~3 岁开始出现。幼儿自我评价的发展和幼儿认知及情感的发展密切联系着。其特点如下:

1.主要依赖成人的评价

幼儿还没有独立的自我评价。他们的自我评价依赖于成人对他的评价。在幼儿初期,儿童往往不加考虑地轻信成人对自己的评价,自我评价只是简单重复成人的评价。在幼儿晚期,开始出现独立的评价。儿童对成人的评价逐渐持有批判的态度。

2.自我评价常常带有主观情绪性

幼儿往往不从具体事实出发,而从情绪出发进行自我评价。

在一般情况下,幼儿总是过高评价自己。

3.自我评价受认识水平的限制

学前儿童自我评价从比较笼统逐渐向比较具体和细致的方向发展;从按外部行为的评价逐渐发展到对内心品质的评价;从较多地只根据某个方面或局部进行自我评价,逐渐发展到能作出比较全面的评价;从只有评价而没有评价的论据,发展到有论据的评价。

四、自我调节的发展

自我意识的发展必须体现在自我调节或监督上。因为个性发展的核心问题是自觉掌握自己的行为活动。

自我调节包括许多方面,如起动或制止活动、动作的协调、动机的协调、活动的加强或削弱、心理过程的加速或减缓、积极性的加强或削弱、行为举止的自我监督和校正等。幼儿自我调节能力的发展表现为不但能够根据成人的指示调节自己的行为,而且有自己的独立性。

学前儿童心理发展与咨询辅导

总的来说，幼儿自我意识的发展，表现在能够意识到自己的外部行为和内心活动，并且能够恰当地评价和支配自己的认识活动、情感态度和动作行为，由此逐渐形成自我满足、自尊心、自信心等性格特征。

咨询辅导

1. 了解儿童的气质类型避免错误的教养方式

托马斯、切斯和伯奇（H. Birch）曾对141名儿童进行了长达十余年的研究。在收集了大量的实验数据后，实验者将大部分儿童规划为三种气质类型："容易的"儿童、"困难的"儿童和"慢慢活跃的"儿童。在心理学中常常把气质看做是人格中的生理成分，气质类型主要受先天因素的影响，但气质的发展并非完全归因于先天因素，所以可以针对不同气质类型的儿童进行不同的教育，使儿童产生"调适良好"，发挥出最佳状态，并预防行为问题或事故的发生。

（1）大多数儿童属于容易型。他们吃、喝、睡等生理活动有规律，情绪愉悦，容易接受新鲜事物，较快适应环境，实现新要求。所以在互动中成人照顾者较容易得到积极的互动，孩子也会更觉得自己被关心、重视，因而情绪表现也就能更加积极，发展更为迅速。

（2）困难型的儿童：生活没有规律，情绪比较消极，经常哭闹，不易安抚。久而久之父母对孩子也会失去耐心，他们往往对孩子施加压力、催促；或者向孩子让步，或者抱怨、指责甚至惩罚孩子。这些会使得孩子变得焦虑、不耐烦甚至困惑，从而形成消极的恶性循环，使得对孩子再护理起来变得更加困难。

（3）迟缓性的儿童活动水平很低，行为反应强度弱，情绪总是消极和不甚愉快，对陌生人或事物反应消极。但因为情绪反应没有困难型儿童强烈，所以父母对他们尚有耐心。但若是在父母在意的事情上面他们仍然表现得迟钝和退缩回避，那么家长很可能会担心，包办代替，不让孩子适应新环境，妨碍儿童的正常发展。

上面虽然归纳了三种儿童气质类型，但仍然有三成多的儿童属于过渡型，仍然兼有几种气质特点。

2. 当父母和孩子的气质不同时

有些孩子生来就和父母的气质不一样，父母对这样的孩子很难理解，或觉得孩子故意和自己作对。其实，孩子只是和你不一样而已。建立起基本的生活常规需要一些互让和妥协，随着孩子逐渐长大，应不断改善你自己和孩子的气质，但是，如果你和孩子的个性差异太大或太相似，要改善起来是很困难的。由于改善自己和孩子的气质是成功教育孩子的基础，因而，我们必须重视并不断努力。

下列这些情况你熟悉吗？

（1）发脾气。

孩子：非常活跃　　　　妈妈：不活跃　　　　爸爸：不活跃

张先生和太太快要发疯了。当他们的女儿蓓蓓14个月大时，开始狂怒地发脾气,从其他小朋友手里抢玩具,打其他孩子,向他们撒沙子。父母阻止她时,她就跑开。1年以后,她仍然是一个很难管教的孩子。

张先生和太太都是活力水平比较低的人,被女儿无穷的精力搞得不知所措。专家提出建议:蓓蓓需要父母与她说话时,父母要表现得精力旺盛,而不是生气,如果父母此时不耐烦,甚至还生气,那么孩子会感到父母不爱她。听了专家的劝告,张先生和太太努力配合孩子的旺盛精力,参加她的活动,蓓蓓对其他小朋友的愤怒情绪减少了,气质发生了明显的变化,张先生和太太对教育孩子也变得自信了。

(2)咬人。

孩子:非常敏感　　妈妈:非常敏感

3岁的小明睡觉和吃饭都像时钟一样准时,不论他什么时候醒来,他都很机警,并且微笑。可是,小明在幼儿园玩游戏时,一激动就咬其他孩子,妈妈想方设法制止他也没用。

小明和妈妈的气质很像。专家建议母子两个找到释放紧张情绪的方法。他们俩在生活中都需要更多的松弛,而不是更多的控制。结果,母子俩开始一起玩、一起大笑等。1个月后,小明咬人的行为消失了。

(3)磨蹭。

孩子:精力容易分散　　妈妈:精力容易分散　　爸爸:精力非常集中

5岁的小蕊总的来说是一个听话的孩子,但是她的爸爸经常被她的"磨蹭"和"倔犟"激怒。小蕊做什么事情都是磨磨蹭蹭、拖拖拉拉的。爸爸常常感到不耐烦,对小蕊喊叫,认为小蕊是故意的,而妈妈却不这样认为。小蕊从父母那里得到不同的信息,感到自己是一个失败者。

专家建议,为了帮助孩子感到与父母的关系更亲密,帮助孩子感到自己更好,小蕊妈妈应该更严肃地对待小蕊的困难。小蕊爸爸开始观察孩子做事,结果发现孩子兴趣广泛,一个想法接着一个想法。因此,他认识到,对孩子叫喊和唠叨没有用,在孩子没完成任务时,要给予坚决而非严厉的提醒,并帮她弄明白哪项工作要求她立即注意,重塑她的行为。小蕊在父母的帮助下了解了自己容易转移注意目标、自律性差的特点。

操作训练

1.测测孩子的气质类型

人的气质类型是无所谓好和坏的,只要实施科学的教育,每一种气质类型的孩子都能成才。对幼儿的教育必须考虑到每个幼儿的气质特点,只有在了解儿童心理发展的年龄特征基础上,全面充分地了解每个孩子的气质类型特征,才能找到适合自己孩子的有针对性的教育方法,也才能培养出社会所需要的人才。总而言之,做到因气质类型不同而施教,会使孩子更健康快乐的成长。

3～6岁幼儿气质类型测试

A. 很符合孩子的情况　　B. 比较符合　　C. 不太符合　　D. 完全不符合

请参考孩子日常行为和情绪选择答案：

（1）孩子平时总是连蹦带跳，手舞足蹈，走路都不会好好走，总是跑来跑去，不知疲倦。

（2）家里来人的时候，孩子总是特别兴奋，不断地在大人面前转，还老爱插话。

（3）给孩子一种新的食物，孩子会很快接受。

（4）孩子在受到委屈或是不开心的时候，总是大哭大闹，从来不会自己躲到一边抹眼泪。

（5）孩子大多数时候总是开开心心的，即使有不高兴的事情也会很快忘却。

（6）孩子玩玩具时，如果有什么响动，马上会停下玩耍去看发生了什么事。

（7）孩子在玩的时候，总是左挑右拣，不断地变换玩具，对每个玩具都没有太大的耐性。

（8）孩子的睡眠特别沉，一般不会被外界的响动所惊醒。

统计您根据孩子的行为特点选择 A、B、C、D 各项的个数，看看分别选了多少个 A、B、C、D。

A（　　　）　B（　　　）　C（　　　）　D（　　　）

结果解释：

A. 胆汁质　　　　B. 多血质　　　　C. 粘液质　　　　D. 抑郁质

＊如果选项 A 在 4 个或者 4 个以上，其他选项的分布较为分散，则气质类型为典型的胆汁型，其他依此类推。

＊如果某两个选项的个数显著超过另外两项，而且个数比较接近，则为那两种气质的混合气质。

＊如果某个选项的个数是 1 个或者没有，其他三个选项的个数非常接近，那就是这三种类型的混合气质。

教养建议：

胆汁型

胆汁质幼儿的中心特点是"急"。对待这类孩子，父母需要的是克制自己的消极情绪，保持好脾气，特别要注意的是，批评孩子时态度一定要冷静有耐心，并给孩子留一段反省的时间。家长不能用简单粗暴的方法对待胆汁型幼儿，否则只会使矛盾激化。

多血质

多血质幼儿的中心特点是"活"。教育这类儿童的要点是要求他们做事专心致志，持之以恒，敢于面对困难，使之养成做事有计划、有目标并努力落实的习惯，引导他们保持稳定的兴趣。家长绝不能讽刺挖苦孩子，以免打击他们的积极性。

粘液质

粘液质幼儿的中心特点是"慢和细"。家长应引导他们有创意地完成任务,防止墨守成规。家长对孩子的要求既不能太高也不能太低,以孩子经过努力能达到为标准,以后慢慢提高要求,不然这类孩子极易由于压力而感到过分焦虑。

抑郁质

抑郁质幼儿的中心特点是"敏感",因此需要父母更多的爱和关注。家长应多带孩子外出,扩大孩子的交往圈,消除其胆怯和害羞的心理,防止疑心、孤独等消极品质的产生。特别需要注意的是,这类孩子的自尊心极强,父母千万不要在公开场合粗暴批评和指责孩子,否则可能对孩子造成难以弥补的伤害。(选自摇篮网)

2.五款亲子游戏促进你与宝宝加深情感

游戏能让孩子缓解在现实生活中的紧张和拘束,是孩子发泄情感的有效途径,以下五款亲子小游戏可大大促进亲子之间的感情,缓解孩子紧张。

(1)扮鬼脸。

游戏目的:游戏动作主要锻炼孩子的口腔、舌头等发音器官,为 2 个月以上宝宝的语言发展做好准备。

游戏方法:慢慢对着宝宝吐舌头、发出啊啊咿咿的声音,或鼓起腮帮子吹气、吹口哨,或挤眼、皱眉……

提示:在游戏中要注意观察宝宝的反应,适当调整速度和刺激程度,让宝宝有兴趣观察到整个过程,并学习模仿。此外,游戏中,父母要对宝宝先做如笑、咳嗽等动作,之后再说话,有利于促使宝宝产生积极的沟通愿望。

(2)爬高山。

游戏目的:对锻炼 3 个月以上宝宝的腿部力量和前庭器官,以及培养宝宝的音乐感受能力和理解能力有益。

游戏方法:妈妈面对面抱着宝宝靠坐在沙发上,双手托住宝宝的腋下,让宝宝的双腿站在妈妈的腿上,宝宝在妈妈托举的力量下,沿着妈妈的身体向上踩,一直到肩;稍作停顿,再把宝宝的背转向妈妈,贴着妈妈的身体滑下来,一直滑到脚背。边做边念歌谣:"宝宝爬高山,爬呀爬,爬到顶啦!"暂停后:"宝宝滑下山,滑呀滑,滑下来啦……"

提示:游戏中妈妈的身体要注意保持平衡,尽量使用腰腹及胳膊的力量。同时,如果宝宝动作缓慢,父母要有足够的耐心,注意保护好宝宝,以免宝宝磕碰。

(3)找妈妈。

游戏目的:这款游戏适合 4 个月至 5 岁的孩子,对促进宝宝形成永久客体概念,以及缓解分离焦虑、消除不良情绪非常有效。

游戏方法:妈妈可以先让宝宝注意到自己:"妈妈在这里!"然后用丝巾遮住脸问宝宝:"妈妈在哪里?"停留两秒,慢慢再从丝巾后露出笑脸:"妈妈在这里。"大一点的宝宝会自己扯掉丝巾,妈妈可以夸张地做惊奇状:"哦,宝宝找着妈妈啦!"对于

学前儿童心理发展与咨询辅导

9个月以上的宝宝,妈妈可以躲到别的房间,要让宝宝能看到妈妈从房间里出来。

提示:当宝宝有意躲在同一地方让人找到时,妈妈不要干涉;妈妈躲的地方也要容易被宝宝找到,如露出身体的一部分,或躲在同一地方,以让宝宝提高兴趣。

(4)寻宝藏。

游戏目的:锻炼1岁以上宝宝手眼的协调能力,培养宝宝的观察、记忆能力。

游戏方法:在抽屉或盒子里放入一些小玩具,让宝宝看到妈妈是如何打开抽屉或盒子发现宝藏的。重复几次后,让宝宝自己打开抽屉和盒子寻找玩具;对已经能够听懂一些提示的2岁以上宝宝,可以把玩具放在房间里某个开放的地方,如茶几或椅子下,让宝宝去寻找;对于4岁以上的宝宝可以让他听提示寻找宝藏,如玩具在妈妈卧室的床头柜下面的抽屉里等;对于5岁以上的宝宝则可以绘制一张寻宝图,标上藏宝地点,让孩子去寻找……

提示:如果宝宝一时找不到宝藏,一定要智慧地帮助他完成任务,譬如妈妈走到玩具旁做寻找状,以吸引宝宝注意藏宝地点;当宝宝找到玩具,应及时用鼓掌加以激励。

(5)过家家。

游戏目的:帮助2岁以上的宝宝了解社会关系,锻炼社交技能。

游戏方法:可以选择家庭场景,也可以选择幼儿园或其他场景。当宝宝扮演某个角色时,父母就扮演与之对应的角色。如果妈妈扮演宝宝时,可以表现宝宝平时的弱点,如不肯吃饭等,观察宝宝的反应;又如宝宝害怕打针,可以让宝宝扮演医生,妈妈再现宝宝原来的情景——哭、挣扎等,通过不断重复表演,能让宝宝逐步消除恐惧。

提示:角色扮演游戏能让宝宝自己发现和理解社会关系,还能掌握适当的社交技巧。更重要的是,让游戏取代训斥,使宝宝在快乐中克服自己存在的弱点。

(选自活动互联网)

第十二章
学前儿童的社会性

 案例

喜欢公交车的孩子

我们中班有个孩子平时不愿意和其他小朋友交流，总是一个人玩。他最感兴趣的话题就是公共汽车，说长大之后最想成为公交车司机。他能够说出每路公交车的路线，包括一些因市政建设而临时改道的情况，他都了如指掌。所以，我们老师要到哪去，总是询问他怎么坐车，他都能准确地告诉你。但他和别人交流只愿意谈公交车，别的一概不谈，所以孩子们也不愿意和他玩，我们老师也只能通过公交车的话题和他交流。看到他总是一个人待在角落里。

提问：怎么样才能帮助他很好地融入同伴群体中呢？

回答：孩子幼年时期对同伴关系和团体生活的记忆会很大程度上影响他成人后适应社会的能力。建议老师可以在游戏时间设立与交通相关的活动。可以让这个孩子当校车司机，接送孩子们上幼儿园。若结合他的特长和兴趣，他就会比较愿意加入和大家的互动。活动中可以让孩子们介绍自己的家，有意识地增加公园、动物园、博物馆、百货商店、超市等地点的介绍，让他带小朋友去那些不同的地方参观或采购，由此扩大孩子的兴趣范围，提升他与小朋友游戏的意愿。

第一节　社会性的概述

21世纪是一个全球化的社会，人与人之间的联系越来越密切，人们需要在相互合作、和谐共融的关系中寻求成功。幼儿期是社会性发展的关键时期，在此时期，引导幼儿学会处理最初的人际交往关系，逐步掌握解决人际冲突、寻求与他人合作等方面的交往技能，对其未来的发展具有重要意义。

一、什么是社会性

儿童在出生时，我们可以把他看做一个自然人，儿童在和周围人群（主要是父母、祖辈等家里人）的交往中，逐步形成符合社会要求的行为习惯、社会规范和特定的人际关系，即所谓具有了一定的社会性。这种由自然人向社会人转变的过程，称

学前儿童

心理发展与咨询辅导

为儿童心理社会化过程。社会性的发展是一个从新生儿开始的漫长的发展过程。

自然人──→心理社会化──→社会人

儿童社会性的发展,影响着心理发展的各个方面,尤其是直接影响儿童个性的最终形成,这是由于儿童的个性及其品质是在社会化过程中逐步形成的。只有让儿童参与广泛的、有意义的社会化活动,儿童的认知、情感和意志才能得到发展和表现,各种潜能才能得到发掘,其兴趣爱好、良好的品德才能得到培养,并因此形成自己的个性品质。社会性具有以下特点:

1.不是先天的

社会性不是与生俱来的,而是后天习得的。虽然儿童在胚胎的晚期已经具有了某些感知觉活动,但是属于纯粹的生理反应,而不具有社会性。

2.是在社会交往中形成的

儿童心理社会化过程,从本质上说,就是儿童在与周围人交往过程中,形成符合社会要求的行为方式的过程。换句话来说,如果没有社会交往过程,儿童就不会形成社会性。如"狼孩",由于在他很小时候被母狼叼走并被哺育长大,生活在狼群里,缺少与人交往的环境,因而,虽然他具有人的遗传素质,但也无法形成符合社会规范的人的社会属性。

二、学前儿童社会性发展的内容

学前儿童社会性的发展主要体现在人际关系的形成、自我意识的形成、性别角色的形成及社会性规范的形成四个方面。

1.人际关系的形成

人际关系是社会性的基本内容。学前儿童的人际关系主要包括三个方面:一是学前儿童与父母的关系,即亲子关系;二是学前儿童与同伴的关系;三是学前儿童与幼儿园的保教人员的关系。

2.自我意识的形成

自我意识是一个人对自己本身的认识和看法。一岁前的婴儿,没有"我"的概念,即物我不分。如用嘴吮吸自己的手指时,不小心把自己的手指当成了"好吃的",狠狠地咬上一口,直到自己被咬疼时才知道是自己咬的自己,此时开始区分"我"与外界。到两三岁时,儿童逐步区分出"我"和别人,表明他们已经有了最初的自我意识。进入幼儿期以后,儿童能够在游戏中,通过别人对自己的反应来认识自己。他们在社会生活中受父母、老师、艺术形象等的影响,开始模仿某些人物的言行,并在游戏中以这些人物自居。

3.性别角色的形成

不论在哪种社会形态,不同性别的人在社会上都充当着不同的性别角色。按照游戏准备说的解释,男女孩玩的多数都是那些与成年以后要充当的社会角色有关的游戏,是为生活做准备的。如男孩喜欢玩骑马、打仗等游戏;而女孩喜欢玩做饭、抱娃娃的游戏。

4.社会性规范的形成

社会性规范在儿童心目中形成,是体现其心理社会化进程的尺度。儿童在与人的交往过程中,尤其在与同伴一同游戏的过程中,学会如何遵守活动规则,为成年以后遵守社会道德规范、法律法规等奠定基础。

第二节 学前儿童的亲子交往

亲子交往是指儿童与其主要抚养人,主要是父母之间的交往。它是儿童早期生活中最主要的社会关系,对于儿童的心理发展具有重要的影响。

一、亲子交往的重要性

俗话说:父母是孩子的第一任教师。儿童出生以后,最初接触到的社会环境就是家庭环境,最初的社会交往就是亲子交往。心理学界早有定论:亲子交往在儿童身心健康发展中具有不可替代的作用。亲子情感是学前儿童与父母相互交流情感的特殊反映形式,是子女对家庭能否满足自己生理、心理需要所产生的内心体验。建立良好的亲子关系,使父母能正确地对待学前儿童的需要,适度地满足他们生理和心理的需要,这对学前儿童的健康成长将产生良好的促进作用。具体表现为如下几个方面:

1.儿童安全感形成的重要因素

许多心理学研究成果表明,在童年早期,只有与父母一起生活的儿童,才能在其心理深层形成一块"磐石",人无论走到哪里,只要有这块"磐石",他(她)的心里就是踏实的,即形成了很好的安全感。在《帮你改掉孩子的坏习惯》一书中有这样一则事例:"有一个两岁半的男孩,午间休息时,老师发现他每次上床时都拿一根棍子,睡觉时总是抱在怀里,如果把棍子拿走,他就睡不着。"在 2 岁、3 岁的孩子中经常可以见到这样的场景:睡觉的时候手里一定要拿着一些柔软的纸,或者握着被角才能睡着。婴儿期,儿童依恋父母(尤其是母亲),并把他们当做自己的保护伞,倘若父母过早地与婴儿分开,由于婴儿长期缺少这样的保护伞,因此势必要寻找一个替代物,它可以是其他人,也可以是别的什么东西。本例中的替代物就是棍子。

2.儿童自信心形成不可或缺的条件

社会化的过程,规范儿童各自的行为,使这符合社会化模式。由于儿童的自然本能,其中有些行为不符合社会要求,因此就必须通过教育等对其加以抑制。这种抑制的副作用表现在两个方面:一是对儿童的创造性发挥的抑制;二是对其自主行为的抑制。尤其是后者对儿童自信心的形成相当不利。年龄越小的儿童,其生理需要更加突出。倘若他们不在父母身边,这种本能的生理需求,就不能给予及时的满足。

3. 良好的亲子交往促进学前儿童身心健康

良好的亲子交往影响学前儿童身心健康的发展,具体表现在生理健康和心理健康两个方面,二者是相互联系和相互作用的。如良好的情绪会促进食欲,使学前儿童有饱满的精力愉快地参加体育活动。此外,良好的情绪还有助于学前儿童的睡眠、保证机体生物钟的正常运行,促进身体的健康成长。消极的情绪则会影响学前儿童的生理发育。身体不好的学前儿童的情绪总是比较消极的,而影响学前儿童情绪的主要是亲子情感。因此,亲子情感是影响学前儿童的身心健康发展的重要因素。

4. 亲子交往影响学前儿童的认知发展

学前儿童的认知发展,有赖于学前儿童与周围环境刺激的相互作用。在活动中,学前儿童的各种感官才能充分地与外界发生作用,广泛地感知外部世界,获取信息,从而促进其认知结构的完善和认知水平的提高。亲子交往影响学前儿童的认知发展,主要涉及两个方面:一是提供外部信息刺激的量。表现在父母能否与学前儿童频繁地交往,并为他们创造丰富多彩的环境,包括做亲子游戏。二是亲子交往过程中父母对学前儿童认知行为的态度。例如,有些家长认为儿童是软弱的、无能的,应该依附于大人的。因此,他们对孩子过分保护,事事代替包办,时时控制孩子,总想把孩子握在手心里,置于羽翼下。长期处于这种亲子关系中的孩子,就形成了依赖、怯懦的性格。在生活中他们总是怕这怕那,不敢擅自做主去尝试、去探索。尤其是学前儿童入园之初,对父母过分依赖,无心参与或勉强参与幼儿园的各种活动,这会严重地影响幼儿认知水平的提高。

5. 亲子交往影响学前儿童健全人格的形成

人格是一个人所具有的独特的、典型的、持久的各项心理特征的总和。具体表现在气质、能力、兴趣和性格等心理特征上。家庭、教育和社会生活条件等,对学前儿童健全人格的形成具有较大的影响,而亲子交往在人格的情绪情感等重要内容的形成中是至关重要的。培养学前儿童健全的人格,必须从影响他们情绪情感培养入手,使其在对待周围事物的态度和行为方式中,表现出热情、乐观、谦和、待人亲切、富有同情心等一系列良好的情绪情感品质。亲子情感能够使儿童情绪稳定,有较好的安全感,能积极地参与各种活动,表现出活泼、开朗、态度积极等良好情绪;反之则表现为消沉、孤独、沉默、胆怯等消极情绪。在生活中,孩子心理上产生了不平衡,急切地需要交流自己的情感,以达到心理平衡。例如,学前儿童受了委屈,在父母那里得不到安慰,使愤懑的情绪不能平静,导致设法报复、躲藏或恨别人等不良情绪的产生,长此以往,心理不平衡会严重地影响幼儿人格的形成。另外,近些年来,人们还提出了隐性教育观念,隐性教育主要指的是家庭的物质环境、精神环境、家庭氛围、家长素质、教子观念、家长和儿童关系能对儿童产生影响,它是一种潜移默化的教育,不管儿童和家长愿不愿意,日积月累的熏陶,就塑造出了儿童的品行、人性。在教育孩子方面,许多家长比较注重讲道理、教知识等言传,却忽视环境塑造等身教。亲子关系对儿童的作用是多方位的,会直接影响孩子的心理状态,而心态是形成人格的核心因素。研究表明,不同类型的亲子关系对孩子形成不同个性特征有直接作用。

二、亲子交往的途径

亲子交往的途径主要有哺乳、日常生活、保育活动及教养活动等。

1.哺乳

亲子交往是从哺乳开始的。新生儿出生以后,通过母子触摸、婴儿哭闹、母子对视、母婴气味信号刺激等哺乳活动,不仅可以有效地刺激母亲的泌乳系统,更好地分泌乳汁,而且还可能增进母婴感情。长期以来,人们在喂奶时才把婴儿送回到母亲身边。甚至有些母亲因担心身材走样,干脆不给孩子哺乳。其实,这样做对母婴间正常的亲子交往是极为不利的。通过哺乳,母婴间交往活动的烙印,对儿童长大成人以后深层心理的形成,有着十分重要的意义。

2.日常生活

日常生活是亲子交往的基本途径。按照我国的教育传统,儿童3岁前的大部分时间一般在家庭中度过。因此,父母与儿童之间应该是朝夕相处的。在这种朝夕相处的过程中,他们之间的社会交往也就是随时随地的,如吃饭、睡觉、游戏、教育活动等都具有了社会交往的职能。

3.保育活动中的亲子交往

3岁前儿童的保育工作,对儿童的成长发育来说尤为重要,它关系到身体健康,同时也关系到儿童社会性的发展。因此,日常生活照料中如哺乳、洗澡、营养配餐、抚触、预防接种等保育活动,也是亲子交往的重要途径。

4.教养活动中的亲子交往

随着人们生活水平与教育意识的提高,家长们越来越重视儿童教育,望子成龙、望女成凤的心情也日益迫切。从儿童出生,甚至从出生前家长们就开始教育活动。因此,教养活动也同样是亲子交往的重要途径。家长的教育观念、日常行为习惯等都成为无形的亲子交流的资源,父母教育言行与儿童的接受行为之间,融入了亲子情感、亲子间相互认知、接受等多重交往关系。教养活动中的亲子交往,是儿童心理社会化最重要的影响因素。

三、亲子交往的引导

如何最大限度地发挥亲子交往的功用,实现亲子交往价值的最大化呢?我们认为,应从以下方面入手。

1.家长必须了解亲子交往的重要性

前面我们已经提到,亲子交往在儿童社会性发展中的作用具有不可替代性。

必须让家长们认识到亲子关系与儿童发展的重要性,儿童与父母及整个家庭的关系,是儿童与社会发生联系的一种基本形式。家庭是社会的一个细胞,良好的家庭关系的营造,对儿童社会性的发展有着较大的影响,父母的爱不能代替祖辈的爱和教师的爱。父母对儿童要进行有意识的指导与教育,家长的思想观念、行为习惯和性格特征,都有可能成为儿童潜移默化的教育资源,与儿童的社会性的发展有直接关系或间接关系。而这种直接关系或间接关系是通过家庭成员共同活动建立的。父母应该与儿童共同生活,相互交往,互相合作,这样才能有效地促进儿童社会性的发展。非母乳喂养或与父母分离的时间过长,学前儿童因其情感需要不能满足而产生的焦虑情绪,会给其成年以后的身心健康埋下巨大的隐患。因此,必须引起家长高度的重视。

2.父母应该了解亲子交往的技巧

交往是一种发展亲子关系的手段,通过亲子交往可以达到建立亲密亲子关系的目的。父母必须具有与儿童交往的能力,同时,还要培养学前儿童的交往能力,激发幼儿交往的需要,拓宽亲子关系的内容,提高亲子交往的质量。因此,父母应该了解亲子交往的技巧与方法。

(1)营造和谐的家庭氛围,是建立良好亲子关系的"土壤"。家庭是亲子交往的最佳场所。父母为了孩子的健康成长,必须努力地去营造一个温馨的家庭氛围,这也是儿童良好性格形成的基本保证。有什么样的家庭氛围,就能培养什么样的孩子。和谐的、善良的家庭氛围,培养性格和谐、善良的孩子;在不和睦的家庭氛围中成长起来的孩子,性格往往具有扭曲的、暴躁、敌对、不合群、孤僻、自私等特点。值得一提的是,在单亲家庭中,由于父母中一方的缺失,家庭氛围往往沉闷,少有快乐。单亲家庭在教育孩子上,家长应充当起父母两种角色,多给孩子以鼓励,积极支持孩子同其他同学交往,以培养孩子适应环境的能力;家长要求自己以健康的心态来影响孩子,帮助孩子预防和克服自卑心理,使孩子逐步形成活泼向上的性格。

(2)家长角色的科学合理定位,是提高亲子交往效能的关键。在亲子关系交往中,家长既是儿童的交往对象,同时又是儿童的导师;既是儿童交往时的朋友,同时又是儿童的支持者、指导者。家长通过观察、交谈、询问、抚爱等手段,了解学前儿童的各种需要,给予科学合理的满足与引导,此时家长的角色是十分重要的,切忌以父母的需要代替儿童的需要。如家长想要孩子学钢琴,而他自己又不愿意时,不能强迫他去学钢琴。另外,亲子交往可以分为三个层次:一是由自然人的需要而进行亲子交往,是最初级的交往,如婴儿期的哺乳过程。二是单方面的主动、应答式的交往,如在游戏或生活过程中,学前儿童(或父母)有了疑问向父母(或学前儿童)询问时,询问者为单方面主动,而被询问者则是应答式。此时的亲子交往属于中等层次。三是亲子双方主动的交往,属于高级交往,也是最具效能的亲子交往。随着学前儿童年龄的增加,他们对高级的亲子交往活动越来越感兴趣,家长要把握好这一时机,开展广泛的亲子交往活动。如在旅途中、游戏中、劳动活动中、学习活动中,在购物、访友、看望亲人、郊游时,家长应该有意识地尽可能多地与学前儿童进行交往,以弥补与学前儿童接触时间少的缺陷,增进相互的情感。

3.克服不正确的家庭教养方式

专制的父母、权威的父母和放任的父母提供三种不同的家庭教育环境。心理学家曾对这三种不同的家庭教育环境与儿童社会能力间的相关关系进行研究,得出的结论是:不同的家庭教养类型与儿童的性格、情感、人际关系形成、处世能力等均有明显的关系。

专制的父母要求孩子绝对遵循父母所定的规则,不鼓励孩子提问、探索、冒险及主动做事。较少对孩子表现温情,并严格执行对孩子的处罚。这种教养类型在某种情况下对父母而言,可能更省事。但这种家庭对孩子从小缺乏思考的训练,孩子又未从父母那儿得到温情,他们不懂得如何恰当表达自己的情绪、想法,在人际关系或处世能力上,可能会碰到较多困难。因此,专制的父母为孩子规划所有的事,将孩子训练成听话的机器,并不能帮孩子获取必要的知识技能,终究有不能包办孩子一切的时候,到那时再放手就太迟了。

放任的父母不为孩子立任何规矩,无明确要求,奖惩不明。只给予孩子足够的温情,孩子没有长幼有序的观念,享有很大的自主权。这种类型的父母忽略了教导孩子的尊重意识,不能适时给孩子提供做人处世的基本道理,使得孩子较缺乏自制力。尤其对学龄前孩子来说,父母若不能在言语、行为上有所引导,那么,孩子有如独自在汪洋大海中漂泊,不知该往何处,即使犯错误也不自知。所以,给孩子这种自主反而阻断了他学习做人的机会。因此,放任的父母是不负责任的父母,往往使孩子面对挫折无法适应。

权威的父母以合理、温和的态度对待孩子,他们站在引导和帮助的立场上,设下合理的标准,并解释道理。他们既尊重孩子的自主和独立性,又坚持自己的合理要求;既高度控制孩子,又积极鼓励孩子独立自主。因此,权威的父母才能培养孩子健全的自我,在这种家庭环境中长大的孩子,从小被尊重,又不乏父母的引导和要求,往往成为最独立而有自信的人。

第三节　学前儿童的同伴交往

在幼儿社会化的过程中,随着交往范围逐渐扩大,幼儿对外关系的焦点由亲子关系逐渐向同伴关系转移,从 3 岁开始,幼儿越来越喜欢与同伴游戏。同伴交往构成了幼儿之间特殊的学习环境和交往原则,其交往关系在幼儿社会化中的作用是成人无法替代的,对幼儿个性、情感、社会适应力等方面的发展都十分重要。

一、同伴交往的意义

儿童与同龄伙伴交往,能够促进其身心全方位的发展。这主要是由同龄伙伴生理、心理与认知经验的相似性决定的。

1.独生子女缺少同伴

目前,由于我国独生子女政策的限制,大多数的家庭都只有一个孩子。这就造成了孩子们缺少同伴交往机会,4(位老人)—2(位家长)—1(个孩子)的家庭养育模式也往往很难对孩子的教育达成共识。儿童在与成人交往过程中,其实是一种不平等的关系,儿童的所有事情,都被大人们安排得井井有条,根本不需要他们自己去思考,衣来伸手,饭来张口,生存本能被弱化,生活能力没有形成。当然,还有身心早熟的隐忧,可能会形成未老先衰、小大人的性格。因此,专家建议,在选择居所时必须考虑要与公园、学校、广场等有小朋友经常玩耍的公共场所靠近等因素,给孩子更多的机会与同龄伙伴接触,这会有利于儿童交往能力的发展。

2.同龄伙伴认知的同步性

有人说,只有儿童能够了解儿童的心理,确实如此。研究者曾经观察到这样的情景:两个妈妈分别抱着自己不满周岁的宝宝在一起聊天,此时发现两个孩子也在用无声的语言进行交流:"一个宝宝笑了笑,另一个宝宝也笑一笑;一个宝宝发出了一种怪声,另一个宝宝也发出了一种怪声……"这说明同龄伙伴认知的同步性,使他们沟通起来十分容易。而我们成年人却很难了解他们内心的所思所想。因此说,儿童与同龄伙伴交往,更能够促进他们身心全方位的健康发展。

3.同伴交往影响的有效性

按照游戏的生活准备理论,儿童在童年所从事的各种游戏活动都是为其成年以后做准备的。同龄伙伴认知的同步性,就决定了同伴交往影响的有效性。由于他们生理、心理的现有水平与同龄伙伴更为接近,因而在对同一事物认识过程、情感体验以及目的性、自控能力等方面极易产生共鸣。尤其是在社会化行为规范的形成上,具有同步进程。在班级中教师常常会让能力较为突出的孩子带领大家做事情,这样不但那个孩子的领导能力得到了发展,其他孩子也会更加乐意被带动;若是孩子之间有了小矛盾,孩子们也更加乐于听从有威望孩子的调节方法——因为孩子之间的互动效果往往比成人与孩子间的互动效果要好很多。如当儿童间产生矛盾或冲突时,我们成年人总习惯这样教育自己的孩子:"你是大哥哥(大姐姐),应该让着小弟弟(小妹妹)。"这两种不同的暗示,可能对两个儿童形成不同影响与结果。一方觉得我是大哥哥(大姐姐),我只好吃亏了,时间久了有可能形成大哥哥(大姐姐)性格倾向;而另一方则觉得我是小弟弟(小妹妹),他应该让着我,日积月累有可能形成小弟弟(小妹妹)性格倾向。其实,这种教育方式不利于儿童形成解决矛盾或冲突的能力,换句话说,不具有交往影响的有效性。

二、同伴交往的方式

同伴交往的方式主要包括游戏、共同活动及随机交往等。

1. 游戏

游戏是学前儿童的主导活动。皮亚杰曾说："游戏就是把真实的东西转变为儿童想要的东西，从而使儿童的自我得到满足。儿童重新生活在他所喜欢的生活中，他解决了一切冲突，尤其是他借助一些虚构的故事来补偿和改善现实世界。"

游戏帮助儿童去完成许多事情。它帮助儿童按照自己特有的模式去成长、发展，帮助他们在社会文化背景中找到自己的位置，使他们觉得自己是有能力的人。游戏为幼儿提供了自我选择的场景和情节，甚至可以去完成现实生活中不可能发生的冒险。儿童在游戏中也在不断学习使用语言，经历各种情绪变化，这些都可以作为他以后适应社会的基础。游戏也有助于儿童了解自己的身体、成人的部分生活，拓展他们的兴趣，在游戏中他们的注意力也更为集中。[1] 在同伴交往中，游戏仍然具有其他活动不可替代的地位与作用。游戏对学前儿童心理的发展有极其重要的影响，尤其是在合作游戏过程中，他们互相讨论情节，分配角色，确定共同遵守的规则，有时还想象能用什么东西替代情节中一定要用的真实物品。学前儿童始终处于积极主动的状态，探索各种事物的性质、作用和关系，从而能够更加深入细致地理解现实事物，发展他们的感知、注意、记忆、想象、思维、语言。同时，还可以很好地促进其社会性的发展。

儿童游戏活动从简单到复杂可分为六种：随心所欲的行为、旁观者行为、单独游戏行为、平行游戏行为、联合游戏行为、合作游戏行为。随心所欲的行为主要是指儿童不是在做游戏，而在注视偶尔碰到引起他兴趣的事情，比如看到一个好玩的玩具自己就摆弄起来。旁观者行为是指儿童观看其他儿童的游戏，有时还与正在游戏的儿童谈话，出主意，提出问题，但自己并不参与游戏。单独游戏行为是指儿童一个人专心致志地从事自己的游戏活动，根本不注意别人在干什么。平行游戏行为是指儿童同时各自从事自己的游戏活动，彼此不相互影响。联合游戏行为是指儿童在一起玩同样或类似的游戏，但每个人可以按照自己的意愿玩，没有明确的组织与分工。合作游戏行为是指为了达到某个具体目标，多个儿童参与的游戏。游戏时有领导，有组织，有分工。游戏成员有属于这个小组或不属于这个小组的明确的意识。这种游戏，儿童参与社会交往的程度相对较高，有助于培养儿童的合作精神、协调人际关系的能力。

2. 共同活动

共同活动主要是指要求幼儿园或班级所有小朋友共同参与的学习、劳动、体育

学前儿童心理发展与咨询辅导

---

① 曹中平编著：《亲子游戏指导》，人民卫生出版社，2008年3月。

活动等。这种活动的特点是,有共同的目标、统一的意志、共同的活动内容、共同的活动过程、共同的活动结果等。它要求小朋友共同参与、相互合作。这种活动应该是最能促进儿童社会性发展的活动。

3.随机交往

在幼儿园生活中,除了正常的集体活动之外,还有许多儿童自己自由的活动时间与机会。如在早晨入园、晚上等待父母来接的这段时间,他们可以和自己喜欢的小朋友一起谈话、搭积木等。儿童之间的这种交往就属于随机交往。它的最大的特点,就是随意、随机、随便。这种交往有助于培养儿童之间的"私人情感",加深他们之间的相互了解,进而建立各自的社会小群体。教师可以抓住教育时机,促进儿童良好行为习惯的形成,同时也可以发展他们与人交往的技巧。

第四节　学前儿童的社会性行为

社会性行为在交往中产生,并指向交往中的另一方,因此从某种意义上讲,社会性行为也就是具体的交往行为,人们通过社会性行为来实现与他人的相互交往。

一、社会性行为的界定

社会性行为是人们在交往活动中对他人或某事件表现出的态度、言语和行为反应。然而这种交往必须具备一个共同社会范型,涉及语言、情感表达模式、文化习俗等诸多方面。如语言是很重要的社会交往的媒介,倘若彼此双方根本听不懂对方表达的是什么意思,那么,这样的交往就是无效的或根本无法相互交流。再有情感表达模式也是如此,如果某个人的情感表达模式不是社会上通用的范型,他的哭就是笑,他的笑就是哭,与别人正好相反,那么与人交流起来会怎样呢?

根据动机和目的,社会性行为可以分为亲社会行为和反社会行为两大类。亲社会行为又叫做积极的社会行为。它是指一个人帮助或者打算帮助他人,做有益于他们的事的行为或倾向。儿童的亲社会行为主要表现为同情、关心、分享、合作、谦让、帮助、抚慰、援助等。亲社会行为是人与人之间形成和维持良好关系的重要基础,是为人类社会所肯定和鼓励的积极行为。

反社会行为也叫做消极的社会行为,是指可能对个人或群体造成损害的行为或倾向。其中最具代表性、在学前儿童中出现最多的是攻击性行为,也称侵犯性行为,如推人、打人、抓人、骂人、破坏他人物品等。儿童一旦形成侵犯性行为倾向,就很难矫治,而且还会影响到成年以后社会性的发展,这些行为或倾向不利于良好人际关系的形成,还会造成人与人之间的矛盾、冲突,长此以往,他很有可能走向违法犯罪的道路。因此,在学前阶段应尽量避免儿童形成侵犯性行为倾向。

二、社会性行为的影响因素

学前儿童的社会性行为受诸多因素的影响,概括起来,主要有生物性因素、家庭教育、社会文化以及儿童自身的认知水平等因素。这些因素彼此之间不是孤立的,学前儿童的社会性行为是在它们的共同作用下产生和发展的。

1. 生物性因素

人类的社会性行为有一定的遗传基础。在漫长的生物进化历程中,人类为了维持自身的生存和发展,逐渐形成了一些亲社会性的反应模式和行为倾向,如微笑、合群性等。这些逐渐成为亲社会行为的遗传基础。人们在对某些劳教人员的犯罪原因研究过程中发现,攻击性行为倾向与雄性激素的水平有关,而且男性在受到威胁或被激怒时,比女性更容易产生攻击性反应。其实,幼教研究结果也表明,男女儿童在攻击性上表现出显著的性别差异,男孩的攻击性行为明显多于女孩。另外,人的高级神经活动类型属于生物性因素,由于它的不同,表现出不同的气质类型、不同的性格特征,并因此影响到人对现实的态度与交往的方式。研究者发现,胆汁质儿童的攻击性行为出现的频率远远高于粘液质的儿童。因此可以说,气质也是影响社会性行为的重要因素。

2. 家庭教育

根据社会学习理论,年龄较小的儿童经常由于父母、教师奖励亲社会行为而学会分享,表现出助人行为,所以在亲社会行为的社会化过程中,父母的直接教育对亲社会反应的强化起到重要作用。当年龄较小的儿童看到其他人的助人行为时,他们自己也会形成更多的亲社会行为。因此,要想培养儿童的亲社会行为,家长必须率先垂范,为儿童做出亲社会行为的榜样,不仅要言传,而且还要身教。家长要营造一个和谐的家庭环境,让儿童感受到人与人之间的平等、互助、尊重与友爱的关系。

3. 社会文化环境

社会文化环境对儿童社会性行为的影响是潜移默化的。如发展中国家对合作和互相关心的行为比较崇尚,发达的西方国家则更多地鼓励人与人之间的竞争和个人的独立奋斗。不同文化环境对社会性行为的不同态度,通过社会生活的方方面面影响成长中的儿童。尤其是大众传播媒介,如电影、电视、报纸、杂志等对儿童社会性行为倾向的形成具有十分重要的影响。它主要是通过对社会文化和道德价值观传递,来影响人的社会性行为的形成。儿童更多地通过模仿其中人物的言行,日积月累,物化成自己的言行。因此,大众传媒的主流内容,直接影响着儿童社会性行为的走向。有研究表明,如果儿童观看的动画片多是反映人与人之间互相仇恨、报复、枪战、决斗等含有暴力内容的情节,学前儿童在潜移默化的熏陶下,攻击性行为会明显增多。如果儿童观看的动画片多是反映人与人之间互相关心、相互帮助等含有友善内容的情节,能为儿童学习和巩固亲社会行为提供直观、生动的榜

学前儿童心理发展与咨询辅导

样,便有助于儿童通过观察、模仿、习得亲社会行为。因此,电视节目对儿童社会性行为的影响,既有积极的一面,也有消极的一面,成人必须对儿童观看电视节目内容的选择加以干预与引导。近些年来,从国外引进的不少内容不健康的动画片,已经给我国儿童社会性行为带来不小的负面作用,必须引起人们的高度注意。

三、学前儿童社会性行为的发展

学前儿童社会性行为的发展主要体现在亲社会性行为和攻击性行为两个方面。

1. 亲社会性行为

儿童在出生后的第一年,就能通过多种方式表现出亲社会行为,尤其是同情和帮助、分享、谦让等利他行为。

(1)亲社会性行为的发生。研究者发现:5个月的婴儿已经开始有认生现象,对他们较为熟悉的人发出微笑,对不熟悉的人表示拒绝。像前者那种积极性行为反应就是他们最初表现出的亲社会行为倾向。当婴儿看到别的儿童摔倒、受伤、生病、哭泣时,他们会加以关注,并表现出皱眉、伤心等,甚至会出现共鸣性情感表现。到了1岁左右,他们还有可能对那些儿童做出一些积极的抚慰动作,如走过去站在他们身旁,或者拉一拉对方的手,或者轻拍或抚摸一下对方受伤的地方等。在日常生活中,当家长为他们买回了好吃的食物时,婴儿会一边吃一边往大人嘴里放,此时已经表现出最初的分享行为。

在人生的第二年,儿童具备了各种基本的情绪体验,在一定的生活环境中越来越明显地表现出同情、分享和助人等利他行为。如在成人的教育下,把自己的玩具拿给别人玩,或者拿出一点食物给别的小朋友吃。同时,他们开始按照成人所要求的规则,初步了解到什么是可以的,什么是不可以的,从而形成了简单的道德规范。亲社会行为的出现与儿童自我意识的发展、社会认知能力的发展关系密切。由于3岁前儿童的自我意识尚处于萌芽状态,因而有人认为真正的亲社会行为是不可能出现的,此时所谓的亲社会行为多停留在情绪反应或属于模仿性助人行为,而真正的亲社会行为如合作、分享等的出现一般要到幼儿时期。

(2)幼儿期亲社会性行为的发展特点。随着年龄的增长、儿童生活范围的扩大和交往经验的增多,到了幼儿期,儿童的亲社会行为有了进一步发展。表现出以下特点:

1)儿童的亲社会行为发展不存在性别差异。据王美芳、庞维国对学前儿童亲社会行为的观察研究表明:不论幼儿园小班、中班和大班儿童,在园亲社会行为均不存在性别差异。这与我国一些通过家长、教师的评定来研究儿童的亲社会行为所得的结论不一致。这些研究认为,女孩的亲社会行为要多于男孩。他们认为:这种结论与人们传统的性别角色期待有密切的关系,一般的社会文化期待女孩更富有同情心、更敏感,因此应表现出更多的亲社会行为。教师、家长在对儿童的亲社会行为做出评定时难免受性别角色期待的影响。现实中儿童亲社会行为的性别差异可能比人们想象得要小。

2)儿童的亲社会行为主要是指向同伴,极少数指向教师。据王美芳、庞维国观察研究表明:学前儿童在园的亲社会行为中 88.7% 是指向同伴,指向教师和无明确指向对象的亲社会行为较少,仅为 6.5%、4.8%。主要原因是,学前儿童的亲社会行为主要发生在自由活动时间。在自由活动时,儿童的交往对象基本上是同伴,而且同伴之间地位平等、能力接近、兴趣一致,因此他们有机会、有能力做出指向同伴的亲社会行为。儿童与教师之间是服从与权威、受教育者与教育者的关系。在儿童与教师的交往中,儿童一般是处于接受教育的地位,更多表现出遵从行为,而较少有机会做出亲社会行为。因此,儿童的亲社会行为指向教师的也较少。

3)儿童的亲社会行为指向同性伙伴和异性伙伴的次数存在年龄差异。在幼儿园小班,儿童的亲社会行为指向同性、异性伙伴的人次比较接近,这是由于小班儿童的性别角色、认知处于同一阶段,他们并不严格根据性别来选择交往对象,因而他们亲社会行为指向同性伙伴和异性伙伴的人次之间也就不存在显著差异。而中班和大班儿童的亲社会行为指向同性伙伴的次数不断增多,指向异性伙伴的次数不断减少。这是由于从中班起,儿童的性别角色认知已相当稳定,他们开始更多地选择同性别儿童作为交往对象,因而他们的亲社会行为自然也就更多指向同性伙伴。学前儿童所做出的指向同伴的亲社会行为中,既有指向同性伙伴的亲社会行为,也有指向异性伙伴的亲社会行为。学前儿童的亲社会行为指向同性、异性伙伴的比例随着年龄的增长而变化。

4)在儿童的亲社会行为中,合作行为最为常见,其次为分享行为和助人行为,安慰行为和公德行为较少发生。在儿童的亲社会行为中,发生频率最多的是合作行为,而其他类型的亲社会行为发生的频率相当低。而且大班儿童的合作行为所占比例显著高于中班和小班。观察发现,儿童的合作行为多为儿童间自发的合作性规则游戏。由于受心理发展水平的制约,小班儿童的合作意识、自制能力有一定发展,但还不稳定,他们之间的合作游戏有所增多;从大班起,随着儿童合作意识的不断提高、自制能力的不断增强,儿童之间的合作游戏迅速增多。

此外,研究者认为,幼儿期儿童安慰行为和公德行为等亲社会行为发生较少的原因是没有得到及时的强化。因此,学前儿童进入幼儿园后,教师、同伴对其社会化发展起着重要作用,儿童不可能离开教育而自发成长为符合社会要求的、品德高尚的社会成员。

2.攻击性行为

儿童的攻击性是儿童社会性发展中一项非常重要的内容。攻击性行为是他人不愿意接受的、出于故意或工具性目的的伤害行为,这种有意伤害包括直接的身体

学前儿童心理发展与咨询辅导

伤害、语言伤害和间接的、心理上的伤害。攻击性行为在不同年龄阶段的儿童身上都会有或多或少的表现，一般表现为骂人、推人、打人、抓人、咬人、踢人、抢别人的东西等。

从攻击性行为的意向性上可以将攻击性行为分为两类：敌意的攻击和工具性的攻击。敌意攻击是有意伤害别人的行为，如一个男孩子故意打一个女孩子，惹她哭，这是敌意攻击；但如果男孩子只是为了争夺女孩子手中的玩具而打她，则属于工具性攻击。从心理问题的严重程度来看，前者比后者要严重得多，更需要幼儿教育工作者的关注。

（1）攻击性行为的发生。儿童在1岁左右开始出现工具性攻击行为；于2岁左右，儿童之间表现出一些明显的冲突，如打、推、踢、咬、扔东西等，其中绝大多数冲突是为了争夺物品，如玩具、毛巾，甚至为争座位而发生的。

（2）学前儿童攻击性行为的特点。到幼儿期，儿童的攻击性行为在频率、表现形式和性质上都发生了很大的变化。具有以下特点：

1）学前儿童的攻击性行为有着非常明显的性别差异。观察者发现：男孩的攻击性行为普遍都比女孩多，而且他们很容易在受到攻击后采取报复行为，而女孩在受攻击时则有的哭泣、退让，有的向老师报告，而较少采取报复。男孩子还经常怂恿同伴采用攻击行为，或者亲自加入同伴间的争斗。较大的男孩在与同伴发生冲突时，如果对方也是男孩，他们很容易发生攻击行为，但如果对方是女孩，他们采取攻击行为的可能性则减少。

2）幼儿园中班儿童的攻击性行为明显多于小班、大班。观察者发现：4岁前儿童攻击性行为的数量是随着年龄增长，呈逐渐增多的态势；中班儿童攻击性行为最多，但此后随着年龄增长，其攻击性行为数量逐渐减少。其中，尤其是儿童身上常见的无缘无故发脾气、扔东西、抓人、推开他人的行为逐渐减少。

3）儿童攻击性行为表现为以身体动作为主。观察者发现：儿童攻击性行为表现为以身体动作如推、拉、踢、咬、抓等为主。小班的幼儿，常常为争抢座位、玩具而出手抓人、打人、推人，甚至用整个身体去挤撞妨碍自己的人。到了中班，随着言语的逐步发展，开始逐渐增加了言语的攻击。如在游戏中发生矛盾冲突时，幼儿常冲对方嚷嚷："你讨厌"，"我不跟你玩了"；当想得到小朋友的一件玩具而未得到时，会对对方说："你不给我玩，我也不让你玩"，"我不给你好吃的"……幼儿时期这种带有攻击性的语言在人际冲突中表现得越来越多，而身体动作的攻击性行为则逐渐减少。

4）攻击性行为以工具性攻击行为为主。观察者发现，幼儿期以工具性攻击行为为主，儿童常常为了玩具、活动材料或活动空间而争吵、打架。但是随着年龄的增长，他们也会表现出敌意性的攻击行为，有时故意向自己不喜欢的小朋友说难听的话，或者在被他们无意伤害后，有意骂人或打人、推玩具等以示报复。

攻击性行为不仅会影响到儿童道德行为的发展，而且如果任其发展，并延续到青少年时期,就容易形成攻击性人格。这将严重影响其以后良好人际关系的形成和正常的社会交往,有的甚至还可能转化为犯罪行为。因此,家长和教师应做到以下方面:一是正确认识儿童的攻击性行为。由于整个心理水平、交往方式和自我控制的不成熟,儿童很容易因为玩具和物品而发生矛盾与冲突,而产生攻击性行为。二是对儿童的攻击性行为应该有效地加以控制和引导。要正确认识和分析儿童攻击性行为的性质,同时教给幼儿恰当的交往方式,特别是当自己的愿望、需要与他人发生矛盾冲突时,要注意控制自己,以积极、恰当的方式解决。

咨询辅导

1. 如何改变独生子女的“小气病”

现在的家长和幼儿园老师越来越多地感觉到现在的独二代(第二代独生子女)特别小气,不但自己的东西别人不能碰,别人的东西要是觉得好,也要占有。其实这并不是孩子的问题,而是和养育环境、教育方法有很大的关系。如果家长对孩子的教育过于放任,孩子就会觉得自己可以支配所有的东西,这些东西谁要动都得听我的,当然,别人的也是我的;而在管教上太过严格的家庭的孩子,因为没有了支配的自由,总是担心自己的物品会被夺走,反而更加想占有别人的东西。通过对孩子的观察我们发现,孩子在 2 岁左右会开始建立自我意识。在此之前孩子会觉得全世界都是他自己的,可是到了 2 岁左右他渐渐发现有些东西是他自己的,他可以支配,有些东西是他支配不了的。这个过程就像是看着别人从自己家里往外拿东西,你却只能接受一样——对孩子来说是很痛苦的。但是只要家长引导得当,告诉孩子哪些是自己的,自己可以觉得怎么处理就怎么处理,哪些是爸爸妈妈的,哪些是小朋友的,哪些是大家的,你需要征求他人同意才能处理。同时,家长也要注意取用孩子的物品要经过孩子的同意。这样,孩子经过一段时间的体会,会顺利建构自我概念。其结果就表现为:孩子确定自己是有能力支配一些东西的,他会乐于支配他的物品(体现为分享、交换、赠与等),也会尊重他人的所有权,不强取他人物品。

2. 教师要关注群体中的“问题儿童”

实验心理学研究表明,当儿童出现攻击行为时,若被攻击者表现出哭、退缩或沉默,那么攻击者会再次攻击这个儿童或其他儿童;若被攻击的儿童立即给予反击或者老师及时制止这种攻击行为,那么这个儿童的攻击行为就会较为收敛,或者改变这种行为,或者另觅其他的攻击目标。与此同时被攻击的儿童也会学习攻击者的攻击行为。可见,同伴间的行为影响是相互的。所以教师在教育教学中要特别关注这两种儿童:一种是被忽视型的儿童,往往表现为内向、胆小、羞怯、自卑,在交往中主动性较差,孤独感较强;另一种是被排斥型的儿童,他们往往表现出力大、体质强、行为表现较为消极,脾气暴躁易冲动,容易受到群体排斥。对于这两种儿童教师要特别注意他们的兴趣、特长,积极鼓励和引导他们参与到团体活动中来。同时也应该向他们介绍一些与小朋友们相处的方法,可以通过讲故事、表演等形式进

学前儿童心理发展与咨询辅导

行渗透。

3. 主要教养者(特别是母亲)对孩子的态度对孩子的个性的形成有哪些影响

美国心理学家哈里·哈罗(Harry Harlow)曾在1930年做了一个关于亲子依恋的实验。实验中哈罗和他的助手们设计了两只能提供奶水和热量的"母猴":一只由铁丝组成,另一只是由木头和毛织物组成的布母猴。通过观察发现,虽然两只"母猴"都能提供食物和温暖,但幼猴对于布母猴有明显的依恋,在恐惧或紧张的时候,幼猴都会去抱住布母猴寻求安慰。而只有铁丝母猴或者没有母猴时,幼猴则表现出焦躁和恐惧。这说明,早期的亲子关系绝不会像俗语说的"有奶便是娘"那么简单。孩子出生后,不仅要给予物质的满足,还要及时给予爱的抚慰。良好的早期依恋是孩子健康成长的基础,妈妈温暖的怀抱才是孩子最好的成长港湾。而现代社会越来越多的母亲面临产后不久就要恢复工作的状况,孩子只能由老人代养,那么老人就成了母亲的替代,老人也需要注意给予孩子更多精神上的关注。

操作训练

1. 儿童读物的选择

在儿童读物的选择上,可以介绍一些如何与他人交往的故事,如礼貌待人、互相帮助等。共读后与孩子讨论主人公遇到了什么问题,他是怎么处理的,你有没有遇到这样的情况,你下次会怎么处理等。

2. 冲突的解决

在平时的生活、学习中,遇有孩子间的冲突,需要及时干预,公平处理。也可以邀请能力强的孩子参与处理——孩子间的沟通会比较容易被接受。

3. 相处规则的制定

带领孩子一起制定生活、游戏中的相处规则,一般情况下,孩子自己制定的规则,他们都会努力遵守。

4. 家长与幼儿园老师经常沟通

家长与幼儿园老师要经常沟通教育孩子的情况,使家长与孩子间建立较为平等的关系,不包办、不溺爱,用科学的方式处理家庭中与孩子有关的冲突。

5. 发挥团体游戏的作用

让孩子在团体游戏中学习社会技能,感受社会交往。如过家家、跳大绳、丢沙包等。

参考文献

1. 陈鹤琴：《儿童心理之研究》，商务印书馆，1925 年第 1 版。

2. 陈帼眉、沈德立：《幼儿心理学》，河北人民出版社，1979 年第 1 版。

3. 陈帼眉：《幼儿心理漫谈》，江西人民出版社，1982 年第 1 版。

4. 陈帼眉：《学前心理学》，人民教育出版社，2003 年第 1 版。

5. 刘焱：《学前教育原理》，辽宁师范大学出版社，2002 年 10 月第 1 版。

6. 范翠英、江新编著：《儿童心理咨询》，安徽人民出版社，1998 年 8 月第 1 版。

7. ［美］Thomas Armstrong：《课堂中的多元智能》，张咏梅王振强等译，中国轻工业出版社，2003 年 5 月第 1 版。

8. 李灵编著：《儿童心理咨询》，吉林大学出版社，2007 年 6 月第一版。

9. 人民教育出版社师范教材中心组编：《心理学教程》，人民教育出版社，1998 年 12 月第 1 版。

10. 彭聃龄：《普通心理学》，北京师范大学出版社，1991 年 5 月第 4 版。

11. 石欣荣：《幼儿心理知识》，中国广播电视出版社，1986 年 4 月第 1 版。

12. 曹中平编著：《亲子游戏指导》，人民卫生出版社，2008 年 3 月。

13. 边玉芳等编著：《心理学经典实验书系——儿童心理学》，浙江教育出版社，2009 年 4 月。

14. 刘文编著：《幼儿心理健康教育》，中国轻工业出版社，2008 年 10 月第一版。

15. 陈帼眉、梁雅珠主编：《快乐亲子园实用教材》，农村读物出版社，2004 年 7 月第一版。

学前儿童

心理发展与咨询辅导